机电专业"十三五"精品规划教材

机械制造技术

主　编　杨翠英　曹金龙
副主编　谷敬宇　陈　春　李春萍

哈尔滨工程大学出版社
Harbin Engineering University Press

内容简介

本书在"实用、够用"的原则上，突出高职院校的特点，强调应用性和能力的培养。在基本理论的论述中，避免了过深的理论阐述，以"够用"为原则，便于学生学习相关知识，掌握加工方法的确定、加工设备的选择、刀具的选择等，培养学生的专业应用能力，注重对学生工艺分析能力的培养，突出实用性。本书共五章，主要包括材料及热处理、热加工、金属切削加工、机械制造工艺、先进制造技术。

本书可作为应用型本科、职业院校机械类专业或其他近机类专业基础课程的教材，也可作为成人教育机电类专业教材，还可供相关工程技术人员参考。

图书在版编目（CIP）数据

机械制造技术 / 杨翠英，曹金龙主编. -- 哈尔滨：
哈尔滨工程大学出版社，2020.2（2023.8 重印）

ISBN 978-7-5661-2586-6

Ⅰ. ①机… Ⅱ. ①杨… ②曹… Ⅲ. ①机械制造工艺
－高等职业教育－教材 Ⅳ. ①TH16

中国版本图书馆 CIP 数据核字（2020）第 027663 号

责任编辑 王俊一
封面设计 赵俊红

出版发行	哈尔滨工程大学出版社
社　　址	哈尔滨市南岗区南通大街 145 号
邮政编码	150001
发行电话	0451-82519328
传　　真	0451-82519699
经　　销	新华书店
印　　刷	唐山唐文印刷有限公司
开　　本	787 mm×1 092 mm　1/16
印　　张	17.5
字　　数	460 千字
版　　次	2020 年 2 月第 1 版
印　　次	2023 年 8 月第 2 次印刷
定　　价	48.00 元

http：//www.hrbeupress.com
E-mail：heupress@hrbeu.edu.cn

前　言

本书是根据高职院校为培养生产第一线技术人才的知识结构及培养目标要求，结合教学实践的效果编制而成的。近年来，机械工程系通过对机械类学生就业企业的跟踪调研，确立了强化基础能力、拓展数字化应用的培养方向，基础能力是指机械制图、机械基础、公差配合、机制制造等基本知识；数字化应用是指让学生熟练掌握一种机械类专业软件的应用。本书在"实用、够用"的原则上，突出高职院校的特点，强调应用性和能力的培养。在基本理论的论述中，避免了过深的理论阐述，以"够用"为原则，便于学生学习相关知识，掌握加工方法的确定、加工设备的选择、刀具的选择等，培养学生的专业应用能力，注重对学生工艺分析能力的培养，突出实用性。

本书内容覆盖面广，涉及到车削、铣削、磨削、钻削、镗削、刨插削、拉削、齿轮加工数控加工、特种加工等加工方法；铸造、锻压、焊接等毛坯制备方法；机床、刀具、夹具等相关知识；机械加工工艺知识等。通过学习，学生可了解机械加工过程的相关知识，从而满足机械专业学生对机械制造基本知识的需求。本书贯彻了国家最新标准，内容新颖、简明扼要，阐述清晰易懂，并附有实例。

本书由四川机电职业技术学院的杨翠英和曹金龙担任主编，四川机电职业技术学院的谷敬宇、陈春和李春萍担任副主编。在本书编写过程中，得到了四川鸿舰重型机械制造有限责任公司的马毅、陈宗伟、刘晓青、向盛国和夏均等企业专家的指导和支持，他们为本书的编写提供了大量的工程案例，对部分章节的编写提出了许多中肯的意见，在此深表感谢。本书的相关资料和售后服务可扫本书封底的微信二维码或登录www.bjzzwh.com 下载获得。

由于时间仓促及编者水平有限，本书难免存在不妥之处，敬请各位老师、专家和读者批评指正。

编　者

2020 年 1 月

目 录

# 第一章 材料及热处理

材料是人类文明生活的物质基础。人类生活与生产都离不开材料，它的品种、数量和质量是衡量一个国家现代化程度的重要标志。如今，材料、能源、信息已成为发展现代化社会生产的三大支柱，而材料又是能源与信息发展的物质基础。

材料的发展虽然离不开科学技术的进步，但科学技术的继续发展又依赖于工程材料的发展。在人们日常生活用具和现代工程技术的各个领城中，工程材料的重要作用都是很明显的。例如，耐腐蚀、耐高压的材料在石油化工领域中应用；强度高、质量轻的材料在交通运输领域中应用；高温合金和陶瓷材料在高温装置中应用；某些高聚物和金属材料在外科移植领域中应用；半导体材料在通信、计算机、航天和日用电子器件等领城中应用；强度高、质量轻、耐高温、抗热震性好的材料在宇宙飞船、人造卫星等宇航领域中应用；在机械制造领域中，从简单的手工工具到复杂的智能机器人，都应用了现代工程材料。在工程技术发展史上，每一项创造发明能否推广应用于生产，每一个科学理论能否实施于技术应用，适用的材料往往是解决问题的关键。因此，世界各国对材料的研究和发展都是非常重视的，它在工程技术中的作用是不容丝毫忽视的。

现代材料种类繁多，据粗略统计，目前世界上的材料总和已达 40 余万种，并且每年还以约 5% 的速率增加。材料有许多不同的分类方法，机械工程中使用的材料常按化学组成分类如下。

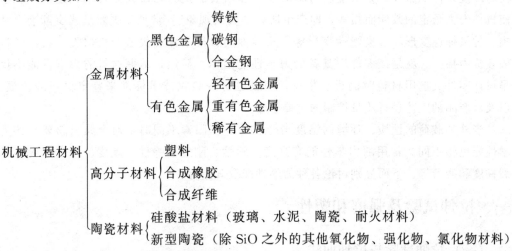

目前，机械工业生产中应用最广的仍是金属材料，在各种机器设备所用材料中金属材料占 90% 以上。这是由于金属材料不仅来源丰富，而且还具有优良的使用性能与

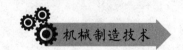

工艺性能。使用性能包括力学性能和物理化学性能。优良的使用性能可满足生产和生活上的各种需要。优良的工艺性能可使金属材料易于采用各种加工方法，制成各种形状、尺寸的零件和工具。金属材料还可通过不同成分配制、不同加工和热处理来改变其组织和性能，从而进一步扩大其使用范围。

虽然高分子材料和陶瓷材料的某些力学性能不如金属材料，但它们具有金属材料不具备的某些特性，如耐腐蚀、电绝缘性、隔音、减震、耐高温（陶瓷材料）、质量轻、原料来源丰富、价廉以及成型加工容易等优点，因而近年来发展较快。目前，它们不仅应用于人们的生活用品上，而且在工业生产中的应用也已日益广泛。

上述三大类工程材料在性能上各有其优缺点，因而近年来，人们集中各类材料的优异性能于一体，从而能充分发挥各类材料的潜力，制成了各种复合材料，因此复合材料是一种很有发展前途的材料。

第一节　金属材料的力学性能

由于金属材料的品种很多，并具有各种不同的性能，能满足各种机械的使用和加工要求，所以必须在生产上得到广泛应用。

为了正确合理地选择金属材料，必须了解其性能。金属材料的力学性能是指金属在不同环境因素（温度、介质）下，承受外加载荷作用时所表现的行为。这种行为通常表现为金属的变形和断裂。因此，金属材料的力学性能可以理解为金属抵抗外加载荷引起的变形和断裂的能力。

在机械制造业中，大多数机械零件或构件都是用金属材料制成的，并在不同的载荷与环境条件下服役。如果金属材料对变形和断裂的抗力与服役条件不相适应，就会使机件失去预定的效能而损坏，即产生所谓"失效现象"。常见的失效形式有断裂、磨损、过量弹性变形和过量塑性变形等。从零件的服役条件和失效分析出发，找出各种失效抗力指标，就是该零件应具备的力学性能指标。显然，掌握材料的力学性能不仅是设计零件、选用材料时的重要依据，而且也是按验收技术标准来鉴定材料的依据，以及对产品的工艺进行质量控制的重要参数。

当外加载荷的性质、环境的温度与介质等外在因素不同时，对金属材料要求的力学性能也将不同。常用的力学性能有强度、塑性、刚度、弹性、硬度、冲击韧度、断裂韧度和疲劳等。下面分别讨论各种力学性能及其指标。

一、拉伸试验及强度和塑性

（一）拉伸试验与拉伸曲线

静载荷拉伸试验是工业上最常用的力学性能试验方法之一。试验时在试样两端缓慢地施加试验力，使试样的标距部分受轴向拉力，沿轴向伸长，直至试样拉断为止。测定试样对外加试验力的抗力，求出材料的强度值；测定试样在破断后塑性变形的大小，求出材料的塑性值。

试验前，将材料制成一定形状和尺寸的标准拉伸试样。图 1-1 为常用的圆形拉伸试样。若将试样从开始加载直到断裂前所受的拉力 F，与其所对应的试样原始标距长度 L_0 的伸长量 ΔL 绘成曲线。从而得到拉伸曲线。图 1-2

图 1-1 圆形拉伸试样

为退火低碳钢的拉伸曲线。用试样原始截面积 S_0 除拉力 F 得到应力 σ，用试样原始标距 L_0 除绝对伸长 ΔL，得到应变 ε，即 $\sigma = F/S_0$，$\varepsilon = \Delta L/L_0$，所以力—伸长（$F$-$\Delta L$）曲线就成了工程应力-应变（$\sigma$-$\varepsilon$）曲线。

从图 1-2 拉伸曲线可以看出，低碳钢在拉伸过程中明显地表现出不同的变形阶段，因此通常将低碳钢的应力-应变（σ-ε）曲线当作典型情况来说明材料的力学性能。整个曲线可分为弹性变形、屈服、均匀塑性变形、局部塑性变形及断裂几个阶段。

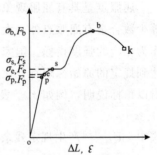

图 1-2 低碳钢的拉伸曲线

在弹性变形阶段（oe 段）中，若卸除试验力，试样能完全恢复到原来的形状和尺寸。其中在 op 阶段，应力与应变成正比关系，符合胡克定律。当应力超过 σ_e 时，进入屈服阶段（es 段），应力-应变曲线出现平台或锯齿，应力不增加或只有微小增加，试样却继续伸长。屈服之后材料进入均匀塑性变形阶段（sb 段），均匀变形的原因是冷变形强化（加工硬化）所致，变形与硬化交替进行，变形量越大，为使材料变形所需的应力越大。当试样变形达到最高点 b 时，形变强化跟不上变形的变化，不能再使变形转移，致使某处截面开始减小。在局部塑性变形阶段（bk 段），应力增加，变形加剧，形成缩颈。此时，施加于试样的力减小，而变形继续增加，直至断裂（k 点）。

（二）常用强度判据

强度是材料在外力作用下抵抗塑性变形和断裂的能力。工程上常用静拉伸强度判据来规定非比例伸长应力、屈服点和规定残余伸长应力、抗拉强度等。

1. 规定非比例伸长应力

金属材料符合胡克定律的最大应力称为比例极限，用 σ_p 表示。因不能用实验直接测定，所以在拉伸试验方法标准中采用"规定非比例伸长应力"来代替比例极限。规定非比例伸长应力是试样标距部分的非比例伸长达到规定的原始标距百分比时的应力。

$$\sigma_p = F_p/S_0$$

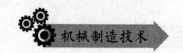
式中　F_p——试样非比例伸长为规定量时的拉力（N）；

　　　S_0——试样原始横截面积（mm^2）。

2. 屈服点和规定残余伸长应力

在弹性阶段内，卸力后而不产生塑性变形的最大应力为材料的弹性伸长应力，通常称为弹性极限，用 σ_e 表示。它也是理论上的概念，也难以用实验直接测定。在实际工程上，以屈服点和规定残余伸长应力代替弹性极限。

在拉伸过程中力不增加，试样仍能继续伸长时的应力称为材料的屈服点（过去称屈服极限），以 σ_s 表示，单位为 MPa。

$$\sigma_s = F_s / S_0$$

式中　F_s——材料屈服时的拉力（N）。

屈服点是具有屈服现象的材料特有的强度指标。除退火或热轧的低碳钢和中碳钢等少数合金有屈服点外，大多数合金都没有屈服现象，因此提出"规定残余伸长应力"作为相应的强度指标。国家标准规定，当试样卸出拉伸力后，其标距部分的残余伸长达到规定的原始标距百分比时的应力作为规定残余伸长应力 σ_r。表示此应力的符号应附以角标说明，例如 $\sigma_{r0.1}$ 表示规定残余伸长率为 0.1% 时的应力。

$$\sigma_r = F_r / S_0$$

式中　F_r——产生规定残余伸长应力时的拉力（N）。

3. 抗拉强度

拉伸过程中最大力 F_b 所对应的应力称为抗拉强度（过去称强度极限），用 σ_b 表示。

$$\sigma_b = F_b / S_0$$

（三）塑性判据

断裂前材料发生不可逆永久变形的能力叫塑性。常用的塑性判据主要有拉伸时的断后伸长率和断面收缩率。

1. 断后伸长率

试样拉断后，标距的伸长与原始标距的百分比称为断后伸长率，用 δ 表示。

$$\delta = \frac{L_1 - L_0}{L_0} \times 100\%$$

式中　L_1——试样拉断后的标距（mm）；

　　　L_0——试样原始标距（mm）。

2. 断面收缩率

试样拉断后，缩颈处横截面积的最大缩减量与原始横截面积的百分比称为断面收

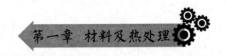

缩率，用 ψ 表示。

$$\psi = \frac{S_0 - S_1}{S_0} \times 100\%$$

式中　S_0——试样原始截面积（mm^2）；

　　　S_1——试样断裂后缩颈处的最小横截面积（mm^2）。

δ 或 ψ 数值越大，则材料的塑性越好。

二、硬度

硬度能够反映金属材料在化学成分、金相组织和热处理状态上的差异，是检验产品质量、研制新材料和确定合理的加工工艺所不可缺少的检测性能之一。

硬度实际上是指一个小的金属表面或很小的体积内抵抗弹性变形、塑性变形或抵抗破裂的一种抗力。因此，硬度不是一个单纯的确定的物理量，不是基本的力学性能指标，而是一个由材料的弹性、强度、塑性、韧性等一系列不同力学性能组成的综合性能指标，所以硬度所表示的量不仅决定于材料本身，还决定于试验方法和试验条件。

硬度试验方法很多，一般可分为三类：压入法（如布氏硬度、洛氏硬度、维氏硬度、显微硬度）、划痕法（如莫氏硬度）和回跳法（如肖氏硬度）。目前机械制造生产中应用最广泛的硬度是布氏硬度、洛氏硬度和维氏硬度。

（一）布氏硬度

布氏硬度的测定原理是用一定大小的试验力 F（N），把直径为 D（mm）的淬火钢球或硬质合金球压入被测金属的表面（图 1-3），保持规定时间后卸出试验力，用度数显微镜测出压痕平均直径 d（mm），然后按公式求出布氏硬度 HB 值，或者根据 d 从以备好的布氏硬度表中查出 HB 值。

$$\begin{aligned} HBS（HBW） &= 0.102 \frac{F}{\pi Dh} \\ &= 0.102 \frac{2F}{\pi D(D - \sqrt{D^2 - d^2})} \end{aligned}$$

淬火钢球做压头测得的硬度值用符号 HBS 表示，用硬质合金球做压头测得的硬度值用符号 HBW 表示。符号 HBS 和 HBW 之前的数字为硬度值，符号后面依次用相应数值注明压头直径（mm）、试验力（0.102 N）、试验力保持时间（s），但在 10～15 s 不标注。例如，500 HBW5/750，表示用直径 5 mm 硬质合金球在 7 355 N

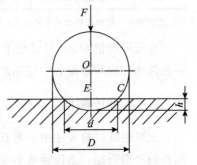

图 1-3 布氏硬度试验原理示意图

试验力作用下保持 10～15 s 测得的布氏硬度值为 500；120 HBS10/1 000/30，表示用直径 10 mm 的钢球压头在 9 807 N 试验力作用下保持 30 s 测得的布氏硬度值为 120。

布氏硬度试验法压痕面积较大，能反映出较大范围内材料的平均硬度，测得的结

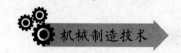

果准确、稳定，因此在生产中应用较广泛。但布氏硬度试验法操作不够简单，且压痕大，故不宜测试薄件或成品件。目前，布氏硬度主要用于铸铁、非铁金属以及经退火、正火和调质处理的钢材。

（二）洛氏硬度

洛氏硬度试验法是目前应用最广的性能试验方法，它是采用直接测量压痕深度来确定硬度值的。

为适应人们习惯上数值越大硬度越高的观念，人为地规定一常数 K 减去压痕深度 h 的值作为洛氏硬度指标，并规定每 0.002 mm 为一个洛氏硬度单位，用符号 HR 表示，则洛氏硬度值为

$$HR = \frac{K - h}{0.002}$$

由此可见，洛氏硬度值是一无量纲的材料性能指标，使用金刚石压头时，常数 K 为 0.2；使用钢球压头时，常数 K 为 0.26。

为了能用一种硬度计测定从软到硬的材料硬度，采用了不同的压头和总负荷组成几种不同的洛氏硬度标度，每一个标度用一个字母在洛氏硬度符号 HR 后加以注明，我国常用的是 HRA、HRB 和 HRC 三种，试验条件和应用范围见表 1-1。洛氏硬度值标注方法为硬度符号前面注明硬度数值，例如 30 HRC、75 HRA 等。

表 1-1　常用的三种洛氏硬度的试验条件与应用范围

硬度符号	压头类型	总试验力 F/kN	硬度值有效范围	应用举例
HRA	120°金刚石圆锥体	0.588 4	70～85 HRA	硬质合金、表面淬火层、渗碳层
HRB	∅1.588 mm 钢球	0.980 7	25～100 HRB	非铁金属、退火、正火钢等
HRC	120°金刚石圆锥体	1.471 1	20～67 HRC	淬火钢、调质钢等

注：总试验力＝初始试验力＋主试验力；初始试验力都为 98 N。

洛氏硬度值 HRC 可以用于硬度很高的材料，操作简单迅速，而且压痕很小，因此在钢件热处理质量检查中应用最多。

（三）维氏硬度

上述硬度试验方法中，布氏硬度试验力与压头直径受制约关系的约束，并有钢球压头的变形问题；洛氏硬度各标度之间没有直接的简单对应关系。维氏硬度，用符号 HV 表示，它克服了上述两种硬度试验的缺点。它的试验力可以任意选择，特别适用于表面强化处理（如化学热处理）的零件和很薄的试样，但维氏硬度试验的生产率不如洛氏硬度试验的生产率高，不宜用于成批生产的常规检验。

三、疲劳极限

材料在循环应力和应变作用下，在一处或几处产生局部永久性累积损伤，经一定循环次数后产生裂纹或突然发生完全断裂的过程称为材料的疲劳。

疲劳失效与静载荷下的失效不同，断裂前没有明显的塑性变形，发生断裂较突然。这种断裂具有很大的危险性，常常造成严重的事故。据统计，大部分机械零件的失效是由金属疲劳引起的。因此，工程上非常重视对疲劳规律的研究。无裂纹体材料的疲劳性能判据主要有疲劳极限和疲劳缺口敏感度等。

在交变载荷下，金属材料承受的交变应力（σ）和断裂时应力循环次数（N）之间的关系，通常用疲劳曲线来描述，如图1-4所示。金属材料承受的最大交变应力σ越大，则断裂时交变的次数N越小；反之σ越小，则N越大。当应力低于某值时，应力循环到无数次也不会发生疲劳断裂，此应力值称为材料的疲劳极限，以σ_p表示。

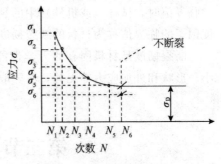

图1-4 疲劳曲线示意图

常用钢铁材料的疲劳曲线形状有明显的水平部分，如图1-5（a）所示，其他大多数金属材料的疲劳曲线上没有水平部分，在这种情况下，如图1-5（b）所示，规定某一循环次数N_0断裂时所对应的应力作为条件疲劳极限，以$\sigma_{R(N)}$表示。

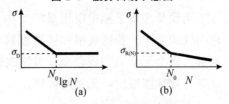

图1-5 两种疲劳曲线

（a）钢铁材料；（b）部分非铁合金

由于疲劳断裂通常是从机件最薄弱部位或内外部缺陷所造成的应力集中处发生，所以疲劳断裂对许多因素很敏感，如循环应力特性、环境介质、温度、机件表面状态、内部组织缺陷等，这些因素导致疲劳裂纹的产生或加速裂纹扩展而降低疲劳寿命。

为了提高机件的疲劳抗力，防止疲劳断裂事故的发生，在进行机件设计和加工时，应选择合理的结构形状，防止表面损伤，避免应力集中。由于金属表面是疲劳裂纹易于产生的地方，而实际零件大部分都承受交变弯曲或交变扭转载荷，表面处应力最大，所以表面强化处理就成为提高疲劳极限的有效途径。

四、断裂韧度

前面所讨论的力学性能，都是假定材料是均匀、连续、各向同性的。研究这种在高强度金属材料中发生的低应力脆性断裂，发现前述假设是不成立的。实际上，材料的组织远非是均匀、各向同性的。组织中有微裂纹，还会有夹杂、气孔等宏观缺陷，这些缺陷可看成材料中裂纹。当材料受外力作用时，这些裂纹的尖端附近便出现应力

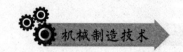

集中，形成一个裂纹尖端的应力场。根据断裂力学对裂纹尖端应力场的分析，裂纹前端应力场的强弱主要取决于力学应力强度因子 K_1，单位为 $MN \cdot m^{-3/2}$。

$$K_1 = Y\sigma\sqrt{a}$$

式中　Y——与裂纹形状、加载方式及试样尺寸有关的量，是个无量纲的系数；

　　　σ——外加拉应力（MPa）；

　　　a——裂纹长度的一半（m）。

对某个有裂纹的试样（或机件），在拉伸外力作用下 Y 值是一定的。当外加拉力逐渐增大或裂纹逐渐扩展时，裂纹尖端的应力强度因子 K_1 也随之增大；当 K_1 增大到某一临界值时，试样（或机件）中的裂纹会产生突然失稳扩展，导致断裂。这个应力强度因子的临界值称为材料的断裂韧度，用 K_1 表示。

断裂韧度是材料固有的力学性能指标，是强度和韧性的综合体现。它与裂纹的大小、形状和外加应力等无关，主要取决于材料的成分、内部组织和结构。

第二节　铁碳合金相图

钢铁是现代工业中应用最广泛的金属材料，其基本组元是铁和碳两个元素，因此称为铁碳合金。普通碳钢和铸铁都属于铁碳合金范畴，合金钢和合金铸铁实际上是有意加入合金元素的铁碳合金。但铁碳合金中含碳量一般为 $\omega_c < 5\%$，因为 $\omega_c > 5\%$ 的铁碳合金性能很脆，无实用价值。

一、铁碳合金的组元及基本相

（一）铁碳合金的组元

1. Fe

铁是过渡族元素，熔点或凝固点为 1 538 ℃，密度是 7.87 g/cm^3。纯铁从液态结晶为固态后，继续冷却到 1 394 ℃ 和 912 ℃ 时，先后发生两次同素异构转变。

工业纯铁的力学性能特点是强度低、硬度低、塑性好。

2. Fe₃C

Fe_3C 是 Fe 与 C 的一种具有复杂结构的间隙化合物，通常称为渗碳体，用 C_m 表示。渗碳体的力学性能特点是硬而脆。

（二）铁碳合金中的相

Fe-Fe_3C 相图中存在着五种相，如图 1-6 所示。

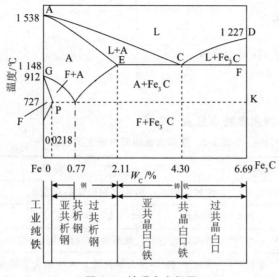

图 1-6　铁碳合金相图

1. 液相 L

液相 L 是铁与碳的液态溶体。

2. δ 相

δ 相又称高温铁素体，是碳在 δ-Fe 中的间隙固溶体，呈体心立方晶格，在 1 394 ℃以上存在，在 1 495 ℃时溶碳量最大，碳的质量分数为 0.09%。

3. α 相

α 相也称铁素体，用符号 F 或 α 表示，是碳在 α-Fe 中的间隙固溶体，呈体心立方晶格。铁素体中碳的固溶度极小，室温时碳的质量分数约为 0.000 8%，600 ℃时为 0.005 7%，在 727 ℃时溶碳量最大，碳的质量分数为 0.021 8%。铁素体的性能特点是强度、硬度不高，但具有良好的塑性和韧性，其力学性能与工业纯铁大致相同。

4. γ 相

γ 相常称奥氏体，用符号 A 或 γ 表示，是碳在 γ-Fe 中的间隙固溶体，呈面心立方晶格。奥氏体中碳的固溶度较大，在 1 148 ℃时溶碳量最大，其碳质量分数达 2.11%。奥氏体的强度较低，硬度不高，塑性较高易于塑性变形。

5. Fe₃C 相

Fe_3C 相是一个化合物相，渗碳体根据生成条件不同有条状、网状、片状和粒状等形态，对铁碳合金的力学性能有很大影响。

(三) 相图分析

相图中的点、线、区及其意义。

1. 主要特点

铁碳合金相图中的主要特点见表1-2。

表 1-2 铁碳合金相图中的主要特点

点	含碳量/%	温度/℃	意义
A	0	1 538	纯铁的熔点，纯铁的理论结晶温度
C	4.3	1 148	共晶点，$L_C \Longleftrightarrow (A+Fe_3C)$
D	6.69	1 227	渗碳体的熔点，渗碳体的理论结晶温度
E	2.11	1 148	碳在 γ-Fe 中最大溶解度，A 中最大溶碳量
G	0	912	纯铁同素异构转变点：$\alpha\text{-Fe} \Longleftrightarrow \gamma\text{-Fe}$
S	0.77	727	共析点，$A_S \Longleftrightarrow (F+Fe_3C)$
注：共晶反应与共析反应的区别与联系			

项目	共同点	不同点
共晶反应	产物为两固相	反应原料为液态合金，温度相对较高（1 148 ℃）
共析反应		反应原料为固态合金，温度相对较低（727 ℃）

2. 主要特性线

铁碳合金相图中的特性线见表1-3。

表 1-3 铁碳合金相图中的特性线

线	名称	意义
ACD	液相线	铁碳合金开始结晶温度连线，先结晶出 A 或 C_m，线上为液相
AECF	固相线	铁碳合金结束结晶温度连线，线下为固相
GS	A_3 线	冷却时，从不同含碳量的奥氏体中析出铁素体的开始线
ES	A_{cm}	碳在 γ-Fe 中溶解度线，或称碳在 A 中固溶线
ECF	共晶线	含碳量为 4.3% 的液态合金在 1 148 ℃时发生共晶转变点连线
PSK	共析线	A_1 线，含碳量为 0.77% A 在 727 ℃时发生共析转变点连线

共晶转变：一定成分的液态合金，在某恒温下，同时结晶出两固相，$L \Rightarrow S1+S2$。

共析转变：一定成分的固溶体，在某恒温下，同时析出两固相，$S1 \Rightarrow S2+S3$。

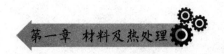

3. 面

铁碳合金相图中的特性面见表1-4。

表1-4 铁碳合金相图中的特性面

面	名称	组织类型	晶格类型
ACD 以上	液相面	高温液态铁碳合金	无晶体
AEC 面	液固共存面	L+A	面心立方
CDF 面	液固共存面	L+C_m	复杂斜方
AGSE 面	单相 A 面	A	面心立方
GPS 面	A→F 面	A+F	室温时为 P+F
A1 线以上，	C（0.77%～2.11%）	C（2.11%～4.3%）	C（4.3%～6.69%）
ECF 线以下	A+$C_{mⅡ}$	A+$C_{mⅡ}$+L_d	$C_{mⅠ}$+L_d
A1 线以下	P+$C_{mⅡ}$	P+$C_{mⅡ}$+L'_d	$C_{mⅠ}$+L'_d

4. 单相区

单相区有液相区 L、奥氏体区 A、渗碳体区 C_m 和铁素体区 F。

二、铁碳合金的平衡结晶过程和组织

铁碳合金的组织是液态结晶和固态重结晶的综合结果，研究铁碳合金的结晶过程，目的在于分析合金的组织形成，以考虑其对性能的影响。为了讨论方便，先将铁碳合金进行分类，通常根据相图中 P 点和 E 点，可将铁碳合金分为工业纯铁、钢和白口铸铁。

（1）工业纯铁 ω_C<0.021 8% 的铁碳合金。

（2）钢 ω_C=0.021 8%～2.11% 的铁碳合金。其中：

共析钢 ω_C=0.77%；

亚共析钢 ω_C=0.021 8%～0.77%；

过共析钢 ω_C=0.77%～2.11%。

（3）白口铸铁 ω_C=2.11%～6.69% 的铁碳合金。其中：

共晶白口铸铁 ω_C=4.3%；

亚共晶白口铸铁 ω_C=2.11%～4.3%；

过共晶白口铸铁 ω_C=4.3%～6.69%。

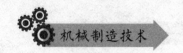

三、铁碳合金的成分、组织、性能间的关系

(一) 含碳量与平衡组织间的关系

在铁碳合金中，随着合金含碳量的增加，在合金的室温组织中不仅渗碳体的量增加，其形态、分布也有变化，因此合金的力学性能也相应变化。铁碳合金的成分、组织、相组成、组织组成和力学性能等变化规律如图1-7所示。

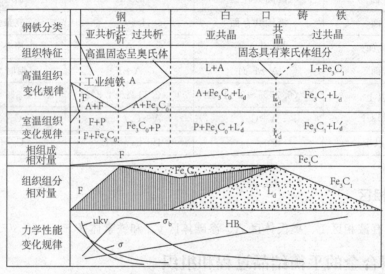

图 1-7　铁碳合金的组织性能变化规律

从图1-7可以看出，随含碳量的增加，工业纯铁中的三次渗碳体的量随着增加，亚共析钢中的铁素体量随着减少，过共析钢中的二次渗碳体量随着增加。对于白口铸铁，随着含碳量的增加，亚共晶白口铸铁中的珠光体和二次渗碳体随着减少，过共晶白口铸铁中一次渗碳体和共晶渗碳体量随着增加。

(二) 含碳量与力学性能间的关系

在铁碳合金中，碳的含量和存在形式对合金的力学性能有直接的影响（图1-7）。铁碳合金组织中的铁素体是软韧相，渗碳体是硬脆相，因此铁碳合金的力学性能，决定于铁素体和渗碳体的相对量，以及它们的相对分布。

从图1-7可以看出，含碳量很低的工业纯铁，是由单相铁素体构成的，因此塑性很好，强度和硬度很低。亚共析钢组织中的铁素体随含碳量的增多而减少，而珠光体量相应增加。因此，塑性、韧性降低，强度和硬度直线上升。共析钢为珠光体组织，其具有较高的强度和硬度，但塑性较低。在过共析钢中，随着含碳量的增加，开始时强度和硬度继续增加，当 $\omega_C = 0.9\%$ 时，强度极限出现峰值。随后不仅塑性韧性继续下降，强度也显著降低。这是由于二次渗碳体量逐渐增加到能够形成连续的网状，从而使钢的脆性增加所致。

白口铸铁中都存在莱氏体组织，具有很高的硬度和脆性，既难以切削加工，也不能进行锻造。因此，白口铸铁的应用受到限制。由于白口铸铁具有很高的抗磨损能力，因此对于表面要求高硬度和耐磨的零件，如犁铧、冷轧辊等，常用白口铸铁制造。

（三）含碳量与工艺性能间的关系

（1）铸造性能。已知合金的铸造性能取决于相图中液相线与固相线的水平距离和垂直距离，距离越大，合金的铸造性能越差。由 Fe-FeC 相图可见，共晶成分（$\omega_c = 4.3\%$）附近的铸铁，液相线与固相线的距离最小，而且液相线温度亦最低，因此流动性好，分散缩孔少，偏析小，是铸造性能良好的铁碳合金。偏离共晶成分越远的铸铁，合金的铸造性能越差。

低碳钢的液相线与固相线间距离较小，有较好的铸造性能，随着钢中含碳量的增加，钢液的过热度较小，这对钢液的流动性不利。随着钢中含碳量的增加，虽然其液相线温度随之降低，但其液相线与固相线的距离却增大，铸造性能变差。因此，钢的铸造性能都不太好。

（2）可锻性和可焊性。金属的可锻性是指金属压力加工时，能改变形状而不产生裂纹的性能。钢加热到高温，可获得塑性良好的单相奥氏体组织，因此其可锻性良好。低碳钢的可锻性优于高碳钢。白口铸铁在低温和高温下，组织都是以硬而脆的渗碳体为基体，所以不能锻造。

金属的可焊性是以焊接接头的可靠性和出现焊缝裂纹的倾向性为其技术判断指标。在铁碳合金中，钢都可以进行焊接，但钢中含碳量越高，其可焊性越差，因此焊接用钢主要是低碳钢和低碳合金钢。铸铁的可焊性差，因此焊接主要用于铸铁件的修复和焊补。

（3）切削加工性能。金属的切削加工性能是指其经切削加工成工件的难易程度。它一般用切削抗力大小、力工后工件的表面粗糙度、加工时断屑与排屑的难易程度及对刃具磨损程度来衡量。

钢中含碳量不同时，其切削加工性能亦不同。低碳钢（$\omega_c \leqslant 0.25\%$）中有大量铁素体，硬度低、塑性好，切削时产生切削热较大，容易粘刀，而且不易断屑和排屑，影响工件的表面粗糙度，因此切削加工性能较差。高碳钢（$\omega_c > 0.60\%$）中渗碳体较多，当渗碳体呈层状或网状分布时，刃具易磨损，切削加工性能也差。中碳钢（$\omega_c = 0.25\% \sim 0.60\%$）中铁素体与渗碳体的比例适当，硬度和塑性比较适中，切削加工性能较好。一般认为钢的硬度在 $160 \sim 230$ HBS 时，切削加工性能最好。碳钢可通过热处理来改变渗碳体的形态与分布，从而改善其切削加工性能。

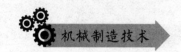

第三节 钢的热处理

钢的热处理是将钢在固态下施以不同的加热、保温和冷却，以改变其组织，从而获得所需性能的一种工艺。

通过热处理，能有效地消除毛坯中的缺陷，改善其工艺性能，为后续工序做组织上的准备，更重要的是热处理能显著提高其力学性能并延长使用寿命，是钢铁材料重要的强化手段。机械工业中的钢铁制品，几乎都要进行不同的热处理才能保证其性能和使用要求。所有的量具、模具、刀具和轴承，70％～80％的汽车零件和拖拉机零件，60％～70％的机床零件，都必须进行各种专门的热处理才能合理加工和使用。

根据加热和冷却方法不同，常用的热处理有普通热处理和表面热处理两大类。

一、钢的普通热处理

钢的普通热处理包括退火、正火、淬火和回火。这里主要介绍普通热处理工艺的特点、操作和应用。

（一）钢的退火和正火

在机械零件或模具等工件的制造过程中，往往要经过各种冷、热加工，而且在各加工工序中，还经常要穿插多次热处理工序。在生产中，常把热处理分为预先热处理和最终热处理两类。

为了消除前道工序造成的某些缺陷，或为随后的切削加工和最终热处理做好准备的热处理，称为预先热处理。为使工件满足使用性能要求的热处理，称为最终热处理。例如，一般较重要工件的制造过程大致是铸造或锻造→退火或正火→机械（粗）加工→淬火＋回火（或表面热处理）→机械（精）加工等工序。其中淬火＋回火工序就是为了满足工件使用要求而进行的最终热处理，而安排在铸造或锻造之后、机械（粗）加工之前的退火或正火工序，就是预先热处理。这是因为铸造或锻造之后，工件中不仅存在残余应力和硬度可能偏高或不均匀，往往出现一些组织缺陷，如铸钢件中的枝晶偏析、魏氏组织和晶粒粗大等；锻钢件中魏氏组织、带状组织和晶粒粗大等，这些都会使钢件的性能变坏，淬火时易产生变形和开裂。经过适当退火或正火处理可使组织细化，成分均匀，消除应力，硬度均匀适当，从而改善了力学性能和切削加工性，为随后的机械加工和淬火做好准备。

退火或正火除经常作为预先热处理工序外，对一些普通铸件、焊接件和一些性能要求不高的工件，常作为最终热处理工序。例如，一些容器或箱体在焊接或铸造后，往往在退火后不再进行其他热处理。因此，这种退火处理就属于最终热处理。

综上所述，退火或正火的主要目的大致可归纳为如下几点。

（1）降低钢件硬度，以利于随后的切削加工。经适当退火或正火处理后，一般钢件的硬度为 $160\sim230$ HBS，这是最适于切削加工的硬度。

（2）消除残余应力，以稳定钢件尺寸，并防止其变形和开裂。

（3）使化学成分均匀，细化晶粒，改善组织，提高钢的力学性能和工艺性能。

（4）为最终热处理（淬火、回火）做好组织上的准备。

退火与正火主要用于各种铸件、锻件、热轧型材和焊接构件，由于处理时冷却速度较慢，所以对钢的强化作用较小，在许多情况下不能满足使用要求。除少数性能要求不高的零件外，一般不作为获得最终使用性能的热处理，主要用于改善其工艺性能，因此称为预备热处理。

1. 退火

退火是将钢加热至适当温度，保温一定时间，然后缓慢冷却的热处理工艺。根据目的和要求的不同，工业上常用的退火工艺有完全退火、等温退火、球化退火、去应力退火、再结晶退火和均匀化退火等。

（1）完全退火。完全退火是将亚共析钢加热至 Ac_3 以上 $30\sim50$ ℃，经保温后随炉冷却至 600 ℃以下，再出炉在空气中冷却，以获得接近平衡组织的热处理工艺。完全退火的目的在于细化晶粒、消除过热组织、降低硬度和改善切削加工性能。

（2）等温退火。完全退火很费工时，生产中常采用等温退火来代替。等温退火是将钢加热至 Ac_3 以上 $30\sim50$ ℃，保温后较快地冷却到 Ac_1 以下某一温度，保温一定时间，使奥氏体在恒温下转变成铁素体和珠光体，然后出炉空冷的热处理工艺。由于转变在恒温下进行，所以组织均匀，而且可大大缩短退火时间。

完全退火和等温退火主要用于亚共析成分的各种碳钢和合金钢的铸件、锻件和热轧型材，有时也用于焊接结构。

（3）球化退火。球化退火是将过共析钢加热至 Ac_1 以上 $20\sim40$ ℃，充分保温后随炉冷却到 600 ℃以下出炉空冷，以获得在铁素体基体上均匀地分布着球粒状渗碳体组织的热处理工艺。这种组织也称为球化体。

球化退火主要用于过共析钢。其目的是使渗碳体球状化，以降低钢的硬度，改善可加工性，并为以后的热处理工序做好组织准备。若钢的原始组织中有严重的渗碳体网，则在球化退火前应进行正火消除，以保证球化退火效果。

（4）去应力退火和再结晶退火。去应力退火是将钢加热至 Ac_1 以下 $100\sim200$ ℃（一般为 $500\sim600$ ℃），保温后缓冷的热处理工艺。其目的主要是消除构件（铸件、锻件、焊接件、热轧件和冷拉件）中的残余内应力。

再结晶退火主要用于经冷变形的钢，可以软化因冷变形引起的材料硬化现象。

（5）均匀化退火（扩散退火）。为减少钢锭、铸件或锻坯的化学成分的偏析和组织的不均匀性，将其加热到 Ac_3 以上 $150\sim300$ ℃，长时间（$10\sim15$ h）保温后缓冷的热处理工艺，称为均匀化退火或扩散退火。其目的是为了达到化学成分和组织均匀化。

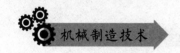

均匀化退火后钢的晶粒粗大，因此一般还要进行完全退火或正火。

2. 钢的正火

正火是将工件加热至 Ac_3（或 Ac_{cm}）以上 30～50 ℃，保温后出炉空冷的热处理工艺。

对于力学性能要求不高的零件，正火可作为最终热处理，以提高其强度、硬度和韧性；对低、中碳钢，可用正火作为预备热处理，正火后可获得合适的硬度，改善切削性能；过共析钢球化退火前进行一次正火，可消除网状二次渗碳体，以保证球化退火时渗碳体全部球粒化。

正火与退火的主要区别是正火的冷却速度稍快，所得组织比退火细，硬度和强度有所提高。正火的生产周期比退火短，节约能量，且操作简便。生产中常优先采用正火工艺。

碳钢退火和正火的工艺规范如图 1-8 所示。

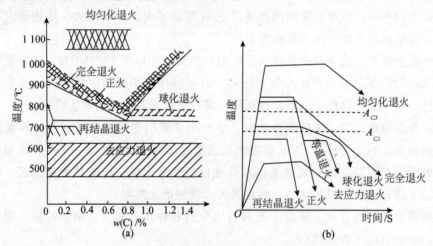

图 1-8 碳钢退火和正火的工艺规范示意图
(a) 加热温度规范；(b) 工艺曲线

（二）钢的淬火

淬火是将钢件加热至 A_{c3} 或 A_{c1} 以上某一温度，保温后以适当速度冷却，获得马氏体和（或）贝氏体组织的热处理工艺，目的是提高钢的硬度和耐磨性。淬火是强化钢件最重要的热处理方法。

1. 钢的淬火工艺

（1）淬火温度的选择。碳钢的淬火温度根据 Fe-Fe_3C 相图选择，如图 1-9 所示。为了防止奥氏体晶粒粗化，一般淬火温度不宜太高，只允许超出临界点 30～50 ℃。

对于亚共析碳钢，适宜的淬火温度一般为 A_{c3}＋（30～50）℃，这样可获得均匀细小的马氏体组织。如果淬火温度过高，那么将获得粗大马氏体组织，同时引起钢件较严重的变

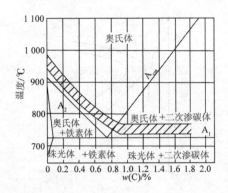

图1-9　碳钢的淬火加热温度范围

形。如果淬火温度过低，那么在淬火组织中将出现铁素体，造成钢的硬度不足，强度不高。

对于过共析碳钢，适宜的淬火温度一般为 $Ac_1 +$ （30～50）℃，这样可获得均匀细小马氏体和粒状渗碳体的混合组织。如果淬火温度过高，那么将获得粗片状马氏体组织，同时引起较严重变形，淬火后钢中残余奥氏体量会增多，降低钢的硬度和耐磨性。如果淬火温度过低，那么可能得到非马氏体组织，钢的硬度达不到要求。

对于合金钢，因为大多数合金元素（锰、磷除外）阻碍奥氏体晶粒长大，所以淬火温度比碳钢稍微提高一些，这样可使合金钢充分溶解和均匀化，以便取得较好淬火效果。

（2）淬火冷却介质。淬火时为了得到马氏体组织，冷却速度必须大于淬火临界冷却速度 v_k，但快冷又不可避免地会造成很大的内应力，引起工件变形与开裂。因此，理想的淬火冷却介质应具有如图1-10所示的冷却曲线，即只在C曲线鼻部附近快速冷却，而在淬火温度到650℃之间和 M_1 点以下以较慢的速度冷却。实际生产中还没有找到一种淬火介质能满足这一理想淬火冷却速度。常用的淬火冷却介质是水、盐水和油。水的冷却能力很强，而加入质量分数5%～10%NaCl的盐水，其冷却能力更强；尤其在550～650℃的冷却速度非常快，大于600℃/s；但在200～300℃，其冷却能力仍很强，这将导致工件变形，甚至开裂，因而它主要用于淬透性较小的碳钢零件。淬火油几乎都是矿物油，其优点是在300～200℃冷却能力低，有利于减小变形和开裂；缺点是在650～550℃冷却能力远低于水，因此其不宜用于碳钢，通常只用作合金钢的淬火介质。

为减小工模具淬火时的变形，工业上常用水、盐或碱的水溶液和油作为冷却介质来进行分组淬火或等温淬火。

（3）淬火方法。为保证淬火时既能得到马氏体组织，又能减小变形，避免开裂，一方面可选用合适的淬火介质，另一方面可通过采用不同的淬火方法加以解决。工业上常用的淬火方法有以下几种。

①单液淬火法。它是将加热的工件放入一种淬火介质中连续冷却至室温的操作方法。例如，碳钢在水中淬火，合金钢在油中淬火等均属单液淬火法，如图1-11中曲线1。这种方法操作简单，容易实现机械化和自动化。但在连续冷却至室温的过程中，水淬容易产生变形和裂纹，油淬容易产生硬度不足或硬度不均匀等现象。

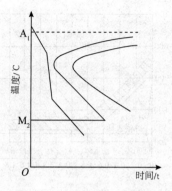

图 1-10 理想淬火冷却速度

②双液淬火法。对于形状复杂的碳钢件，为了防止在低温范围内马氏体相变时发生裂纹，可在水中淬冷至接近 Ms 温度时从水中取出立即转到油中冷却，如图 1-11 中曲线 2，这就是双液淬火法，也常叫水淬油冷法。这种淬火方法如能恰当地掌握好在水中的停留时间，即可有效地防止裂纹的产生。

③分级淬火法。钢件加热保温后，迅速放入温度稍高于 Ms 点的恒温盐液或碱液中，保温一定时间，待钢件表面与心部温度均匀一致后取出空冷，以获得马氏体组织的淬火工艺，如图 1-11 中曲线 3，这种淬火方法能有效地减小变形和开裂倾向。但由于盐液或碱液的冷却能力较弱，所以只适用于尺寸较小、淬透性较好的工件。

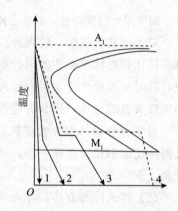

图 1-11 不同淬火方法示意图
1-单液淬火；2-双液淬火；
3-马氏体分级淬火；4-贝氏体等温淬火

④等温淬火法。钢件加热保温后，迅速放入温度稍高于 Ms 点的盐液或碱液中，保温足够时间，使奥氏体转变成下贝氏体后取出空冷，如图 1-11 中曲线 4。等温淬火可大大降低钢件的内应力，下贝氏体又具有较高的强度、硬度和塑性、韧度，综合性能优于马氏体，适用于尺寸较小、形状复杂，要求变形小，且强度、韧度都较高的工件，如弹簧、工模具等。等温淬火后一般不必回火。

⑤局部淬火法。有些工件按其工作条件如果只是局部要求高硬度，那么可进行局部加热淬火，以避免工件其他部分产生变形和裂纹。

⑥冷处理。为了尽量减少钢中残余奥氏体以获得最大数量的马氏体，可进行冷处理，即把淬冷至室温的钢继续冷却到 $-70 \sim -80\ ℃$（也可冷却到更低的温度），保持一段时间，使残余奥氏体在继续冷却过程中转变为马氏体。这样可提高钢的硬度和耐磨性，并稳定钢件的尺寸。

2. 钢的淬透性和淬硬性

（1）淬透性。在规定条件下，决定钢材淬硬层深度和硬度分布的特性称为淬透性。

一般规定，钢的表面至内部马氏体组织占 50％处的距离称为淬硬层深度。淬硬层越深，淬透性就越好。如果淬硬层深度达到心部，那么表明该工件全部淬透。

钢的淬透性主要取决于钢的临界冷却速度。临界冷却速度越小，过冷奥氏体越稳定，钢的淬透性也就越好。

合金元素是影响淬透性的主要因素。大多数合金元素溶入奥氏体都使 C 曲线右移，降低临界冷却速度，因而使钢的淬透性显著提高。此外，提高奥氏体化温度将使奥氏体晶粒长大，成分均匀，奥氏体稳定，使钢的临界冷却速度减小，改善钢的淬透性。

在实际生产中，工件淬火后的淬硬层深度除取决于淬透性外，还与零件尺寸及冷却介质有关。

（2）淬硬性。钢在理想条件下进行淬火所能达到的最高硬度的能力称为淬硬性。它主要取决于马氏体中的含碳量，合金元素对淬硬性影响不大。

3. 钢的淬火变形与开裂

（1）热应力与相变应力（组织成力）。工件淬火后出现变形与开裂是由内应力引起的。内应力分为热应力与相交应力。

工件在加热或冷却时，由于不同部位存在着温度差而导致热胀或冷缩不一致所引起的应力称为热应力。

淬火工件在加热时，铁素体和渗碳体转变为奥氏体，冷却时又由奥氏体转变为马氏体。由于不同组织的比体积不同，故加热冷却过程中必然要发生体积变化。在热处理过程中，由于工件表面与心部的温差使各部位组织转变不同时进行而产生的应力称为相变应力。

淬火冷却时，工件中的内应力超过材料的屈服点就可能产生塑性变形，如内应力大于材料的抗拉强度，工件将发生开裂。

（2）减小淬火变形、开裂的措施。对于形状复杂的零件，应选用淬透性好的合金钢，以便能在缓和的淬火介质中冷却，工件的几何形状应尽量做到厚薄均匀，截面对称，使工件淬火时各部分能均匀冷却；高合金钢锻造时应尽可能改善碳化物分布，高碳钢及高碳合金钢采用球化退火有利于减小淬火变形；适当降低淬火温度、采用分级淬火或等温淬火都能有效地减小淬火变形。

（三）钢的回火

将淬火后的钢件加热至 Ac_1 以下某一温度，保温一定时间，然后冷却至室温的热处理工艺称为回火。钢件淬火后必须进行回火，其主要目的在于减小或消除淬火内应力，减小变形，防止开裂；通过采用不同温度的回火来调整硬度，减小脆性，获得所需的塑性和韧性，稳定工件的组织和尺寸，避免其在使用过程中发生变化。

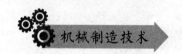

1. 淬火钢回火时的组织转变

淬火钢随回火温度的升高，其组织发生以下几个阶段的变化。

（1）马氏体的分解。在 $80\sim200\ ℃$ 回火时，马氏体开始分解。马氏体内过饱和的碳原子以 ε 碳化物的形式析出，使过饱和程度略有减小，这种组织称为回火马氏体。此阶段钢的淬火内应力减小，韧性改善，但硬度并未明显降低。

（2）残余奥氏体的分解。在 $200\sim300\ ℃$ 回火时，马氏体继续分解，同时残余奥氏体也向下贝氏体转变。此阶段的组织大部分仍然是回火马氏体，硬度有所下降。

（3）回火托氏体的形成。在 $300\sim400\ ℃$ 回火时，马氏体分解结束，过饱和固溶体转变为铁素体。同时非稳定的 ε 碳化物也逐渐转变为稳定的渗碳体，从而形成在铁素体的基体上分布着细球状渗碳体的混合物，这种组织称为回火托氏体，此阶段硬度继续下降。

（4）固溶体的再结晶与渗碳体的聚集长大。回火温度在 $400\ ℃$ 以上时，固溶体发生回复与再结晶，同时渗碳体颗粒逐渐聚集长大，形成较大的粒状渗碳体，这种组织称为回火索氏体。与回火托氏体相比，其渗碳体颗粒较粗大。此阶段钢的强度、硬度不断降低，但韧性却明显改善。

2. 回火的分类及其应用

根据零件对性能的不同要求，按其回火温度范围，可将回火分为以下几类。

（1）低温回火（$150\sim250\ ℃$）。回火后的组织为回火马氏体，基本上保持了淬火后的高硬度（一般为 $58\sim64\ HRC$）和高耐磨性，主要目的是降低淬火应力。其一般用于有耐磨性要求的零件，如刃具、工模具、滚动轴承、渗碳零件等。

（2）中温回火（$350\sim500\ ℃$）。回火后的组织为回火托氏体，其硬度一般为 $35\sim45\ HRC$，具有较高的弹性极限和屈服点。其主要用于有较高弹性、韧性要求的零件，如各种弹簧。

（3）高温回火（$500\sim650\ ℃$）。回火后的组织为回火索氏体，这种组织既有较高的强度，又具有一定的塑性、韧性，其综合力学性能优良。工业上通常将淬火与高温回火相结合的热处理称为调质处理，它广泛应用于各种重要的结构零件，特别是在交变负荷下工作的连杆、螺栓、齿轮和轴类等，也可用于量具和模具等精密零件的预备热处理，硬度一般为 $200\sim350\ HBS$。

除了以上三种常用的回火方法外，某些高合金钢还在 $640\sim680\ ℃$ 进行软化回火。某些量具等精密工件为了保持淬火后的高硬度及尺寸稳定性，有时需在 $100\sim150\ ℃$ 进行长时间的加热（$10\sim50\ h$），这种低温长时间的回火称为尺寸稳定处理或时效处理。

从以上各温度范围中可看出，没有在 $250\sim350\ ℃$ 进行回火发生低温回火脆性的温度范围。

二、钢的表面热处理和化学热处理

在冲击、交变和摩擦等动载荷条件下工作的机械零件，如齿轮、曲轴、凸轮铀和活塞销等汽车、拖拉机和机床零件，要求表面具有高的强度、硬度、耐磨性和疲劳强度，而心部则要有足够的塑性和韧性。如果仅从选材和普通热处理工艺方面来满足这一要求是很困难的，而表面热处理和化学热处理，就能达到上述的性能要求。

（一）钢的表面淬火

表面淬火是一种不改变表层化学成分，只改变表层组织的局部热处理方法。表面淬火是通过快速加热，使钢件表层奥氏体化，然后迅速冷却，使表层形成一定深度的淬硬组织（马氏体），而心部仍保持原来塑性、韧度较好的组织（退火、正火或调质处理组织）的热处理工艺。

根据加热方法的不同，表面淬火可分为感应加热表面淬火、火焰加热表面淬火、接触电阻加热表面淬火、电解液加热表面淬火、激光加热表面淬火和电子束加热表面淬火等。下面主要介绍感应加热表面淬火和火焰加热表面淬火。

1. 感应加热表面淬火

感应加热表面淬火是利用电磁感应、集肤效应、涡流和电阻热等电磁原理，使工件表层快速加热，并快速冷却的热处理工艺。

感应加热表面淬火时，将工件放在钢管制成的感应器内，当一定频率的交流电通过感应器时，处于交变磁场中的工件产生感应电流，由于集肤效应，感应电流主要集中在工件表面，使工件表面迅速加热到淬火温度。随即喷火冷却，工件表面被淬硬（图1-12）。

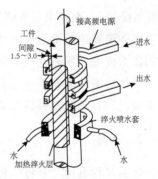

图1-12 感应加热表面淬火示意图

感应加热表面淬火宜选用中碳钢和中碳低合金结构钢。目前应用最广泛的是汽车、拖拉机、机床和工程机械中的齿轮、轴类等，也可运用于高碳钢、低合金钢制造的工具和量具，以及铸铁冷轧辊等。

经感应加热表面淬火的工件，表面不易氧化、脱碳，变形小，淬火层深度易于控制。此外，该热处理方法生产效率高，易于实现生产机械化，多用于大批量生产的形状较简单的零件。

2. 火焰加热表面淬火

火焰加热表面淬火是应用氧-乙炔焰或氧-煤气焰，将工件表面快速加热到淬火温度，立即喷水冷却的工艺。这种方法和其他表面加热淬火法相比，其优点是设备简单、成本低，但生产效率低，质量较难控制。火焰加热表面淬火淬硬层深度一般为2～

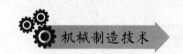

6 mm，通常用于中碳钢、中碳合金钢和铸铁的大型零件，进行单件、小批生产或局部修复加工，例如大型齿轮、轴和轧辊等的表面淬火。

（二）钢的化学热处理

化学热处理是将钢件置于一定的活性介质中加热并保温，使介质分解析出的活性原子渗入工件表层，改变表层的化学成分、组织和性能的热处理工艺。化学热处理的目的是提高工件表面的硬度、耐磨性、疲劳强度、耐热性、耐蚀性和抗氧化性能等。常用的化学热处理有渗碳、渗氮和液体碳氮共渗等。

1. 渗碳

渗碳是将工件置于渗碳介质中加热并保温，使介质分解析出活性碳原子渗入工件表层的化学热处理工艺。渗碳适用于承受冲击载荷和强烈摩擦的低碳钢或低碳合金钢工件，如汽车和拖拉机的齿轮、活塞销、摩擦片等零件。渗碳层深度一般为 0.5～2 mm，渗碳层碳的质量分数可达到 0.8%～1.1%。渗碳后应进行淬火和回火处理，这样才能有效地发挥渗碳的作用。

按所用的渗碳剂不同，渗碳可分为气体渗碳、固体渗碳和液体渗碳三类。生产中常用的渗碳方法主要为气体渗碳。

气体渗碳是将工件置于密闭的加热炉（如井式气体渗碳炉）中，通入煤气、天然气等渗碳气体介质（或滴入煤油、丙酮等易于气化分解的液体介质），加热到 900～950 ℃ 的渗碳温度后保温，工件在高温渗碳气氛中进行渗碳的热处理工艺。

气体渗碳的关键过程是渗碳剂在高温下分解析出活性碳原子，依靠工件表层与内部的碳浓度差，不断地从表面向内部扩散而形成渗碳层。

气体渗碳的渗碳层质量好，渗碳过程易控制，生产率高，劳动条件较好，易于实现机械化和自动化，但设备成本高，维护调试要求较高，因此不适合单件和小批生产。

2. 渗氮

渗氮又称氮化，是将工件置于含氮介质中加热至 500～560 ℃，使介质中分解析出的活性氮原子渗入工件表层的化学热处理工艺。渗氮层深度一般为 0.6～0.7 mm。渗氮广泛应用于承受冲击、交变载荷和强烈摩擦的中碳合金结构钢等重要核密零件，如精密机床丝杠，镗床主轴，高速柴油机曲轴，汽轮机的阀门、阀杆等。

3. 碳氮共渗

碳氮共渗是将碳和氮原子都渗入工件表层的一种化学热处理工艺。碳氮共渗的方法有液体碳氮共渗和气体碳氮共渗两种。目前主要使用的是气体碳氮共渗。

气体碳氮共渗的共渗层比渗碳层硬度高，耐磨性、耐蚀性和疲劳强度更好；比渗氮层深度大，表面脆性小而抗压强度高，共渗速度快，生产效率高，变形开裂倾向小。

气体碳氮共渗广泛应用于自行车、缝纫机、仪表零件，齿轮、轴类等机床、汽车的小型零件，以及模具、量具和刃具的表面处理。

三、热处理新技术简介

随着工业和科学技术的发展，热处理工艺在不断改进。近 20 多年发展了一些新的热处理工艺，如真空热处理、可控气氛热处理、形变热处理和新的表面热处理（激光热处理、电子束表面淬火等）和化学热处理等。近几年计算机技术已越来越多地应用于热处理工艺控制。

（一）可控气氛热处理

在炉气成分可控制在预定范围内的热处理炉中进行的热处理称为可控气氛热处理。在渗碳、碳氮共渗等化学热处理中控制炉气成分可有效地控制工件的表面碳浓度，或防止工件在加热时的氧化和脱碳，还可用于实现低碳钢的光亮退火及中、高碳钢的光亮淬火。该炉气成分可分为渗碳性气氛、还原性气氛和中性气氛等。目前我国常用的可控气氛有吸热式气氛、放热式气氛、放热-吸热式气氛和有机液滴注式气氛等，其中以放热式气氛的制备最便宜。

（二）真空热处理

在真空中进行的热处理称为真空热处理。它包括真空淬火、真空退火、真空回火和真空化学热处理（真空渗碳、渗铬等）。真空热处理是在 $1.33 \sim 0.013\ 3$ Pa 真空度的真空介质中加热工件的。

真空热处理可以减少工件变形，使钢脱氧、脱氢和净化表面，使工件表面无氧化、不脱碳、表面光洁，可显著提高耐磨性和疲劳极限。真空热处理的工艺操作条件好，有利于实现机械化和自动化，而且节约能源，减少污染，因而真空热处理目前发展较快。

（三）形变热处理

形变热处理是将塑性变形同热处理有机结合在一起，获得形变强化和相变强化综合效果的工艺方法。这种工艺方法不仅可提高钢的强韧性，还可大大简化金属材料或工件的生产流程。

形变热处理的方法很多，有高温形变热处理、低温形变热处理、等温形变淬火、形变时效和形变化学热处理等。

形变热处理主要受设备和工艺条件限制，应用还不普遍，对形状比较复杂的工件进行形变热处理尚有困难，形变热处理后对工件的切削加工和焊接也有一定形响。这些问题有待进一步研究解决。

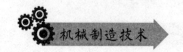

（四）化学热处理

（1）电解热处理。将工件和加热容器分别接在电源的负极和正极上，容器中装有渗剂，利用电化学反应使欲渗元素的原子渗入工件表层。电解热处理可以进行电解渗碳、电解渗硼和电解渗氮等。

（2）离子化学热处理。在真空炉中通入少量与热处理目的相适应的气体，在高压直流电场作用下，稀薄的气体放电、起辉加热工件。与此同时，欲渗元素从通入的气体中离解出来，渗入工件表层。离子化学热处理比一般化学热处理速度快，在渗层较薄的情况下尤为显著。离子化学热处理可以进行离子渗氮、离子渗碳、离子碳氮共渗、离子掺硫和渗金属等。

（五）电子束表面淬火

电子束表面淬火是利用电子枪发射的成束电子，轰击工件表面，使之急速加热，而后自冷淬火的热处理工艺。其能量利用率大大高于激光热处理，可达 80%。此表面热处理工艺不受钢材种类限制，淬火质量高，基体性能不变，是很有发展前途的新工艺。

第四节　常用金属材料

现代材料种类繁多，据粗略统计，目前世界上的材料总和已达 40 余万种，并且每年还以约 5% 的速率增加。材料有许多不同的分类方法，机械工程中使用的材料常按化学组成分为金属材料、非金属材料和复合材料三大类。

目前，机械工业生产中应用最广的仍是金属材料，在各种机器设备所用材料中，金属材料占 90% 以上。这是由于金属材料不仅来源丰富，而且还具有优良的使用性能与工艺性能。使用性能包括力学性能、物理性能和化学性能。优良的使用性能可满足生产和生活上的各种需要；优良的工艺性能可使金属材料易于采用各种加工方法，制成各种形状、尺寸的零件和工具。金属材料还可通过不同成分配制不同加工和热处理来改变其组织和性能，从而进一步扩大其使用范围。

金属材料可分为黑色金属和有色金属。其中黑色金属又分成铸铁、碳钢和合金钢；有色金属又分成轻有色金属（铝、镁等）、重有色金属（铜、铅等）和稀有金属（稀土等）。

一、工业用钢

（一）工业用钢的分类

钢是经济建设中使用最广、用量最大的金属材料，在现代工农业生产中占有重要地位。

碳钢：含碳量为 0.021 8％～2.11％的铁碳合金称为碳素钢，简称碳钢。

合金钢：在碳钢的基础上特意地加入一种或几种合金元素，使其使用性能和工艺性能得以提高的铁基合金称为合金钢。

钢中除铁、碳和合金元素外，还有炼钢时随生铁、脱氧剂和燃料带入的硅、锰、硫、磷、氮、氢和氧等元素。

1. 钢材的品种

为便于采购、订货和管理，我国目前将钢材按外形分为型材、板材、管材和金属制品四大类，共十六大品种。

（1）型材。钢轨、型钢（圆钢、方钢、扁钢、六角钢、工字钢、槽钢、角钢及螺纹钢等）、线材（直径 5～10mm 的圆钢和盘条）等。

（2）板材。

薄钢板：厚度等于和小于 4 mm 的钢板。

厚钢板：厚度大于 4 mm 的钢板，其又可分为中板（厚度大于 4 mm 小于 20 mm）、厚板（厚度大于 20 mm 小于 60 mm）、特厚板（厚度大于 60 mm）。

钢带：也叫带钢，实际上是长而窄并成卷供应的薄钢板。

电工硅钢薄板：也叫硅钢片或矽钢片。

（3）管材。

无缝钢管：用热轧、热轧-冷拔或挤压等方法生产的管壁无接缝的钢管。

焊接钢管：将钢板或钢带卷曲成形，然后焊接制成的钢管。

（4）金属制品：包括钢丝、钢丝绳、钢绞线等。

2. 钢的分类

钢的种类繁多，为了便于生产、使用和研究，可以按照化学成分、冶金质量和用途对钢等进行分类。

（1）按化学成分分类。按化学成分钢可分为碳钢、合金钢两大类。

碳钢：低碳钢（$W_C < 0.25\%$）、中碳钢（$W_C = 0.25\% \sim 0.60\%$）和高碳钢（$W_C > 0.60\%$）。

合金钢：按钢中含合金元素总量（M_e）分为低合金钢（$M_e\% < 5\%$）、中合金钢（$M_e\% = 5\% \sim 10\%$）和高合金钢（$M_e\% > 10\%$）。

按合金元素的种类合金钢可分为锰钢、铬钢、硼钢、铬镍钢和硅锰钢等。

（2）按冶金质量分类。按钢中所含有害杂质硫、磷的多少，钢可分为普通钢、优质钢和高级优质钢。

普通钢：S％≤0.055％，P％≤0.045％。

优质钢：S％、P％≤0.040％。

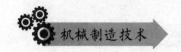
高级优质钢：S％≤0.030％，P％≤0.035％。

此外，按冶炼时脱氧程度，可将钢分为沸腾钢（脱氧不完全）、镇静钢（脱氧较完全）和半镇静钢三类。

（3）按金相组织分类。

按钢退火态的金相组织钢可分为亚共析钢、共析钢和过共析钢三种。

按钢正火态的金相组织钢可分为珠光体钢、贝氏体钢、马氏体钢和奥氏体钢四种。

（4）按成形方法分类。按成形方法钢可分为锻钢、铸钢、热轧钢和冷轧钢等。

（5）按用途分类。按钢的用途可分为结构钢、工具钢和特殊性能钢三大类。

实际中给钢的产品命名时，常常把成分、质量和用途几种分类方法结合起来，如碳素结构钢、优质碳素结构钢、碳素工具钢、高级优质碳素工具钢、合金结构钢和合金工具钢等。

钢是指以铁为主要元素、含碳量一般在2％以下并含有其他元素的材料。

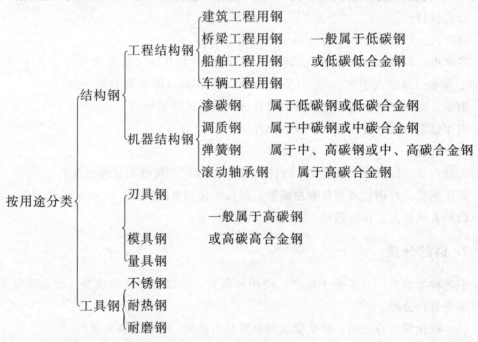

（二）钢中常存元素及其对性能的影响

钢在冶炼过程中，不可避免地要带入一些杂质（如硅、锰、硫、磷、非金属杂质及某些气体，如氢、氧等）。这些杂质对钢的质量有较大的影响。

锰：有益元素，有很好的脱氧能力，还可与硫形成MnS，从而消除了硫的有害作用。

硅：有益元素，脱氧能力比锰强，还能提高钢的强度及质量，硅作为杂质一般应不超过0.4％。

硫：有害元素，常以FeS形式存在，易使钢材变脆（热脆性）。

磷：有害元素，使钢在低温时变脆（冷脆性）。

氢：有害元素，能造成氢脆、白点等缺陷。

钢中常存元素及其对性能的影响见表1-5。

表1-5 钢中常存元素及其对性能的影响

常存元素	性质	来源	存在形式	作用
锰 （0.25%～0.8%） （0.7%～1.2%）		铁矿石、锰铁	溶于 F 成固溶体 溶于 Cm 面金属化合物	固溶强化 形成 MnS 减轻热脆
硅 （0.17%～0.37%）	有益元素	铁矿石、硅铁	溶于 F 成固溶体	固溶强化
硫 （<0.05%）			（Fe＋FeS）共晶体	熔点 985 ℃ 锻造轧制时开裂
磷 （<0.045%）	有害元素	铁矿石、生铁	生成 Fe_3P 金属化合物	室温下脆性大 （冷脆）
氢			氢原子进入金属后晶格应 变增大，降低韧性及延性	氢脆，白点

（三）钢的及牌号表示方法

限于篇幅，本节只介绍几种常用钢类的牌号表示方法、执行标准、牌号（钢号）、主要特点和用途。

1. 普通碳素结构钢

（1）牌号表示方法。钢的牌号由代表屈服点的汉语拼音"Q"、屈服点数值（单位为 MPa）和质量等级符号、脱氧方法符号按顺序组成，例如 Q235AF、Q235BZ 等。

在碳素结构钢的牌号组成中，表示镇静钢的符号"Z"和表示特殊镇静钢的符号"TZ"可以省略。

（2）执行标准和牌号。GB/T 700—2006 标准规定了碳素结构钢的具体牌号和化学成分、力学性能等技术条件。

在标准中现含有 Q195、Q215、Q235、Q255 和 Q275 五个牌号，它们的主要区别在于化学成分（主要是碳含量）和力学性能不同。

（3）主要特点和用途。碳素结构钢按钢中硫、磷含量划分质量等级。其中，Q195 和 Q275 不分质量等级；Q215 和 Q255 各分为 A 和 B 两级；Q235 分为 A、B、C、D 四个等级。按冶炼时脱氧程度的不同，碳素结构钢又可分为沸腾钢（F）、半镇静钢（b）和镇静钢（Z）。

碳素结构钢是一种普通碳素钢，不含合金元素，通常也称为普碳钢。在各类钢中，碳素结构钢的价格最低，具有适当的强度，良好的塑性、韧性、工艺性能和加工性能。这类钢的产量最高，用途很广，多轧制成板材、型材（圆、方、扁、工、槽、角等）、线材和异型

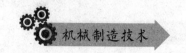

材，用于制造厂房、桥梁和船舶等建筑工程结构。这类钢材一般在热轧状态下直接使用。

2. 优质碳素结构钢

（1）牌号表示方法。钢的牌号采用阿拉伯数字或阿拉伯数字和化学元素符号，以及其他规定的符号表示。以两位阿拉伯数字表示平均含碳量（以万分之几计），例如08F、45、65Mn。

较高锰含量（0.70%～1.20%）的优质碳素结构钢在表示平均含碳量的阿拉伯数字后面加上化学元素 Mn 符号。例如，65Mn 即是平均含碳量为 0.65%、含锰量为0.90%～1.20%的优质碳素结构钢。

优质碳素结构钢按冶金质量分为优质钢、高级优质钢和特级优质钢。高级优质钢在牌号后面加 A；特级优质钢加 E；优质钢在牌号上不另外加符号。例如，平均含碳量为 0.20%的高级优质碳素结构钢的牌号表示为 20A。质量等级间的区别在于硫、磷含量的高低。

镇静钢一般不另外标符号，例如平均含碳量为 0.45%的优质碳素结构钢镇静钢，其牌号表示为 45。

（2）执行标准和牌号。国家标准 GB/T 699—2015 规定了优质碳素结构钢的牌号、化学成分、力学性能等技术条件，以及钢材的试验方法和验收规则。

标准中现有 08F、45、85、70Mn 等 31 个牌号。

（3）主要特点和用途。优质碳素结构钢牌号的区别主要在于含碳量不同。通常根据含碳量将优质碳素结构钢分为低碳钢（$\omega_C < 0.25\%$）、中碳钢（$\omega_C = 0.25\% \sim 0.60\%$）和高碳钢（$\omega_C > 0.60\%$）。低碳钢主要用于冷加工和焊接结构，在制造受磨损零件时，可进行表面渗碳。中碳钢主要用于强度要求较高的机械零件，根据要求的强度不同，进行淬火和回火处理。高碳钢主要用于制造弹簧和耐磨损机械零件。这类钢一般都在热处理状态下使用。有时也把其中的 65、70、85、65Mn 四个牌号称为优质碳素弹簧钢。

优质碳素结构钢产量较高，用途较广。多轧制或锻制成圆、方、扁等形状比较简单的型材，供使用单位再加工成零、部件来使用。这类钢一般需经正火或调质等热处理后使用，多用于制作机械产品一般的结构零、部件。

3. 合金结构钢

（1）牌号表示方法。钢的牌号采用阿拉伯数字和化学元素符号表示。采用两位阿拉伯数字表示平均碳含量（以万分之几计），放在牌号头部。合金元素含量表示方法：当平均合金元素含量低于 1.5%时，牌号中仅标明元素，一般不标明含量；当平均合金元素含量为 1.50%～2.49%、2.50%～3.49% 时，相应地在合金元素符号后面加上整数 2，3，…注出其近似含量。例如碳、铬、锰、硅的平均含量分别为 0.35%、1.25%、0.95%、1.25%的合金结构钢，其牌号表示为 35CrMnSi；碳、铬、镍的平均含量分别为 0.12%、0.75%、2.95%的合金结构钢，牌号表示为 12CrNi3。

合金结构钢均为镇静钢，表示脱氧方法的符号"Z"予以省略。

合金结构钢按冶金质量的不同分为优质钢、高级优质钢和特级优质钢。高级优质钢在牌号后面加 A；特级优质钢加 E；优质钢在牌号上不另外加符号。

专用合金结构钢，在牌号的头部加上代表产品用途的符号表示。例如，碳、铬、锰、硅的平均含量分别为 0.30%、0.95%、0.95%、1.05% 的铆螺钢，其牌号表示为 ML30CrMnSi；碳、锰的平均含量分别为 0.30%、1.60% 的锚链钢，其牌号表示为 M30Mn2。

（2）执行标准和牌号。国家标准 GB/T 3077—2015 规定了合金结构钢的牌号、化学成分、力学性能、低倍组织、表面质量、脱碳层深度、非金属夹杂物等方面的技术要求。标准中现含有 24 个钢组（或称钢种），共计 77 个牌号。钢组是按钢中所含有的合金元素来划分的，每个钢组都含有多个牌号。例如，Cr 钢组含有 15 Cr、50Cr 等 8 个牌号。

（3）主要特点和用途。合金结构钢是在碳素结构钢的基础上，加入一种或几种合金元素，用以提高钢的强度、韧性和淬透性。根据化学成分（主要是含碳量）、热处理工艺和用途的不同，其又可分为渗碳钢、调质钢和氮化钢。

合金结构钢的钢材品种主要有热轧棒材和厚钢板、薄钢板、冷拉钢和锻造扁钢等。这类钢材主要用于制造截面尺寸较大的机械零件，广泛用于制造汽车、船舶、重型机床等交通工具和设备的各种传动件和紧固件。

4. 碳素工具钢

（1）牌号表示方法。碳素工具钢的牌号用汉字"碳"的拼音字母"T"、阿拉伯数字和化学符号来表示。阿拉伯数字表示平均含碳量（以千分之几计）。

普通含锰量（不高于 0.40%）的碳素工具钢的牌号是由"T"和其后的阿拉伯数字组成。例如，平均含碳量为 0.10% 的碳素工具钢其牌号为 T10。

较高含锰量（0.40~0.60%）的碳素工具钢的牌号，在"T"和阿拉伯数字后加锰元素符号。例如，平均含碳量为 0.8%、含锰量为 0.40%~0.60% 的碳素工具钢的牌号表示为 T8Mn。

高级优质碳素工具钢，在牌号尾部加符号"A"。例如，平均含碳量为 1.0% 的高级优质碳素工具钢的牌号表示为 T10A。

（2）执行标准和牌号。国家标准 GB/T 1298—2008 规定了碳素工具钢的牌号、化学成分、硬度、断口和低倍组织、脱碳层深度、淬透性、钢材表面质量等技术条件。标准中含有 T7、T8、T8Mn、T9、T10、T11、T12 和 T13 8 个牌号。

（3）主要特点和用途。碳素工具钢是一种高碳钢。其最低的碳含量为 0.65%，最高可达 1.35%。为了提高钢的综合性能，在"T8"钢中加入 0.40%~0.60% 的锰得到 T8Mn 钢。

碳素工具钢按使用加工方法分为压力加工用钢（热压力加工和冷压力加工）和切削加工用钢。钢材的主要品种有热轧圆钢和方钢、锻制圆钢和方钢、冷拉及银亮钢条

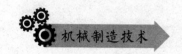

钢。这类钢材主要用于制造各种工具，如车刀、锉刀、刨刀和锯条等，还用来制造形状简单、精度较低的量具和刃具等。

碳素工具钢制造的刀具，当工作温度大于 250 ℃时，刀具的硬度和耐磨性（即钢的红硬性）急剧下降，性能变差。

5. 高速工具钢

（1）牌号表示方法。高速工具钢牌号表示方法与合金结构钢的相同，采用合金元素符号和阿拉伯数字表示。高速工具钢所有牌号都是高碳钢（含碳量不小于 0.7%），因此不用标明含碳量数字，阿拉伯数字仅表示合金元素的平均含量。若合金元素含量小于 1.5%，牌号中仅标明元素，不标出含量。例如，平均含碳量为 0.85%、含钨量 6.00%、含钼量 5.00%、含铬量 4.00%、含钒量 2.00%的高速工具钢，其牌号表示为 W6Mo5Cr4V2。

（2）执行标准和牌号。目前我国执行的关于高速工具钢的标准有 GB/T 9943—2008《高速工具钢》、GB/T 9941—1988《高速工具钢钢板技术条件》和 GB/T 9942—1988《高速工具钢大截面锻制钢材技术条件》。在标准中，对高速工具钢的牌号、化学成分、冶炼方法、交货状态、硬度、断口和低倍组织、共晶碳化物的非均匀度、脱碳层深度和钢材表面质量等技术要求都做出了详细的规定。

按合金元素含量和性能特点，高速工具钢可分为钨高速钢、钼高速钢和超硬高速钢。钨高速钢以 W18Cr4V 为代表；钼高速钢以 W6Mo5Cr4V2 为代表，其韧性、塑性优于钨高速钢，但加热时易脱碳；超硬高速钢以 W2Mo9Cr4VCO8 为代表，硬度可高达 70HRC。

（3）主要特点和用途。高速工具钢俗称锋钢。钢中碳含量高，多数牌号不低于 0.95%。钢中合金元素钨、钼、铬、钒和钴的含量高。

钨是产生高速工具钢的耐磨性和热硬性的主要元素。钼与钨有相似的作用，钼还与钒一起促进弥散、细小的回火碳化物的形成，高的钼、钒含量对高速工具钢获得高的回火硬度做出贡献，同时又能改善碳化物的非均匀性，提高钢的工艺性能；铬主要用以提高钢的淬透性；钴强化钢的基体，提高钢的红硬性（高温硬度）。

高速工具钢有很高的淬透性，经回火处理后钢具有很高的硬度（63～70 HRC）、高温硬度和耐磨性。用其制造的刀具和刃具在温度 500～600 ℃下高温切削时，仍能保持高的硬度，切削速度比碳素工具钢和合金工具钢制造的刀具提高 1～3 倍，使用寿命提高 7～14 倍。

高速工具钢钢材主要品种有热轧、锻制、剥皮、冷拉及银亮钢棒，大截面锻制圆钢和热轧及冷轧钢板。高速工具钢用于制作刀具（车刀、铣刀、铰刀、拉刀、麻花钻等）及模具、轧辊和耐磨的机械零件。

6. 轴承钢

（1）牌号表示方法。轴承钢按化学成分和使用特性分为高碳铬轴承钢、渗碳轴承钢、高碳铬不锈轴承钢和高温轴承钢四大类。

高碳铬轴承钢牌号表示方法是在牌号头部加符号"G"，但不标明含碳量。铬含量以千分之几计，其他合金元素的表示方法与合金结构钢的合金含量表示相同。例如，平均含铬量为 1.5% 的轴承钢其牌号是 GCr15。

渗碳轴承钢的牌号表示采用合金结构钢的牌号表示方法，仅在牌号的头部加符号"G"。例如，平均含碳量为 0.2%、含铬量为 0.35%～0.65%、含镍量为 0.40%～0.70%、含钼量为 0.10～0.35% 的渗碳轴承钢，其牌号表示为 G20CrNiMo，高级优质渗碳轴承钢在牌号的尾部加"A"，例如 G20CrNiMoA。

高碳铬不锈轴承钢和高温轴承钢牌号表示方法采用不锈钢和耐热钢的牌号表示方法，牌号头部不加符号"G"。例如，平均含碳量为 0.9%、含铬量为 18% 的高碳铬不锈轴承钢，其牌号表示为 9Cr18；平均含碳量为 1.02%、含铬量为 14%、含钼量为 4% 的高温轴承钢，其牌号表示为 10Cr14Mo4。

（2）执行标准和牌号

目前我国执行的轴承钢标准有 GB/T 18254—2016《高碳铬轴承钢》、GB/T 3203—2016《渗碳轴承钢》、GB/T 3086—2008《高碳铬不锈轴承钢》等。在上述标准中，对轴承钢的牌号、化学成分、冶炼方法、交货状态、机械性能、工艺性能、低倍组织、断口和塔形、退火组织、共晶碳化物的非均匀度、非金属夹杂物、显微孔隙、脱碳层深度和钢材表面质量等都做出了明确的规定。轴承钢在各钢类中是检验项目最多的钢类，可见对其质量要求之严格。

在上述标准中含有轴承钢 15 个牌号，其中高碳铬轴承钢含有 GCr15 等 5 个牌号；渗碳轴承钢含有 G20CrMo 等 6 个牌号；高碳铬不锈轴承钢含有 9Cr18 和 9Cr18Mo2 个牌号；高温轴承钢含有 Cr4Mo4V 和 Cr14Mo42 个牌号。

（3）主要特点和用途。轴承钢具有高的硬度、抗拉强度、接触疲劳强度和耐磨性，相当的韧性，满足在一定条件下对耐蚀性和耐高温性能的要求。

高碳铬轴承钢含碳量高（0.95%～1.05%），淬火后可获得高且均匀的硬度，疲劳寿命长，缺点是耐大载荷冲击韧性稍差。高碳铬轴承钢主要用作一般使用条件下滚动轴承的套圈和滚动体。渗碳轴承钢含碳量低（不大于 0.23%），经渗碳后，表面硬度提高，而心部仍具有良好的韧性，能承受较大冲击载荷。它主要用于制作大型机械内受冲击载荷较大的轴承。高碳铬不锈轴承钢含碳量高（0.90%～1.05%），在获得高硬度的同时具有足够的耐蚀性，主要用于制作处于恶劣的腐蚀条件下工作的轴承。高温轴承钢的硬度高，且在高达 430 ℃ 的工作温度下仍可保持相当高的硬度，高温强度好，具有一定的抗氧化性，加工性能较好，主要用于制作高温发动机轴承。

轴承钢钢材的主要品种有热轧和锻制的圆钢、冷拉圆钢及钢丝。

二、铸铁

铸铁是指 $\omega_c > 2.11\%$ 的铁碳合金。工业上最常用的铸铁一般是碳的质量分数为 2.5%～4% 的灰铸铁，它的强度、塑性和韧性较差，不能锻造。但其碳的质量分数接

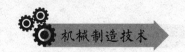

近于共晶成分，因此具有优良的铸造性能。石墨本身具有润滑作用，使铸铁具有良好的减摩性和切削加工性。此外，铸铁的生产过程简易，成本低廉，因此在工业生产中得到广泛应用。在各类机械中，铸铁件占机器总质量的 45%～90%。

根据碳在铸铁中的存在形式不同，铸铁可分为白口铸铁、灰铸铁和麻口铸铁三类。根据铸铁中石墨形态的不同，铸铁又可分为灰铸铁、可锻铸铁、球墨铸铁、蠕墨铸铁和特种性能铸铁等。

（一）白口铸铁

白口铸铁是组织中的碳都以渗碳体（Fe_3C）形式存在的铸铁，因其断口银白色而得名。由于大量渗碳体的存在，白口铸铁硬而脆，难以切削加工，因此很少直接使用，可作为炼钢原料和可锻铸铁坯料。有时通过控制成分和冷却条件，可获得表层为白口铸铁的冷硬铸铁，用作机车车轮、轧辊等耐磨工件。

（二）灰铸铁

1. 灰铸铁的成分、组织和性能

灰铸铁中大部分的碳都以片状石墨的形式存在，其断口呈暗灰色，工业上所用的铸铁大部分属于这类铸铁。它常用来制造各种机器的底座、机架、工作台、机身、齿轮箱箱体、阀体和内燃机的汽缸体、汽缸盖等。

灰铸铁有铁素体基体、珠光体基体和珠光体-铁素体基体三种铁，其组织如图 1-13 所示。

(a)　　　　　　(b)　　　　　　(c)

图 1-13　三种灰铸铁的显微组织

(a) 铁素体灰铸铁；(b) 珠光体-铁素体灰铸铁；(c) 珠光体灰铸铁

灰铸铁的抗拉强度、塑性、韧性和弹性模量远比相应的钢低，石墨片的数量越多，尺寸越粗大，分布越不均匀，对基体的割裂作用和应力集中现象越严重，则铸铁的强度、塑性和韧性就越低。石墨虽然会降低铸铁抗拉强度、塑性、韧性，但正由于石墨的存在，使铸铁具有一系列其他优良的性能：铸造性能好、减摩性好、减振性强、切削加工性能好、缺口的敏感性低，而且价廉易于获得，所以在工业生产中仍是应用最为广泛的金属材料之一。

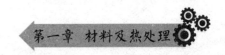

2. 灰铸铁的牌号及用途

灰铸铁的牌号以"灰铁"的拼音首字母"HT"和后面三位表示最小抗拉强度的数字表示。如 HT300 表示最小抗拉强度为 300 MPa 的灰铸铁。灰铸铁的牌号、性能及用途见表 1-6。

表 1-6　灰铸铁的牌号、性能及用途

分类	牌号	铸件主要壁厚/mm	试棒毛坯直径/mm	抗拉强度 σ_b/MPa	抗压强度 σ_{hc}/MPa	硬度/HB	显微组织		应用举例
							基体	石墨	
普通灰铸铁	HT100	所有尺寸	30	100	50	143～229	F+P（少）	粗片	—
	HT150	4～8	13	280		170～241	F+P	较粗片	端盖、汽轮泵体、轴承座、阀壳、管子及管路附件、手轮；一般机床底座、床身及其他复杂零件、滑座、工作台等
		>8～15	20	200		170～241			
		>15～30	30	150	650	163～229			
		>30～50	45	120		163～229			
		>50	60	100		143～229			
	HT200	6～8	13	320		187～255	P	中等片	汽缸、齿轮、底架、机件、飞轮、齿条、衬筒；一般机床床身及中等压力液压筒、液压泵和阀的壳体等
		>8～15	20	250		170～241			
		>15～30	30	200	750	170～241			
		>30～50	45	180		170～241			
		>50	60	160		163～229			
孕育铸体	HT250	8～15	20	290		187～255	细珠光体	较强片	阀壳、油缸、汽缸、联轴器、机体、齿轮、齿轮箱外壳、飞轮、衬筒、凸轮、轴承座等
		>15～30	30	250		170～241			
		>30～50	45	220	1 000	170～241			
		>50	60	200		163～229			
	HT300	>15～30	30	300		187～255	索氏体或托氏体	细小片	齿轮、凸轮、车床卡盘、剪床、压力机的机身；导板、自动车床及其他重载荷机床的床身；高压液压筒、液压泵和滑阀的体壳等
		>30～50	45	270	1 100	170～241			
		>50	60	260		170～241			
	HT350	>15～30	30	350		197～269			
		>30～50	45	320	1 200	187～255			
		>50	60	310		170～241			
	HT400	>20～30	30	400		207～269			
		>30～50	45	380	—	187～269			
		>50	60	370		197～269			

从表 1-6 中可以看出，灰铸铁的强度与铸件的壁厚有关，铸件壁厚增加则强度降

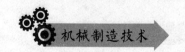

低，这主要是由于壁厚增加使冷却速度降低，造成基体组织中铁素体增多而珠光体减少的缘故。

3. 灰铸铁的孕育处理

浇注时向铁液中加入少量孕育剂（如硅铁、硅钙合金等），改变铁液的结晶条件，以得到细小、均匀分布的片状石墨和细小的珠光体组织的方法，称为孕育处理。

孕育处理时，孕育剂及其氧化物使石墨片均匀细化，并使铸铁的结晶过程几乎在全部铁液中同时进行，避免铸件边缘和薄壁处出现白口组织，使铸铁各个部位截面上的组织与性能均匀一致，提高了铸铁的强度、塑性和韧性，同时也降低了灰铸铁的断面敏感性。经孕育处理后的铸铁称为孕育铸铁。表 1-6 中，HT250、HT300、HT350 即属于孕育铸铁，常用于制造力学性能要求较高，截面尺寸变化较大的大型铸件，如汽缸、曲轴、凸轮和机床床身等。

4. 灰铸铁的热处理

由于热处理仅能改变灰铸铁的基本组织，改变不了石墨形态，所以用热处理来提高灰铸铁的力学性能的效果不大。灰铸铁的热处理常用于消除铸件的内应力和稳定尺寸，消除铸件的白口组织，改善切削加工性，提高铸件表面的硬度及耐磨性。

（1）时效处理。形状复杂、厚薄不均的铸件在冷却过程中，由于各部位冷却速度不同，形成内应力，既削弱了铸件的强度，又使得在随后的切削加工中，内应力的重新分布而引起变形，甚至开裂。因此，铸件在成形后都需要进行时效处理，尤其对一些大型、复杂或加工精度较高的铸件（如机床床身、柴油机汽缸等），在铸造后、切削加工前，甚至在粗加工后都要进行一次时效退火。

传统的时效处理一般有自然时效和人工时效。自然时效是将铸件长期放置在室温下以消除其内应力的方法；人工时效是将铸件重新加热到 530～620 ℃，经长时间保温（2～6 h）后在炉内缓慢冷却至 200 ℃以下出炉空冷的方法。经时效退火后可消除 90% 以上的内应力。时效退火温度越高，铸件残余应力消除越显著，铸件尺寸稳定性越好，但随着时效温度的提高，时效后铸件力学性能会有所下降。

振动时效是目前生产中用来消除内应力的一种新方法。它是用振动时效设备，按照振动时效技术国家标准，使金属工件在半小时内，进行近十万次较大振幅的低频亚共振振动，使之产生微观塑性变形，从而降低和均化残余应力，防止工件在使用过程中的变形。由于振动时效所需时间短（半小时）、成本低、效果好，而且能随时随地多次进行，既不降低硬度和强度，又无烟尘环境污染和氧化皮，所以广泛用于铸件、焊件和机加工件的时效处理，被誉为理想的无成本时效技术。

（2）石墨化退火。石墨化退火一般是将铸件以 70～100 ℃/h 的速度加热至 850～900 ℃，保温 2～5 h（取决于铸件壁厚），然后炉冷至 400～500 ℃后空冷。目的是消除灰铸铁件表层和薄壁处在浇注时产生的白口组织。

（3）表面热处理。有些铸件，如机床导轨、缸体内壁等，表面需要高的硬度和耐磨性，可进行表面淬火处理，如高频表面淬火，火焰表面淬火和激光加热表面淬火等。淬火前铸件需进行正火处理，以保证获得大于 65％的珠光体组织，淬火后表面硬度可达 50～55 HRC。

（三）可锻铸铁

可锻铸铁是由白口铸铁在固态下，经长时间石墨化退火处理而得到的具有团絮状石墨的一种铸铁。铸铁中的石墨是在退火过程中通过渗碳体的分解（$Fe_3C \rightarrow 3Fe+C$）而形成的。其形成条件不同，故形态也不同。在退火过程中，按其在共析时的冷却不同，可锻铸铁的基体组织可分为铁素体和珠光体两种，由于可锻铸铁的石墨呈团絮状（图 1-14），大大减轻了石墨对基体金属的割裂作用，因而它不但比灰铸铁具有较高的强度，而且还具有较高的塑性和韧性，其伸长率可达 12％。但它实际上是不能锻造成形的。

可锻铸铁的牌号由"可铁"的汉语拼音首字母"KT"和后面两组数字组成，第一组数字表示铸铁的最低抗拉强度，第二组数字表示其最低伸长率。"KTH"和"KTZ"分别表示铁素体基体可锻铸铁和珠光体基体可锻铸铁的代号。如 KTZ700-02 表示珠光体可锻铸铁，其抗拉强度为 700 MPa，最低伸长率为 2％。

常用可锻铸铁的牌号、性能和应用可参考 GB/T 9440—2010。

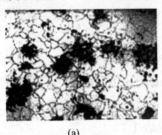 

(a)　　　　　　　　　　　　(b)

图 1-14　可锻铸铁的显微组织

(a) 铁素体可锻铸铁；(b) 珠光体可锻铸铁

可锻铸铁的力学性能优于灰铸铁，并接近于同类基体的球墨铸铁。但与球墨铸铁相比，具有铁水处理简易、质量稳定、废品率低等优点。在生产中，常用可锻铸铁制造一些截面较薄而形状较复杂、工作时受震动而强度、韧性要求较高的零件。

（四）球墨铸铁

球墨铸铁是石墨呈球状的灰铸铁。它是在浇注前向砂灰铸铁液中加入球化剂和孕育剂，而获得具有球状石墨的铸铁。

球化剂：能使石墨结晶成球状的物质。

常用球化剂：镁、稀土和稀土镁合金。

孕育剂：硅铁合金。

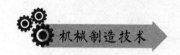

孕育处理的目的：首先是促进石墨化，其次是改善石墨的结晶条件，使石墨球径变小，数量增多，形状圆整、分布均匀，显著改善了其力学性能。

1. 球墨铸铁的成分、组织和性能

球墨铸铁的成分中，C、Si 的质量分数较高，Mn 的质量分数较低，S、P 的质量分数限制很严，同时含有一定量的 Mg 和稀土元素。球墨铸铁常见的基体组织有铁素体、珠光体-铁素体和珠光体三种。通过合金化和热处理后，还可获得下贝氏体、马氏体、托氏体、索氏体和奥氏体等基体组织的球墨铸铁。

在石墨球的数量、形状、大小和分布一定的条件下，珠光体球墨铸铁的抗拉强度比铁素体球墨铸铁高 50% 以上，而铁素体球墨铸铁的伸长率是珠光体球墨铸铁的 3～5 倍。珠光体-铁素体体球墨铸铁的性能介于二者之间。经热处理后以马氏体为基体的球墨铸铁具有高硬度、高强度，但韧性很低；以下贝氏体为基体的球墨铸铁具有优良的综合力学性能。石墨球越细小、分布越均匀，越能充分发挥基体组织的作用。

球墨铸铁的金属基体强度的利用率可以高达 70%～90%，而普通灰铸铁仅为 30%～50%。同其他铸铁相比，球墨铸铁强度、塑性、韧性高，屈服强度也很高。屈强比可达 0.7～0.8，比钢约高一倍，疲劳强度可接近一般中碳钢，耐磨性优于非合金钢，铸造性能优于铸钢，加工性能几乎可与灰铸铁媲美。因此，球墨铸铁在工农业生产中得到越来越广泛的应用，但其熔炼工艺和铸造工艺要求较高，有待于进一步改进。

2. 球墨铸铁的牌号和用途

球墨铸铁的牌号由"QT＋数字-数字"组成。其中"QT"是"球铁"二字汉语拼音字首，其后的第一组数字表示最低抗拉强度（MPa），第二组数字表示最小断后伸长率（%）。球墨铸铁的牌号、力学性能和用途见表 1-7。

表 1-7 球墨铸铁的牌号、力学性能及用途

牌号	力学性能				基体组织类型	用途举例
	σ_b/MPa	$\sigma_{0.2}$/MPa	δ/%	HBS		
	不大于					
QT400-18	400	250	18	130～180	铁素体	承受冲击、振动的零件如汽车、拖拉机轮毂、差速器壳、拨叉、农机具零件、中低压阀门、上下水及输气管道、压缩机高低压汽缸、电机机壳、齿轮箱、飞轮壳等
QT400-15	400	250	15	130～180	铁素体	
QT450-10	450	310	10	160～210	铁素体	
QT500-7	500	320	7	170～230	铁素体-珠光体	机器座架、传动轴飞轮、电动机架、内燃机的机油泵齿轮、铁路机车车轴瓦等

（续表）

牌号	力学性能				基体组织类型	用途举例
	σ_b/MPa	$\sigma_{0.2}$/MPa	δ/%	HBS		
	不大于					
QT600-3	600	370	3	190～270	珠光体-铁索体	载荷大、受力复杂的零件，如汽车、拖拉机曲轴、连杆、凸轮轴，部分磨床、铣床、车床的主轴、机床蜗杆、蜗轮，轧钢机轧辊，大齿轮，汽缸体，桥式起重机大小滚轮等
QT700-2	700	420	2	225～305	珠光体	
QT800-2	800	480	2	245～335	珠光体或回火组织	
QT900-2	900	600	2	280～360	贝氏体或回火马氏体	高强度齿轮，如汽车后桥螺旋锥齿轮，大减速器齿轮，内燃机曲轴、凸轮轴等

球墨铸铁常见的组织性能有珠光体球墨铸铁、铁素体球墨铸铁和铁素体-珠光体球墨铸铁，如图 1-15 所示。

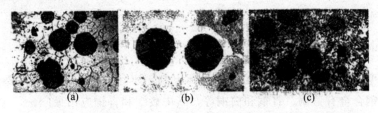

图 1-15 三种球墨铸铁的显微组织
（a）铁素体球墨铸铁；（b）铁素体-珠光体球墨铸铁；（c）珠光体球墨铸铁

球墨铸铁的热处理主要有退火、正火、调质和等温淬火等，通过改变球墨铸铁的基本组织改变其性能，从而满足不同的使用要求。退火目的在于去除铸件薄壁处出现自由渗碳体获得铁素体基体。正火的目的在于得到珠光体基体（占基体 75％以上），并细化组织，提高强度和耐磨性。

（五）蠕墨铸铁

蠕墨铸铁是经过蠕化处理和孕育处理后而获得的一种新型铸铁，组织中的碳主要以蠕虫状石墨形式存在。蠕虫状石墨片短厚、头较圆，形似蠕虫，形状介于片状和球状之间。蠕墨铸铁兼有灰铸铁和球墨铸铁的性能，具有较高的强度、硬度、耐磨性和热导率，铸造工艺要求和成本比球墨铸铁低。在工业中用于生产汽缸盖、钢锭模、减压阀和制动盘等。

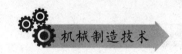

第五节　非铁金属材料

非铁金属材料种类繁多，有许多特殊的优良性能，是重要的工程材料。非铁金属有铜、铝、镁、镍、锌及其合金等。本节仅对工业中广泛使用的合金做一些简要介绍。

一、铜及其合金

（一）纯铜（紫铜）

工业纯铜，通常指 $\omega_{(Cu)}=99.5\%\sim99.95\%$ 的纯铜，纯铜呈玫瑰红色，表面氧化后形成紫色氧化铜膜，因此又称紫铜。一般纯铜由电解法制取，因此常称电解铜。纯铜的熔点为 1 083 ℃，密度为 8.96 g/cm³，具有面心立方晶格结构。

工业纯铜的牌号用代号 T 加序号表示，T 是"铜"字的汉语拼音首字母。工业纯铜共有 T1、T2、T3、T4 四种，序号大，纯度低。纯铜具有优良的导电性、导热性、塑性和良好的耐蚀性，但强度不高。工业纯铜主要用于导电、导热的线、管、板、容器和配制合金。

（二）铜合金

纯铜强度低，因而在工业中的应用受到限制，实际上广泛使用的主要是各种铜合金。常用的铜合金有黄铜、青铜和白铜等，其中黄铜和青铜应用最广。

1. 黄铜

黄铜是以锌为主要合金元素的铜合金。按加工成形方法的不同，黄铜分为压力加工黄铜和铸造黄铜两类；按化学成分黄铜又可分为普通黄铜和特殊黄铜两类。

普通黄铜：铜锌二元合金，其牌号用代号"H"后加数字组成。H 为"黄"字汉语拼音首字母，数字为 Cu 的平均质量百分数。如 H70，表示 Cu 的平均质量分数为 70%，锌的平均质量分数为 30% 的黄铜，又称三七黄铜。普通黄铜中锌的质量分数直接影响其力学性能，当锌的质量分数 $\omega_{(Zn)}<39\%$ 时，黄铜塑性良好，可进行各种冷、热压力加工；当锌的质量分数 $\omega_{(Zn)}>50\%$ 时，强度和塑性都明显下降，无工业应用价值。

普通黄铜有良好的力学性能、耐蚀性和工艺性能，价格较纯铜便宜，广泛用于制造机器零件、电气元件和生活用品，如散热器、导管、垫片、螺钉等。常用的普通黄铜有 H68、H62 等。

特殊黄铜：在铜锌合金中加入其他合金元素形成的具有某种性能优势的黄铜，如加铅改善切削加工性和提高耐磨性，加锡提高耐蚀性，加铝、镍、锰、硅等元素提高强度、硬度和改善耐蚀性。特殊黄铜的牌号由 H＋主加元素化学符号＋表示铜的质量分数和合金元素的质量分数的两组数字组成，如 HPb63-3，表示 $M_{(cu)}$ ＝63％、硼（Pb）＝3％的铅黄铜。特殊黄铜主要用于制造钟表、汽车、拖拉机、化工和船舶机械零件等。常用的特殊黄铜有铅黄铜（如 HPb63-3、11Pb6l-1）、锡黄铜（如 HSn90-1、HSn62-1）、铝黄铜（如 HAl60-1-l、HAl59-3-2）和硅黄铜、锰黄铜等。铸造黄铜在牌号前加"Z"字，如 ZHMn55-3-1。

2. 青铜

青铜原指铜锡合金，现泛指除黄铜、白铜以外的所有铜合金。青铜也分为压力加工青铜和铸造青铜两类。根据不同的主加元素，青铜分为锡青铜、铝青铜、铅青铜、硅青铜等。

青铜的牌号由代号 Q＋主加合金元素化学符号、主加合金元素质量分数值和其他元素质量分数值组成。如 Qsn4-3，表示 $\omega_{(sn)}$ ＝4％、$\omega_{(zn)}$ ＝3％的锡青铜。铸造青铜则在前面加"Z"字。如 ZCuSnl0Pl，表示 $\omega_{(Sn)}$ ＝10％，$\omega_{(P)}$ ＝1％的铸造锡青铜，又称 l0-1 锡青铜。

（1）锡青铜。锡青铜是以锡为主加合金元素的铜合金。锡的质量分数一般为3％～14％。锡青铜具有较高的强度、硬度和良好的耐蚀性、耐磨性。铸造时流动性差，易形成分散缩孔和偏折，但收缩率小。锡青铜主要用于制造各种耐磨件，在大气、湖水、蒸汽中工作的耐蚀件和铸造形状复杂、壁厚变化大而致密度要求不高的工件。为进一步提高锡青铜的性能，常在锡之外加入磷、锌、铅等合金元素，以改善其铸造性能、弹性极限、疲劳极限和耐磨性等。

（2）铝青铜。铝青铜是以铝为主加合金元素的铜合金，铝的质量分数为5％～10％。铝青铜具有优良的力学性能、耐蚀性和耐磨性，铸造性也很好，是一种应用广泛的铜合金。铝青铜可采用铸造、压力加工和切削加工等加工工艺，用来制造齿轮、涡轮、轴套、阀门、弹簧等重要零件、弹性元件和抗磁零件，广泛应用于机械、化工、造船、汽车、仪表、电气等领域。

（3）铅青铜。铅青铜是以铅为主加合金元素的铜合金，主要用做高压、高速条件下工作的耐磨工件。铅青铜减摩性好，疲劳强度高，并有良好的热导性，是一种重要的高速重载滑动轴承合金。常用的铅青铜牌号有 ZCuPb30、ZCMPbl5Sn8 等。

二、铝及铝合金

（一）纯铝

铝是地壳中储量最丰富的元素之一，约占地壳总质量的 8.2％，居铝、铁（5.1％）、镁（2.1％）、钛（0.6％）四大金属元素之首。

纯铝是银白色的金属，熔点为 660 ℃，密度为 2.7 g/cm³，属于轻金属，面心立方晶格结构，无同素异晶转变，强度不高而塑性好，可经冷塑性变形使其强化。铝的导

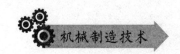

电性和导热性都很好，仅次于银和铜。铝较广泛地用于制造导电材料和热传导器件，以及强度要求不高的耐蚀容器、用具等。

（二）铝合金

纯铝的强度低，不适宜用作结构材料，加入硅、铜、镁、锰等合金元素后，可形成高强度的铝合金；还可以通过形变加工硬化和热处理进一步强化，使它们仍然具有密度小（$2.50\sim2.88\ \mathrm{g/cm^3}$）、耐蚀性好、导热性好等特殊性能。工业应用的大都是铝合金。根据铝合金的成分和工艺特点，可将铝合金分为形变铝合金和铸造铝合金。

形变铝合金包括防锈铝、硬铝、超硬铝和锻铝等。形变铝合金牌号采用相应汉语拼音首字母和顺序号表示。

第六节　非金属材料

通常金属材料以外的材料都被认为是非金属材料，主要有高分子材料和陶瓷材料。随着科学技术的发展，性能多种多样的新型材料不断出现，如由几种不同材料复合的复合材料，不仅克服了单一材料的缺点，还产生了单一材料通常不具备的新的功能，因此将复合材料也列入本节做简要的介绍。

非金属材料有着各种金属材料所不及的某些性能，如橡胶的高弹性，陶瓷的硬、脆、耐高温、抗腐蚀等。非金属材料在生产中的应用得到了迅速发展，在某些生产领域中已成为不可取代的材料。

非金属材料又分为高分子材料和陶瓷材料。虽然高分子材料和陶瓷材料的某些力学性能不如金属材料，但它们具有金属材料不具备的某些特性，如耐腐蚀、电绝缘、隔音、减振、耐高温、质轻、原料来源丰富、价廉和成形加工容易等优点，因而近年来发展很快。

本节主要介绍高分子材料和陶瓷材料的化学组成、组织结构与性能之间的关系，以及它们在生产实际中的应用。

一、非金属材料

（一）高分子材料

高分子材料是相对分子质量大于 500 的有机化合物的总称，有时也叫聚合物或高聚物。一些常见的高分子材料相对分子质量是很大的，如橡胶相对分子质量为 10 万左右，聚乙烯相对分子质量在几万至几百万之间，而低分子物质相对分子质量如水为 18，氨为 17。

虽然高分子物质相对质量大，且结构复杂多变，但组成高分子的大分子链都是由一种或几种简单的低分子有机化合物重复连接而成的。

高分子材料的分类方法很多，常用的有以下几种。

（1）按合成反应高分子材料分为加聚聚合物和缩聚聚合物，高分子化合物常称为高聚物或聚合物，高分子材料称为高聚物材料。

（2）按高聚物的热行为和成形工艺特点高分子材料分为热固性和热塑性两大类。加热加压成形后，不能再熔融或改变形状的高聚物称为热固性高聚物。相反，加热软化或熔融，而冷却固化的过程可反复进行的高聚物称为热塑性高聚物。这种分类便于认识高聚物的特性。

（3）按用途高分子材料分为塑料、橡胶、合成纤维、胶黏剂和涂料等。

塑料：是以合成树脂为基本原料，加入各种添加剂后在一定温度、压力下塑制成形的材料。其品种多，应用广泛。

橡胶：是一种具有显著高弹性的聚合物，经适当交联处理后，具有高的弹性模量和抗拉强度，是重要的高聚物材料。

合成纤维：天然纤维的长径比为 1 000～3 000，合成纤维的长径比在 100 以上，且可以任意调节，其品种繁多，性能各异，是生产和生活中不可缺少的高聚物材料。

胶黏剂：具有优良黏合力的材料称为胶黏材料，它是在富有黏性的物质中加入各种添加剂后组成。

涂料：可用于涂覆在物体表面、能形成完整均匀的坚韧涂膜，是物体表面防护和装饰的材料。

（二）陶瓷材料

陶瓷材料大致可分为传统陶瓷（普通陶瓷）和特种陶瓷（新型陶瓷）两大类。其生产过程比较复杂，但基本的工艺是指原料的制备、坯料的成形和制品的烧成或烧结三大步骤。

传统陶瓷主要是指黏土制品，原料经粉碎、成形、烧制而成产品。特种陶瓷是用化工原料（包括氧化物、氮化物、碳化物、硅化物、硼化物、氟化物等）采用烧结工艺制成的具有各种特殊力学、物理或化学性能的陶瓷。

按性能特点和用途分类，传统陶瓷可分为日用陶瓷、建筑陶瓷、电器绝缘陶瓷、化工陶瓷、多孔陶瓷（过滤、隔热用瓷）等；特种陶瓷可分为电容器陶瓷、压电陶瓷、磁性陶瓷、电光陶瓷、高温陶瓷等，广泛用于尖端科学领域中。

二、复合材料

由两种或两种以上化学成分不同的物质，经人工合成获得的多相材料称复合材料。自然界中，许多物质都可看成复合材料，如树木、竹子是由纤维素和木质素复合而成；动物的骨骼是由硬而脆的无机盐和软而韧的蛋白质骨胶组成的复合材料。

人工合成的复合材料一般是由高韧性、低强度、低模量的基体和高强度、高模量的增强组分组成的。这种材料既保持了各组分材料的特点，又使各组分之间取长补短，互相协调，形成优于原有材料的特性。

（一）复合材料的种类

复合结构材料种类较多，目前较常见的是以高分子材料、陶瓷材料、金属材料为基体，以粒子、纤维和片状为增强体组成的各种复合材料，见表1-8。

表1-8　复合材料的种类

增强体		基体							
		金属	无机非金属				有机材料		
			陶瓷	玻璃	水泥	碳素	木材	塑料	橡胶
金属		金属基复合材料	陶瓷基复合材料	金属网嵌玻璃	钢筋水泥	无	无	金属丝增强材料	金属丝增强橡胶
无机非金属	陶瓷纤维粒料	金属基超硬合金	增强陶瓷	陶瓷增强玻璃	增强水泥	无	无	陶瓷纤维增强塑料	陶瓷纤维增强橡胶
	碳素纤维粒料	碳纤维增强金属	增强陶瓷	陶瓷增强玻璃	增强水泥	碳纤增强碳合金材料	无	碳纤维增强塑料	碳纤碳黑增强橡胶
	玻璃纤维粒料	无	无	无	增强水泥	无	无	玻璃纤维增强塑料	玻璃纤维增强橡胶
有机材料	木材	无	无	无	水泥木丝板	无	无	纤维板	无
	高聚物纤维	无	无	无	增强水泥	无	塑料合板	高聚物纤维增强塑料	高聚物纤维增强橡胶
	橡胶胶粒	无	无	无	无	无	橡胶合板	高聚物合金	高聚物合金

按基体材料的不同可将复合材料分为两类：非金属基复合材料，如塑料基复合材料、橡胶基复合材料、陶瓷基复合材料等；金属基复合材料。

按照增强材料的不同可将复合材料分为三类：纤维增强复合材料，如纤维增强橡胶（如橡胶轮胎、传动皮带）、纤维增强材料（如玻璃钢）等；颗粒增强复合材料，如金属陶瓷、烧结弥散硬化合金等；叠层复合材料，如双层金属（巴氏合金-钢双金属滑动轴承材料）等。三类增强材料中，纤维增强复合材料发展最快。

（二）复合材料的性能

1. 比强度和比模量高

比强度和比模量是度量材料承载能力的一个重要指标，这对要求自重小、运转速度高的结构零件很重要。

2. 抗疲劳性能好

复合材料的疲劳强度都很高，一般金属材料的疲劳强度为抗拉强度的40%～50%，而碳纤维增强塑料是 $70\%\sim80\%$，这是由于基体中密布着大量纤维，疲劳断裂时，裂纹的扩展常要经历非常曲折和复杂的路径，所以疲劳强度很高。

3. 减振性能好

复合材料中，纤维与基体之间的界面具有吸振能力。

4. 高温性能好

大多数增强纤维在高温下仍保持高的强度，用其增强金属和树脂时能显著提高高温性能。例如，铝合金在 $400\ ^\circ\text{C}$ 时弹性模量大幅度下降并接近于零，而用碳纤维增强后，在此温度下弹性模量基本保持不变。

5. 工作安全性好

因纤维增强复合材料基体中有大量独立的纤维，使这类材料的构件一旦超载并发生少量纤维断裂时，载荷会重新迅速分配在未破坏的纤维上，从而使这类结构不至于在极短时间内有整体破坏的危险，因而提高了工作的安全可靠性。

🛠 思考练习

1. 低碳钢拉伸应力-应变曲线可分为哪几个变形阶段？各阶段各具有什么明显特征？

2. 现有标准圆形长短试样各一根，经拉伸试验测得其伸长率 δ_{10}、δ_5 均为 25%，求两试样拉断后的标距长度。两试样中哪一根的塑性好，为什么？

3. 什么叫疲劳极限？为什么表面强化处理能有效地提高疲劳极限？

4. 为什么疲劳断裂对机械零件潜在着很大危险性？

5. 断裂韧度与其他常规力学性能指标的根本区别是什么？

6. 金属结晶的条件和动力是什么？

7. 绘图阐明金属结晶过程的一般规律。

8. 何谓组元、成分、合金系、相图？二元合金相图表达的实际意义是什么？

9. 共晶状态图与匀晶状态图有什么区别和联系？为什么冷却过程中不经过共晶点的合金也可发生共晶反应？

10. 画出 $\omega_C=1.2\%$ 的铁碳合金从液态缓冷到室温时的冷却曲线及组织转变示意图。

11. 分析一次渗碳体、二次渗碳体、三次渗碳体、共晶渗碳体、共析渗碳体的异同之处。

12. 合金钢与碳钢相比，为什么它的力学性能好，热处理变形小？为什么合金工具钢的耐磨性、热硬性比碳钢高？

13. 低合金结构钢中合金元素主要是通过哪些途径起强化作用？这类钢经常用于哪些场合？

14. 碳素结构钢、优质碳素结构钢、碳素工具钢各自有何性能特点？

15. 指出下列每个牌号钢的类别、含碳量、主要用途：

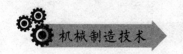
T8　Q345　20Cr　40Cr　20CrMnTi　2Cr13　GCr15　60Si2Mn　W18Cr4V　CrWMn　4Cr9Si2　9SiCr　0Cr19Ni9Ti

16. 正火和退火的主要区别是什么？生产中应如何选择正火和退火？

17. 简述各种淬火方法及其适用范围。

18. 完全退火为什么能够细化晶粒、改善组织、提高钢件的力学性能？

19. 去应力退火为什么能够消除铸件、锻件、焊接结构的内应力？内应力为什么必须及时消除？

20. HT200、KHT300-06、QT400-15 等铸铁牌号中的数字分别表示什么性能？

21. 为什么通过合金化就能提高铝的强度？为什么选用锌、镁、铜等作为铝的主加元素？

22. 工程塑料与金属材料相比，在性能与应用上有哪些差别？

第二章 热 加 工

第一节 铸 造 成 形

一、铸造概述

机械是由零件装配而成的。零件可用型材直接制成，或用原材料制成与零件形状相近似的毛坯，经机械加工制成零件再装配成机械。因而毛坯制作是机械制造的首先工序，铸造是毛坯制作的一种主要方法。铸造生产是指熔炼金属，制造铸型，并将熔融金属浇入与零件的形状相适应的铸型中，待其冷却凝固后获得毛坯或零件的成形方法。

用铸造方法生产的毛坯（铸件）具有下述优点。

（1）能制造各种尺寸和形状复杂的铸件，尤其是内腔复杂的铸件，且铸件的大小几乎不受限制，质量可从几克到几百吨。如各种箱体、机床床身、机架、水压机横梁等的毛坯均为铸件。

（2）铸件质量范围宽，目前所能铸造的铸件，其质量从几克到几十吨，甚至可达几百吨。铸件的轮廓尺寸可小至几毫米，大至十几米。

（3）铸件的形状和尺寸与加工后零件的形状和尺寸很接近，节省了切削加工的工时和金属材料；精密铸件可省去切削加工，直接用于装配。

（4）绝大多数金属均能用铸造方法制成铸件。对于一些不宜锻压或不宜焊接的合金（如铸铁、青铜），用铸造方法可以制造各种金属合金的铸件，特别适合制造因塑性差不宜锻压，因材料特性不宜焊接的合金件。如铸铁件、青铜件和钛合金件等。铸造是一种较好的成形方法。

（5）铸造所用的原材料来源广泛，价格低廉，可利用金属废料和废机件，且一般情况下铸造生产不需要大型、精密的设备，生产周期较短。因此，铸件成本低。

铸造是制造机械零件毛坯或零件成品的一种重要工艺方法。现代各种类型的机器设备中铸件所占的比例很大，占整个机械设备质量的 $45\%\sim90\%$。一辆汽车的铸件质量占 $40\%\sim60\%$；一台拖拉机的铸件质量占 70%；一台金属切削机床的铸件质量占 $70\%\sim80\%$；而重型机械、矿山机械、水力发电设备的铸件重量几乎占 85% 以上。在国民经济其他各部门中，也广泛采用各种各样的铸件。

铸造生产也存在一些缺点。一般来说，由于铸态金属的晶粒较为粗大，也不可避免地存在一些化学成分的偏析、非金属夹杂物以及缩孔或缩松等铸造缺陷，因此铸造

— 45 —

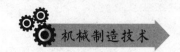

零件的力学性能和可靠性较锻造零件差。铸件表面较粗糙，尺寸精度不高，工人劳动强度大，劳动条件较差等。近几十年来，由于铸造合金和铸造工艺的发展，原来用钢材锻造的某些零件，现在也改用铸钢或球墨铸铁来铸造，如某些内燃机的曲轴、连杆等；改用铸件后生产成本大大降低，但其工作的可靠性没有受到影响。

铸造生产方法可分为砂型铸造和特种铸造两大类。目前，用砂型铸造生产的铸件占铸件总产量的 80% 以上。特种铸造是一种少用或不用型砂、采用特殊的工艺装备使金属浇注成形的铸造方法，主要包括熔模铸造、金属型铸造、压力铸造、低压铸造、离心铸造和壳型铸造等。

二、金属的铸造性能

铸件的质量与合金的铸造性能密切相关。合金在铸造过程中所表现出来的工艺性能，称为合金的铸造性能。合金的铸造性能主要是指流动性、收缩性、氧化性、吸气性和偏析等。

（一）充型能力

液态合金填充铸型的过程简称充型。液态合金充满铸型型腔获得形状完整、轮廓清晰铸件的能力称为液态合金的充型能力。液态合金一般是在纯液态下充满型腔的，但也有边充型边结晶的情况。在充填型腔的过程中，当液态合金中形成的晶粒堵塞充型通道时，合金液的流动被迫停止。如果停止流动出现在型腔被充满之前，那么铸件因"浇不足"出现冷隔等缺陷。"浇不足"使铸件未能获得完整的形状；冷隔使铸件存在未完全熔合的垂直接缝，铸件的力学性能严重受损。

液态合金的充型能力首先取决于液态合金本身的流动能力，同时又与外界条件，如铸型性质、浇注条件、铸件结构等因素密切相关，是各种因素的综合反应。

影响液态合金充型能力的主要因素如下。

1. 合金的流动性

液态合金本身的流动能力，称为流动性。流动性是液态合金固有的属性，是合金的主要铸造性能之一。它对铸件质量有很大影响。流动性愈好，充型能力愈强，愈便于浇注出轮廓清晰、薄而复杂的铸件。同时，有利于液态合金中金属夹杂物和气体的上浮与排除，有利于合金凝固收缩时的补缩。若流动性不好，铸件就容易产生浇不足、冷隔、夹渣、气孔和缩孔等缺陷。在设计和制定铸件铸造工艺时，都必须考虑合金的流动性。

液态合金的流动性通常以"螺旋形试样"长度来衡量，如图 2-1 所示。显然，在相同的浇注条件下，所流

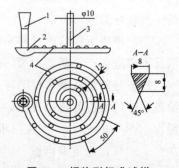

图 2-1 螺旋形标准试样

1-浇口杯；2-内浇道；

3-出气口；4-试样凸台

出的试样愈长，合金的流动性愈好。表 2-1 列出了几种常用合金的流动性，其中灰铸铁、硅黄铜的流动性最好，铸钢的流动性最差。

表 2-1 几种常用合金的流动性

合金		铸型	浇注温度/℃	螺旋试样长度/ mm
灰铸铁	$\bar{\omega}_{(C+Si)}=5.9\%$	砂型	1 300	1 300
	$\bar{\omega}_{(C+Si)}=5.2\%$	砂型	1 300	1 000
铸钢（$\bar{\omega}_C=0.4\%$）		砂型	1 640	200
			1 600	100
硅黄铜 $\bar{\omega}_{(Si)}=0.4\%\sim4.5\%$		砂型	1 100	1 000
铝合金（硅铝明）		金属型（300 ℃）	680～720	700～800

2. 铸型性质

铸型的阻力影响液态合金的充型速度，铸型与合金的热交换强度影响合金液保持流动的时间。

（1）铸型材料。铸型材料的比热容越大，对液态合金的激冷作用越强，合金液的充型能力越差；铸型材料的导热系数越大，将铸型金属界面的热量向外传导的能力就越强，对合金液的冷却作用也就越大，合金液的充型能力就越差。

（2）铸型温度。浇注温度对液态合金的充型能力有决定性的影响。铸型温度越高，合金液与铸型的温差越小，合金液热量的散失速度越小，因此保持流动的时间越长。生产中有时采用对铸型预热的方法以提高合金的充型能力。

（3）铸型中的气体。在合金液的热作用下，铸型（尤其是砂型）将产生大量的气体，如果气体不能及时排出，型腔中的气压将增大，从而对合金液的充型产生阻碍。通过提高铸型的透气性，减少铸型的发气量，以及在远离浇口的最高部位开设出气口等均可减少型腔中气体对充型的阻碍。

3. 浇注条件

（1）浇注温度。浇注温度对液态合金的充型能力有决定性的影响。浇注温度提高，合金液的过热度增加，合金液保持流动的时间变长。因此，在一定温度范围内，充型能力随温度的提高而直线上升。但温度超过某界限后，由于合金液氧化、吸气增加，充型能力提高的幅度会越来越小。

对薄壁铸件或流动性差的合金，采用提高浇注温度的措施可以有效地防止浇不足或冷隔等铸造缺陷。随着浇注温度的提高，铸件的一次结晶组织变得粗大，且容易产生气孔、缩孔、缩松、粘砂、裂纹等铸造缺陷，因此在保证充型能力足够的前提下，浇注温度应尽量低。

（2）充型压力。液态金属在流动方向上所受到的压力越大，充型能力就越好。如

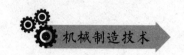

通过增加浇注时合金液的静压头的方法，可提高充型能力。某些特种工艺，如压力铸造、低压铸造、离心铸造、实型负压铸造等，充型时合金液受到的压力较大，充型能力较强。

（3）浇注系统。浇注系统的结构越复杂，流动的阻力就越大，合金液在浇注系统中的散热也越大，充型能力也就下降。浇注系统的结构、各断面的尺寸都会影响充型能力。在浇注系统中设置过滤或挡渣结构，一般均造成充型能力明显的下降。

铸型中凡能增加液态合金流动阻力和冷却速度、降低流速的因素，均能降低合金的流动性。例如，型腔过窄、浇注系统结构复杂、直浇道过低、内浇道截面过小或布置不合适、型砂水分过多或透气性不好、铸型材料导热性过大等，都会降低合金的流动性。为改善铸型的充型条件，铸件的壁厚应大于规定的"最小壁厚"，铸件形状应力求简单，并在铸型工艺上针对需要采取相应措施，例如加高浇道、增加内浇道截面积、增设出气口或冒口、对铸型烘干等。

4. 铸件的凝固方式

铸件的成形过程是液态金属在铸型中的凝固过程。合金的凝固方式对铸件的质量、性能和铸造工艺等都有极大的影响。

在铸件的凝固过程中，其断面上一般存在三个区域，即固相区、凝固区和液相区。其中，对铸件质量影响较大的主要是液相和固相并存的凝固区的宽窄。铸件的凝固方式就是依据凝固区的宽窄来划分的。

（1）逐层凝固

纯金属或共晶成分合金在凝固过程中因不存在液、固并存的凝固区，故断面上外层的固体和内层的液体由一条界限（凝固前沿）清楚地分开。随着温度的下降，固体层不断加厚、液体层不断减少，直达铸件的中心，这种凝固方式称为逐层凝固。

（2）糊状凝固。如果合金的结晶温度范围很宽，且铸件的温度分布较为平坦，那么在凝固的某段时间内，铸件表面并不存在固体层，而液、固并存的凝固区贯穿整个断面。由于这种凝固方式先呈糊状而后固化，所以称为糊状凝固。

（3）中间凝固。大多数合金的凝固介于逐层凝固和糊状凝固之间，称为中间凝固。

（二）合金的收缩

1. 收缩

高温合金液从浇入铸型到冷凝至室温的整个过程中，其体积和尺寸减小的现象称为收缩。收缩是合金的物理本性。

合金的收缩是多种铸造缺陷（如缩孔、缩松、裂纹、变形等）产生的根源。要使铸件的形状、尺寸符合技术要求，必须研究收缩的规律。合金的整个收缩过程可划分为三个互相联系的阶段。

（1）液态收缩：从合金液浇注温度冷却到开始凝固（液相线温度）之间的收缩。

（2）凝固收缩：从合金液开始凝固冷却到凝固完毕之间的收缩，即合金从液相线温度冷却至固相线温度之间的收缩。对于具有结晶温度范围的合金，凝固收缩包括合金从液相线冷却到固相线所发生的收缩和合金由液体状态转变成固体状态所引起的收缩。前者与合金的结晶温度范围有关，后者一般为定值。

（3）固态收缩：从合金凝固（固相线温度）完毕冷却到室温之间的收缩。

合金的液态收缩和凝固收缩表现为合金的体积缩小，通常用体收缩率表示，它们是铸件产生缩孔、缩松缺陷的基本原因。合金的固态收缩也是体积变化，表现为三个方向线尺寸的缩小，直接影响铸件尺寸变化，因此常用线收缩率表示。固态收缩是铸件产生内应力、裂纹和变形等缺陷的主要原因。

影响收缩的因素有化学成分、浇注温度、铸件结构和铸型条件等。

2. 缩孔、缩松的形成及防止

合金液在铸型内凝固过程中，若其体积收缩得不到补充，则将在铸件最后凝固的部位形成孔洞，这种孔洞称为缩孔或缩松。通常缩孔主要是指大而集中的孔洞，细而分散的缩孔一般称为缩松。

（1）缩孔的形成。缩孔一般隐藏在铸件上部或最后凝固部位，缩孔形状不规则，多呈倒锥形，其内表面较粗糙，有时在切削加工时暴露出来。在某些情况下，缩孔也产生在铸件的上表面，呈明显的凹坑。

缩孔形成过程如图 2-2 所示。合金液充满铸型型腔后，由于散热开始冷却，靠近型腔表面的金属很快凝结成一层外壳，而内部仍然是高于凝固温度的液体。因此，内部液体产生液态收缩，从而补充凝固层的凝固收缩，在浇注系统尚未凝固期间，所减少的合金液可从浇道得到补充，液面不下降仍保持充满状态，如图 2-2（a）所示。

随着合金液温度不断降低，外壳加厚。如内浇道已凝固，则形成的外壳就像一个密封容器，内部包住了合金液，如图 2-2（b）所示。温度继续下降，铸件除产生液态收缩和凝固收缩外，还有先凝固的外围产生的固态收缩。由于硬壳内合金液的液态收缩和凝固收缩远远大于硬壳的固态收缩，使液面下降并与硬壳顶面脱离，产生了间隙，如图 2-2（c）所示。如此继续，待内部完全凝固，则在铸件最后凝固的上部形成了缩孔，如图 2-2（d）所示。当铸件自凝固终止温度冷却到室温，因固态收缩使其外廓尺寸略有减小，如图 2-2（e）所示。

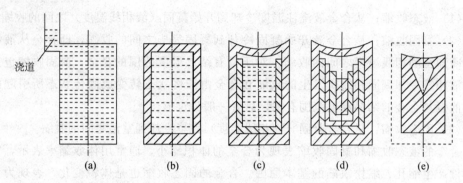

图 2-2 铸件缩孔形成过程示意图

（a）合金液充满型腔；（b）形成外壳；（c）产生间隙；（d）形成缩孔；（e）外廓尺寸减小

纯金属和近共晶成分的合金，因其结晶温度范围较窄，流动性较好，易于形成集中缩孔。

（2）缩松的形成。铸件断面上出现的分散、细小的缩孔称为缩松。小的缩松有时需借助放大镜才能发现。缩松形成的原因和缩孔基本相同，即铸型内合金的液态收缩和凝固收缩大于固态收缩，同在铸件最后凝固的区域得不到液态合金的补偿。通常发生于合金的凝固温度范围较宽、合金倾向于糊状凝固时，当枝状晶长到一定程度后，枝晶分叉间的液态金属被分离成彼此孤立的状态，它们继续凝固时也将产生收缩。这时铸件中心虽有液体存在，但由于枝晶的阻碍使之无法进行补缩，在凝固后的枝晶分叉间就形成许多微小孔洞。缩松一般出现在铸件壁的轴线、内浇道附近和缩孔的下方。

缩松在铸件中或多或少都存在着，对于一般铸件来说，往往不把它作为一种缺陷看待，只有对气密性、力学性能、物理性能和化学性能要求高的铸件，才考虑减少铸件的缩松。

由以上缩孔和缩松形成过程，可以得到如下规律：合金的液态收缩和凝固收缩愈大，铸件愈易形成缩孔；合金的浇注温度愈高，液态收缩愈大，愈易形成缩孔；结晶温度范围宽的合金，倾向于糊状凝固，易形成缩松；纯金属和共晶成分合金，倾向于逐层凝固，易形成集中缩孔。

（3）缩孔与缩松的防止。任何形态的缩孔都会使铸件力学性能显著下降，缩松还能影响铸件的致密性和物理、化学性能。因此，缩孔和缩松是铸件的重大缺陷，必须根据铸件技术要求，采取适当工艺措施予以防止。缩松分布面广，难以发现，难以消除，集中缩孔易于检查与修补，并可采取工艺措施加以防止。因此，生产中应尽量避免产生缩松或尽量使缩松转化为缩孔。防止缩孔与缩松的主要措施如下。

①合理选择铸造合金。从缩孔和缩松的形成过程可知，结晶温度范围宽的合金易形成缩松，铸件的致密性差。因此，生产中应尽量采用接近共晶成分的或结晶温度范围窄的合金。

②合理选用凝固方式。铸件的凝固方式分为顺序凝固和同时凝固两种。所谓顺序凝固，就是通过增设冒口或冷铁等一些工艺措施，使铸件的凝固顺序向着冒口的方向

进行，即离冒口最远的部位先凝固，冒口本身最后凝固，即使铸件按规定方向从一部分到另一部分逐渐凝固的过程。按顺序凝固的顺序，先凝固部位的收缩，由后凝固部位的液体金属来补充；后凝固部位的收缩，由冒口或浇注系统的金属液来补充，使铸件各部分的收缩都能得到补充，而将缩孔转移到铸件多余部分的冒口或浇注系统中（图2-3）。在铸件清理的时候将冒口切除，便可得到完整、无缩孔的致密铸件。图2-4为阀体铸件的两种铸造方案。左半图没有设置冒口，热节处可能产生缩孔。右半图增设了冒口和冷铁后，铸件实现了定向凝固，防止了缩孔的产生。冷铁的作用是增大铸件厚大部位的冷却速度，使铸件厚大部位先凝固。冷铁一般是用铸铁或钢制成的。

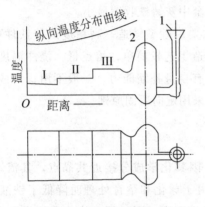 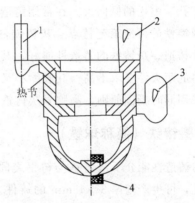

图 2-3 顺序凝固原则   图 2-4 阀体铸件的两种铸造方案

1-浇注系统；2-冒口   1-浇注系统；2-明冒口；3-暗冒口；4-冷铁

顺序凝固的缺点是铸件各部分温差大，内应力大，容易产生变形和裂纹。此处由于设置冒口，增加了金属的消耗，耗费了工时。顺序凝固主要用于凝固收缩大、结晶温度范围窄的合金，如不锈钢、高牌号灰铸铁、可锻铸铁和黄铜等。采用顺序凝固是防止铸件产生缩孔的根本措施。

所谓同时凝固是采用工艺措施使铸件各部分之间没有温差或温差很小，同时进行凝固。采用同时凝固，可使铸件内应力较小，不易产生变形和裂纹。但在铸件中心区域往往有缩松，组织不够致密。此方式主要用于凝固收缩小的合金（如灰铸铁和球墨铸铁）、壁厚均匀的铸件和结晶温度范围宽而对铸件的致密性要求不高的铸件（如锡青铜铸件）等。

（三）常用合金铸件的生产特点

铸铁在机械制造中应用很广，一般占机器总质量的40%～90%。现在主要介绍常用的铸铁件的生产特点。

1. 灰铸铁

（1）灰铸铁的铸造性能。灰铸铁流动性好、收缩性小，具有良好的铸造性能。灰

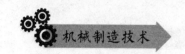

铸铁在凝固时易形成坚硬的外壳,可承受因金属结晶时石墨析出体积膨胀所造成的压力,保证了铸型型腔不会因此压力而扩大或变形。与此同时,这种压力可推动铸型内未凝固的铁液填补结晶的间隙,因而可抵消全部或部分凝固收缩,防止了缩孔、缩松的形成,灰铸铁这一结晶特点使之具有"自身补缩"能力。自身补缩能力的程度取决于石墨化的程度,析出的石墨愈多,产生的体积膨胀和压力愈大,自身补缩能力就愈强。一切能提高石墨化程度的因素都有利于防止产生收缩。

铸铁碳当量是影响形成缩孔、缩松倾向大小的主要因素。低牌号铸铁(如 HT150、HT200)碳当量高,自身补缩能力强,形成缩孔、缩松的倾向小;高牌号铸铁碳当量低,形成缩孔、缩松的倾向大。在常用铸造合金中灰铸铁收缩最小。

(2) 灰铸铁的铸造工艺特点。灰铸铁件主要用砂型铸造,高精度灰铸铁件可用特种铸造方法铸造。灰铸铁的铸造性能好,其铸造工艺较简单;熔点低,浇注温度不高,对造型材料的耐火性要求不高;其收缩小又具有自身补缩能力,一般不用冒口或冷铁。灰铸铁多采用同时凝固原则,高牌号灰铸铁常采用定向凝固原则。

2. 球墨镕铁(简称球铁)

球铁的铸造性能介于灰铸铁与铸钢之间。因其化学成分接近共晶点,其流动性与灰铸铁相近,可生产壁厚 3~4 mm 的铸件。由于球化和孕育处理时降低了铁液温度,因此要求铁液的出炉温度高,以保证必需的浇注温度,同时要加大内浇道截面,采用快速浇注等措施,以防止产生浇不足、冷隔等缺陷。

3. 可锻铸铁和蠕墨铸铁

(1) 可锻铸铁。可锻铸铁是白口铸铁通过石墨化退火处理,改变其金相组织或成分而获得的。为获得可锻铸铁,首先必须获得 100% 的白口铸铁坯件。可锻铸铁的碳、硅量很低,铁液流动性差,收缩大,容易产生缩孔、缩松和裂纹等缺陷。铸造时铁液的出炉温度应较高(>1 360 ℃);铸型及型芯应有较好的退让性,并设置冒口。

(2) 蠕墨铸铁。蠕墨铸铁的制造过程和炉前处理与球墨铸铁的相同,不同的是以蠕化剂代替球化剂。蠕化剂一般采用稀土镁钙和稀土硅钙等合金,加入量为铁液质量的 1%~2%,加入方法也是采用冲入法,和球墨铸铁一样,也要进行孕育处理。

蠕墨铸铁的化学成分与球墨铸铁的要求基本相似。蠕墨铸铁的铸造性能接近灰铸铁,具有良好的流动性和较小的收缩特性,因此铸造工艺较为简单。

三、铸造成形方法

(一) 铸造的分类

铸造的工艺方法很多,一般将铸造分成砂型铸造和特种铸造两大类。

1. 砂型铸造

当直接形成铸型的原材料主要为型砂，且液态金属完全靠外力充满整个铸型型腔的铸造方法称为砂型铸造。

砂型铸造一般可分为手工砂型铸造和机器砂型铸造。前者主要适用于单件以及复杂和大型铸件的生产，后者主要适用于成批大量生产。

2. 特种铸造

凡不同于砂型铸造的所有铸造方法，统称为特种铸造，如金属型铸造、压力铸造、离心铸造、熔模铸造、低压铸造等。

由于砂型铸造目前仍然是国内外应用最广泛的铸造方法，本节将重点介绍砂型铸造（主要是手工砂型铸造）。

（二）造型材料

制造铸型用的材料称为造型材料，主要指型砂和芯砂。它由砂、黏结剂和附加物等组成。造型材料常具备的性能有以下几点。

1. 可塑性

型砂在外力作用下可塑造成形，当外力消除后仍能保持外力作用时的形状，这种性能称为可塑性。可塑性好，易于成形，能获得型腔清晰的铸型，从而保证铸件具有精确的轮廓尺寸。

2. 强度

型砂承受外力作用而不易破坏的性能称为强度。铸型必须具有足够的强度，这样在浇注时才能承受金属溶液的冲击和压力，不致发生变形和毁坏，如冲砂、塌箱等，从而防止铸件产生夹砂、砂眼等缺陷。

3. 耐火性

型砂在高温液态金属作用下不软化、不熔融烧结和不黏附在铸件表面上的性能称为耐火性。耐火性差会造成铸件表面粘砂，增加清理和切削加工的困难，严重时还会使铸件报废。

4. 透气性

型砂在紧实后能使气体通过的能力叫透气性。当金属溶液浇入铸型后，在高温作用下，砂型中产生大量气体，金属溶液内部也会分离出气体。如果透气性差，部分气体就留在金属溶液内不能排除，铸件中会产生气孔等缺陷。

5. 退让性

型砂冷却收缩时，砂型和型芯的体积可以被压缩的性能称为退让性。退让性差时，铸件收缩困难，会使铸件产生内应力，从而发生变形或裂纹等缺陷，严重时甚至会使铸件断裂。

（三）砂型铸造造型工艺

造型工艺是指铸型的制作方法和过程，是砂型铸造工艺过程中最重要的组成部分。砂型铸造是应用最广泛的一种铸造方法。掌握砂型铸造是合理选择铸造方法和正确设计铸件的基础。砂型铸造的基本工艺过程包括制造模样、制备造型材料、造型、制芯、合箱、熔炼、浇注、落砂清理与检验等，如图2-5所示。其中造型、制芯占用工时最多，是砂型铸造中的主要工序，对铸件质量有较大影响。

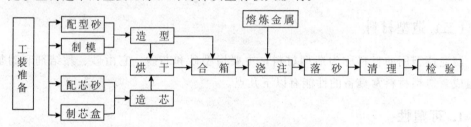

图2-5　砂型铸造的工艺流程图

1. 制备铸型

铸型的制备主要包括制造模样与芯盒、置备造型材料、造型制芯和合箱四个工序。造型制芯是最基本的工序。造型是指将型砂紧实，制得与模样外形一样的铸型型腔的操作过程。通常分为手工造型和机器造型两大类。

（1）手工造型。目前手工造型方法在铸造生产中应用最广。手工造型时最主要的紧砂和起模工序都是手工完成的。手工造型具有操作灵活、适应性强、工艺装备简单、生产准备时间短、成本低等优点。但铸件质量低、生产率低、劳动强度大、要求工人技术水平低。因此，手工造型主要用于单件、小批量生产，特别是重型和形状复杂的铸件。

手工造型工艺过程由以下几个工序组成。

①砂型紧实前的准备。其包括整理造型工作场地，安放砂箱和模型等。

②砂型的紧实。砂型除要求有一定的紧实度，以满足翻动、运输和浇注的要求外，还要求紧实度均匀，以保证获得合格铸件。

③砂型的通气。在紧实好的砂型外面，用气孔针扎出不穿透型腔的出气孔。

④取出模型。从已紧实和通气的砂型中起出模型，起模时尽量不要损坏型腔。

⑤做出内浇口。内浇口是浇注时向型腔引进液态金属的通道，一般用手工在型砂

开出。

⑥修型。将取模时损坏的部分分型面修补好。

手工造型方法很多，各种手工造型方法的特点和使用范围见表2-2。

表2-2 手工造型方法的特点和使用范围

造型方法	简图	主要特点	适用范围
整模造型		模样是整体的，铸件的型腔在一个砂箱中，分型面是平面，造型简单，不会错箱	最大截面为端部，且为平面的铸件
分模造型		模样沿最大截面分为两半，型腔位于上、下两个砂箱内。造型方便，但制作模样较麻烦	最大截面在中部，一般为对称性铸件
挖砂造型		整体模，造型时需挖去阻碍起模的型砂，故分型面是曲面。造型麻烦，生产率低	单件小批量生产，分模后易损坏或变形的铸件
假箱造型		利用特制的假箱或型板进行造型，自然形成曲面分型。可免去挖砂操作，造型方便	成批生产需要挖砂的铸件
活块造型		将模样上妨碍起模的部分，做成活动的活块，便于造型起模。造型和制作模样都麻烦	单件小批量生产带有突起部分的铸件
刮板造型		用特制的刮板代替实体模样造型、可显著降低模样成本。但操作复杂，要求工人技术水平高	单件小批量生产等截面或回转体大、中型铸件
三箱造型		铸件两端截面尺寸比中间部分大，采用两箱造型无法起模时，铸型可由三箱组成，关键是选配高度合适的中箱。造型麻烦，容易出错	单件小批量生产具有两个分型面的铸件

造型方法	简 图	主 要 特 点	适 用 范 围
地坑造型		在地面以下的砂坑中造型，一般只用上箱，可减少砂箱投资。但造型劳动量大，要求工人技术较高	生产批量不大的大、中型铸件可节省下箱
组芯造型		用砂芯组成铸型，可提高铸件精度，单生产成本较高	大批量生产，形状复杂的铸件

手工造型方法很多，生产中应根据铸件尺寸、形状、技术要求、生产批量、生产周和生产条件等因素，合理选择造型方法，这对保证铸件质量、提高生产率、降低成本是很重要的。

（2）机器造型。机器造型是现代铸造生产的基本方式，主要是将紧砂和起模两个重要工序实现了机械化，因而生产率高，铸件质量好。机器造型与手工造型相比，不仅提高了生产率，还提高了铸件精度和表面质量，同时铸件加工余量小，改善了劳动条件，但它需要专用设备、专用砂箱和模板，投资较大，只有在大批量生产时才能显著降低铸件成本。

机器造型是采用模板进行两箱造型的（因为不能紧实中箱，所以不能进行三箱造型）。模板是校样和模底板的组合体，一般带有浇道模、冒口模和定位装置。它固定在造型机上，并与砂箱用定位销定位。造型后模底板形成分型面，模样形成铸型型腔。模板上要避免使用活块，否则会显著降低造型机的生产率。在设计大批量生产的铸件及确定其铸造工艺时，应考虑这些要求。

机器造型按紧实的方式不同，可分为压实造型、震击造型、抛砂造型和射砂造型四种基本方式。

2. 浇注系统、冒口

（1）浇注系统。浇注系统是铸型中引导金属液进入铸型型腔的通道。浇注系统设置是否合理，对铸件质量关系很大。如果设计不合理，就可能使铸件产生气孔、砂眼、夹渣、缩孔、裂纹等缺陷。为了提高铸件质量，正确选择浇注系统的类型、尺寸大小和在铸件上的合理位置，是有重大意义的。

浇注系统的作用如下。

①将铸型与浇包连接起来，并使金属液平稳，减小对砂型和型芯的冲击。

②挡渣及排除铸型型腔中的气体。

③调节铸件各部分的温度分布，控制铸件的凝固顺序，避免缩孔、缩松及裂纹的产生。

④保证金属液在合适的时间内充满铸型，并有足够的压力。

浇注系统的组成如图2-6所示，主要由浇口杯、直浇道、横浇道和内浇道组成。

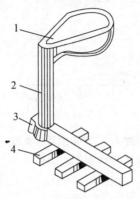

图2-6 浇注系统

1-浇口杯；2-直浇道；3-横浇道；4-内浇道

①浇口杯。它用来承受从浇包浇注下来的金属熔液，并缓和金属熔液的冲力，使金属熔液不致直接冲进砂型，把砂型冲坏。浇注过程中当其完全充满金属熔液时能使熔渣等杂质上浮，起挡渣作用。

②直浇道。直浇道是浇注系统中的垂直通道。其作用是调节金属液流入型腔的速度，并产生一定的充填压力，使金属液充满型腔的各个部分。

③横浇道。横浇道是浇注系统中连接直浇道和内浇道的水平通道部分。其主要作用是将金属液分配给各个内浇道，并起挡渣作用。

④内浇道。内浇道是浇注系统中引导金属液进入型腔的部分。它的主要作用是控制金属液流入型腔的速度和方向，以调节铸件各部分的冷却顺序。内浇道的方向不应对着型腔壁和型芯，以免其被金属液冲坏。

（2）冒口。冒口是在铸型中设置的一个同铸件连接在一起的储存金属液的空腔。其主要作用是补缩铸件，防止铸件产生缩孔、缩松等缺陷，此外还有集渣和通、排气的作用。

由于铸件种类繁多，结构不一，所以对冒口的要求也不同。常用的冒口种类很多.其中最主要的是明冒口、暗冒口和易割冒口。

明冒口：冒口的整个断面都与大气相通。其主要起补缩作用外，浇注时型腔内大量气体可通过明冒口顺利地排出型外。明冒口通常设置在铸件的顶部，熔渣能上浮而聚集于明冒口中。它也能作为观察金属熔液是否灌满铸型的标志。

暗冒口：它不与大气相通，可以节省金属，改善补缩。

易割冒口；它与铸件接触的表面较小，因此清理时容易切除清理铸件时，切除冒口，获得铸件。

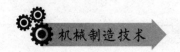

图 2-7 为几种常用的冒口类型。

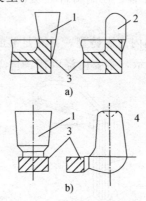

图 2-7　常用的冒口类型
1-明顶冒口；2-暗顶冒口；3-铸件；4-边冒口

3. 熔炼与浇注

（1）熔炼。将金属由固态转变成熔融状态，获得化学成分和温度都合格的熔融金属的过程叫作熔炼。

（2）浇注。将熔融金属从浇包注入浇注系统，并平稳、连续地浇满铸型型腔的过程叫作浇注。正确地选择浇注工艺，合理地组织浇注作业，是保证铸件质量、提高劳动生产率所必需的。在浇注过程中最关键的问题是控制浇注温度和浇注速度。浇注温度的选择应遵循"高温出炉、低温浇注"的原则。浇注湿度的高低对铸件的质量和金属熔液充满砂型的能力影响很大。熔液流动性差，容易产生冷隔和浇不足等缺陷。浇注温度过高，虽流动性增加能充满复杂或薄壁铸型，但溶解的气体将增多，且收缩也会加大，因而使铸件易于形成气孔、缩孔和变形（甚至引起裂缝）等。

浇注温度的选择应该根据铸造合金的种类、铸件大小、壁厚、复杂程度和铸件的重要性来决定。

在浇注时，浇注速度的控制常采取两个措施：一个是将浇包倾斜做大些，这样形成的液体金属流大；另一个是增加包嘴距浇口杯的距离，使金属熔液速度增加。

浇注速度的大小对铸件质量影响也很大，浇注速度过大时，容易产生冲砂，同时金属液夹带的气体多，容易产生气孔。浇注速度过小容易产生冷隔和浇不足等缺陷。

浇注速度与浇注温度是相互影响的。浇注温度高时浇注速度可以小些，浇注温度低时浇注速度应当大些。浇注薄件和小件的浇注速度大些，钢铸件的浇注速度要求比铁铸件的大；有色合金铸件的浇注速度要求更大些。在全部浇注过程中浇注不得中断，必须浇注到规定的高度。

灰铸铁的浇注温度一般为 1 200～1 300 ℃，铸钢的为 1 500～1 560 ℃，铸铝的为 680～780 ℃。

在大量流水生产的铸造车间里，为了提高劳动生产率，降低劳动强度，提高浇注质量，已采用遥控操作的机械化浇注装置。采用这种装置，操作者可以在离开浇包的工作室里操纵浇包进行浇注。随着造型自动线的投入生产，近年来出现了自动浇注装置，浇包的盛取金属熔液、保温和定量浇注等，全部实现了自动化操作。操作工人只需要进行监控即可。

4. 铸件的落砂、清理和检验

从铸型中取出完全凝固并经充分冷却的铸件的工艺过程，叫作铸件的落砂。通常落砂后的铸件，仍带有部分或全部砂芯、表面粘砂、浇冒口和飞边毛刺等。清除残留砂芯、粘砂、浇冒口和毛刺的工艺过程叫作铸件的清砂和清理。铸件清理后需进行检验以清除废品。

铸件的落砂、清砂和清理是铸造生产中劳动强度较大、劳动条件较差的工作，因此应尽可能实现机械化、自动化操作。

（1）铸件的落砂。铸件在砂型中停留时间的长短取决于铸件的质量大小、复杂程度、壁厚的薄厚以及合金种类等。落砂过早铸件温度很高，会使铸件冷却太快，而产生过硬（灰口铁铸件）、变形和裂纹等缺陷。

落砂有手工落砂和机械落砂两种方法。

①手工落砂。在机械化程度不高和生产量较小的车间里，手工落砂还占有一定比例。手工落砂一般采用简单工具，靠人力敲打砂箱直到取出铸件为止。这不但生产率低，缩短砂箱使用寿命，而且劳动条件很差。为改善这种情况，应尽可能采用机械落砂。

②机械落砂。机械落砂就是采用机械撞击和震动进行落砂。

震动落砂机是最常用的一种落砂机械，其原理图如图2-8所示。电动机经皮带（图2-8上未示出），传动装有不平衡重力的偏心套的主轴，借不平衡重力产生离心力，使落砂格栅1产生震动，在震动过程中，位于格栅上的砂箱与格栅发生猛烈碰撞，达到落砂目的。落砂格栅由支撑弹簧支撑。

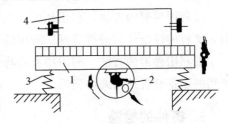

图2-8 震动落砂机

1-落砂格栅；2-偏心套；3-支撑弹簧；4-砂箱

从砂型中脱落的型砂通过落砂格栅的空隙掉下去，经皮带运输机送至砂处理工段。

对大型砂箱，可用两台以上的落砂机并合组成机组，进行落砂。

（2）铸件的清砂。①水力清砂。水力清砂是一种用高压水流清除铸件残留砂芯和粘砂的方法。

水力清砂法的工作原理：由高压水泵（压力65～200 MPa）来的高压水流，经喷枪射到砂芯上，一方面将砂芯击碎，一方面将砂由铸件中冲洗出来，达到清砂的目的。

水力清砂法的优点：不产生粉尘；劳动条件好；生产效率高，特别是清除复杂砂芯效率尤其高；旧砂经沉淀和烘干后，可以回用；芯骨能很好地被保存下来以备重复使用。

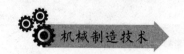

②水爆清砂。水爆清砂是利用浇注后铸件本身的余热清理铸件的一种方法。也就是浇注后的铸件，冷却到合适的温度后，即由铸型中取出，迅速浸入水中，使水迅速渗入砂芯，利用砂芯的余热作用使砂芯内的水汽化而产生一定的压力。当水汽达到一定压力后就突然产生爆炸，把铸件上的型砂和砂芯震落下来以达到清砂的目的。

根据水爆清砂的基本原理，不难知道，要实现水爆清砂，必须具备的条件是：铸件入水后，水能很快地渗入砂芯中；砂芯要有一定的温度；要使砂芯内水汽压力迅速上升，引起爆炸。这些条件在工艺设计和操作中必须予以保证。

水爆清砂是一种新的清砂工艺，改善了劳动条件，提高了清砂效率。目前已在很多工厂得到推广和应用。

（3）铸件的清理。铸件的清理包括切除浇冒口、清除铸件表面的残留粘砂和飞边毛刺等。

由于铸件的材质不同，去除浇口和冒口的工艺方法也不同。中、小型铸铁件一般只有浇口，在铸件落砂时或被送往清理工作地后，用锤子和风铲可以很容易地除掉。大型铸铁件的浇、冒口一般需用切割方法去除；铸钢件的浇、冒口普遍用氧乙炔切割掉；各种有色合金铸件的浇冒口，常用圆盘锯和切边压力机等去除。

最近，国内已推广采用电弧气刨法和等离子体切割法新工艺，清除铸铁和铸钢件的浇、冒口。铸件的表面清理方法有手工清理和机械清理两种。手工清理一般采用风铲进行清理。机械清理法按所应用的设备的工作原理可分为以下几种。

①利用摩擦的方法。依靠铸件与铸件、铸件与其他附加物的摩擦来清理铸件表面。普通清理滚筒即是利用摩擦的方法进行清理的。对一些薄壁、棱角显著的铸件，采用该筒清理易撞坏和磨去棱角。因此，清理滚筒适用于清理厚壁小铸件。

②利用喷射的方法。利用压缩空气将磨料（石英砂或铁丸）高速地喷射到铸件表面，磨料的冲击作用进行清理。所用的设备有喷砂器、喷丸器等。

③利用抛射的方法。利用抛丸器将铁丸抛向铸件表面借铁丸的冲击作用进行清理。所用的设备有各种抛丸清理机。

5. 铸件的检验

铸件检验的目的是为了剔除废品和找出产生缺陷的原因，以便消除废品、次品。铸件检验的内容一般有以下几个。

（1）检验铸件在铸造过程中产生的缺陷。例如，气孔、缩孔、砂眼、裂缝和冷隔等。

（2）检验铸件是否与图纸规定的尺寸和形状相符。

（3）重要铸件要做机械性能检查，一般用试样在通用的材料试验机上进行。

（4）有特殊要求的重要铸件，需要进行水压试验，以及利用磁力、X射线、声波探伤等对内部缺陷进行检验。

（四）特种铸造

特种铸造是指与砂型铸造不同的其他铸造方法。常用的特种铸造方法有金属型铸造、压力铸造、低压铸造、离心铸造、熔模铸造、挤压铸造、陶瓷型铸造和实型铸造等。

1. 金属型铸造

金属型铸造是指用重力将熔融金属浇注入金属铸型获得铸件的方法。金属型是指由金属材料制成的砂型，不能称作金属模。一般金属型用铸铁或耐热钢制造，由于金属型可重复使用多次，所以又称为永久型。

按照分型面的位置不同，金属型分为整体式、垂直分型式、水平分型式和复合分型式。图 2-9 所示为水平分型式和垂直分型式结构简图。浇注时，先使两个半型合紧，凝固后利用简单的机构使两半型分离，取出铸件。

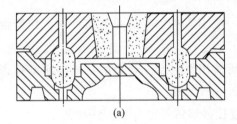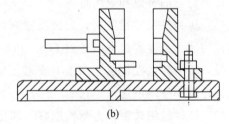

(a)　　　　　　　　　　　　　(b)

图 2-9　金属型铸造结构示意图

（a）水平分型式；（b）垂直分型式

金属型铸造的特点和应用范围如下。

（1）铸件冷却速度快，铸件组织致密，铸件的力学性能比砂型铸件要提高 10%～20%。

（2）铸件精度和表面质量较高。例如，金属型铸造的灰铸铁件精度可以达到 IT7～IT9，而手工造型砂型铸件只能达到 IT11～IT13。

（3）实现了"一型多铸"，工序简单，生产率高，劳动条件好。

（4）金属型成本高，制造周期长，铸造工艺规程要求严格。

金属型铸造主要适用于大批量生产形状简单的有色金属铸件铀瓦、汽缸体和铜合金轴瓦等。

2. 压力铸造

压力铸造是指将熔融金属在高压下高速充型，并在压力下凝固的铸造方法。

压力铸造过程包括合型浇注、压射和开型顶件，如图 2-10 所示。使用的压铸机构如图 2-10（a）所示，由定型、动型、压室等组成。合型后把金属液浇入压室，如图 2-10（a）所示，压射活塞向下推进，将液态金属压入型腔如图 2-10（b）所示；保压冷凝后，压射活塞退回，下活塞上移顶出余料，动型移开，利用顶杆顶出铸件如图 2-10（c）所示。

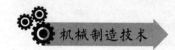

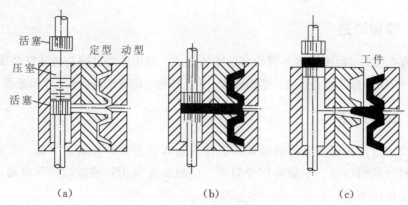

（a）　　　　　　　　（b）　　　　　　　　（c）

图 2-10　压力铸造过程示意图

（a）合型浇注；（b）压射；（c）开型顶件

压力铸造的特点和应用范围：

（1）压铸件尺寸精度高，表面质量好，一般不需机加工即可直接使用。压铸铜合金铸件的尺寸公差等级可以达到 IT6～IT8。

（2）压力铸造在快速、高压下成形。可压铸出形状复杂、轮廓清晰的薄壁精密铸件。铸件最小壁厚可达 0.5 mm，最小孔径 $d=0.7$ mm。

（3）铸件组织致密，力学性能好，其强度比砂型铸件提高 20%～40%

（4）生产率高，劳动条件好。

（5）设备投资大，铸型制造费用高，周期长。

所以由于熔融金属的充型速度快，排气困难，常常在铸件的表皮下形成许多小孔。这些皮下小孔充满高压气体，受热时气体膨胀导致铸件表皮产生突起缺陷，甚至使整个铸件变形。所以压力铸造铸件不能进行热处理。在大批量生产中，常采用压力铸造方法铸造铝、镁、钎、铜等合色金属件。例如，在汽车、拖拉机、航空、电子、仪表等工业部门中使用的均匀薄壁且形状复杂的壳体类零件，常采用压力铸造铸件。

3. 熔模铸造

熔模铸造就是先用母模制造压型，然后用易熔材料制成模样，再用造型材料将其表面包覆，经过硬化后将模样熔去，从而制成无分型面的铸型壳，最后经浇注而获得铸件。由于熔模广泛采用蜡质材料来制造，所以熔模铸造又称"失蜡铸造"。熔模铸造过程如图 2-11 所示。

（1）压制熔模。首先根据铸件的形状尺寸制成比较精密的母模，然后根据母模制出比较精密的压型，再用压力铸造的方法，将熔融状态的蜡料压射到压型中，如图2-11（a）所示。蜡料凝固后从压型中取出蜡模。

（2）组合蜡模。为了提高生产率，通常将许多蜡模粘在一根金属棒上，成为组合蜡模。如图 2-11（b）所示。

（3）粘制型壳。在组合蜡模浸挂涂料（多用水玻璃和石英配置）后，放入硬化剂中固化。如此重复涂挂 3～7 次，至结成 5～19 mm 的硬壳为止，即成形壳如图 2-11（c）所示。再将硬壳浸泡在 85～95 ℃的热水中，使蜡模熔化而脱出，制成壳型，如图 2-11（d）所示。

（4）浇注。为提高壳型的强度，防止浇注时变形或破裂，常将壳型放入铁箱中，在其周围用砂填紧。为提高熔融合属的流动性，防止浇不到缺陷，常将铸型在 850～950 ℃焙烧，趁热进行浇注如图 2-11（e）所示。

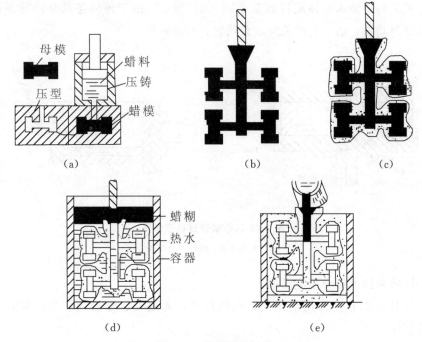

图 2-11 熔模铸造过程

熔模铸造的特点和应用范围如下。

（1）熔模铸造属于一次成形，又无分型面，因此铸件精度高，表面质量好。熔模铸造铸出的铸钢件的尺寸公差等级可达 IT5～IT7，通常称为精密铸造。

（2）可制造形状复杂的铸件。最小壁厚可达 0.7 mm，最小孔径可达 1.5 mm。

（3）适应各种铸造合金，尤其适于生产高熔点和难以加工的合金铸件。

（4）铸造工序复杂，生产周期长，铸件成本较高，铸件尺寸和质量受到限制，一般不超过 25 kg。

熔模铸造适用于制造形状复杂，难以加工的高熔点合金和有特殊要求的精密铸件。目前，主要用于汽轮机、燃汽轮机叶片，切削刀具，仪表元件，汽车、拖拉机和机床等零件的生产。

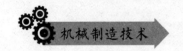

4. 离心铸造

离心铸造是将液体金属浇入高速旋转的铸型中，使其在离心力作用下凝固成形的铸造方法。根据铸型旋转轴空间位置不同，离心铸造机可分为立式和卧式两大类，如图 2-12 所示。立式离心铸造机的铸型绕垂直轴旋转如图 2-12（a）所示，由于离心力和液态金属本身重力的共同作用，使铸件的内表面为一回转抛物面，造成铸件上薄下厚，而且铸件越高，壁厚差越大。因此，它主要用于生产高度小于直径的环类铸件。卧式离心铸造机的铸型绕水平轴旋转如图 2-12（b）所示。由于铸件各部分冷却条件相近，所示铸件壁厚均匀，适于生产长度较大的管、套类铸件。

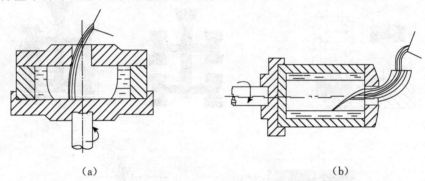

（a）   （b）

图 2-12 离心铸造过程示意图

（a）垂直轴线；（b）水平轴线

离心铸造的特点和应用范围如下。

（1）铸件在离心力作用下结晶，组织致密，无缩孔、缩松、气孔、夹渣等缺陷，力学性能好。

（2）铸造圆形中空铸件时，可省去型芯和浇注系统，简化了工艺，节约了金属。

（3）便于制造双金属铸件，如钢套镶铸铜衬。

（4）离心铸造内表面粗糙，尺寸不易控制，需要增加加工余量来保证铸件质量，且不适宜生产易偏析的合金。

离心铸造是生产管、套类铸件的主要方法，如铸铁管、铜套、汽缸套、双金属轧辊、滚筒等。

特种铸造除了上述几种外，还有低压铸造、真空铸造、壳型铸造、陶瓷型铸造和磁型铸造等。

四、铸造零件结构工艺性

设计铸件时，不仅要满足其使用性能的要求，还应符合铸造工艺和合金铸造性能对铸件结构的要求，即所谓"铸件结构工艺性"的要求。铸件结构设计是否合理，对铸件质量、铸造成本和生产率有很大的影响。

　　铸造工艺设计是指根据铸件结构特点、技术要求、生产批量、生产条件等，确定铸造方案和工艺参数，绘制图样并标注符号，编制工艺卡和工艺规范等。

　　铸造工艺设计主要包括选择铸件的浇注位置、选择分型面、浇注系统，确定主要工艺参数（加工余量、收缩率和起模斜度），绘制铸造工艺图、铸件图，设计砂芯等。

（一）铸件结构的要求

1. 铸造工艺对铸件结构的要求

　　铸件结构的设计应尽量使制模、造型、造芯、合型和清理等工序简化，提高生产率。

　　（1）铸件的外形应便于取出模型。

　　①避免外部侧凹。铸件在起模方向若有侧凹，必将增加分型面的数量，使铸件容易产生错型，影响铸件的外形和尺寸精度。如图 2-13（a）所示的端盖，由于上、下法兰的存在，使铸件产生了侧凹，铸件具有两个分型面，所以常需采用三箱造型，或者增加环状外型芯，使造型工艺复杂。如图 2-13（b）所示为改进设计后取消了上部法兰，使铸件只有一个分型面，因而可以减少工时消耗，方便造型和合箱。特别对于机器造型，只允许一个分型面，这种修改尤为重要。

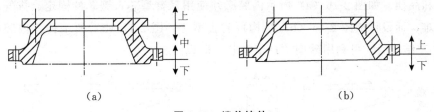

(a)　　　　　　　　　　　　　　　　　　(b)

图 2-13　端盖铸件

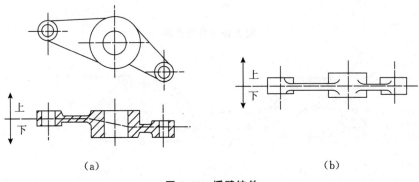

(a)　　　　　　　　　　　　　　　　　　(b)

图 2-14　摇臂铸件

　　②分型面尽量平直。平直的分型面可避免操作费时的挖砂造型，在机器造型时，分型面平直可方便模板的制造。如图 2-14（a）所示为摇臂铸件，采用曲面分型，改为图 2-14（b）形状后，分型面变成平面，方便了制模和造型。

　　③凸台、肋板的设计。设计铸件侧壁上的凸台、肋板时，要考虑到起模方便，尽

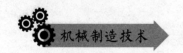

量避免使用活块和型芯。如图 2-15（a）和图 2-15（c）所示凸台均妨碍起模，应将相近的凸台连成一片，并延长到分型面，这样就不需要活块或型芯，便于起模，如图 2-15（b）和图 2-15（d）所示。

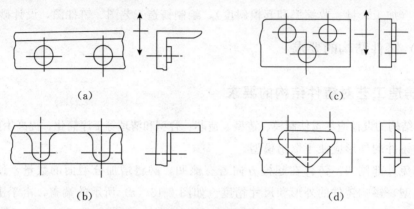

图 2-15 凸台的设计

（2）合理设计铸件的内腔。

①尽量避免或减少型芯。不用或少用型芯，可简化生产工艺过程，提高铸件的尺寸精度和品质。如图 2-16（a）所示内腔必须使用悬臂型芯，型芯的固定、排气和出砂都很困难；而设计成图 2-16（b）结构可省去型芯。图 2-17（a）所示铸件内腔改为图 2-17（b）结构后，可利用砂型"自带型芯"形成内腔。

图 2-16 悬臂支架

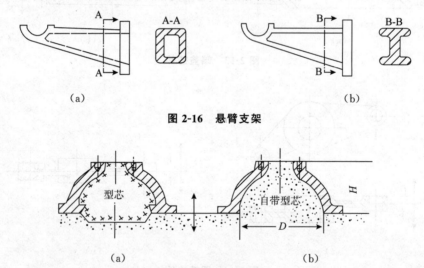

图 2-17 内腔的设计

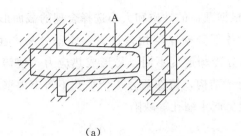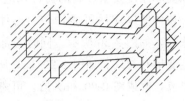

(a)   (b)

图 2-18　轴承支架结构的改进

②型芯要便于固定、排气和清理。如图 2-18（a）所示为一轴承支架，其内腔采用两个型芯的结构，使两个其中较大的呈悬臂状，需用芯撑（图中 A）来加固。若改成图 2-18（b）型芯连为一体，型芯即能很好地固定，而且下芯、排气、清理都很方便。

③铸件要有结构斜度。铸件上垂直于分型面的不加工表面，应设计出结构斜度，如图 2-19 所示铸件的外形具有结构斜度，起模省力，铸件尺寸精度高。

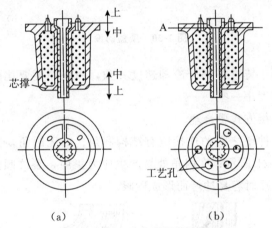

（a）   （b）

图 2-19　风口铸件的斜度

铸件的结构斜度与起模斜度不容混淆。结构斜度是在零件的非加工面上设置的，直接标注在零件图上，且斜度值较大。起模斜度是在零件的加工面上放出的，在绘制铸造工艺图或模样图时使用。

2. 合金铸造性能对铸件结构的要求

铸件结构的设计应考虑到合金的铸造性能的要求，避免产生缩孔、缩松、浇不足、变形和裂纹等铸造缺陷。

（1）合理设计铸件壁厚。不同的合金、不同的铸造条件，对合金的流动性影响很大。为了获得完整、光滑的合格铸件，铸件壁厚设计应大于该合金在一定铸造条件下所能得到的"最小壁厚"。最小壁厚值可参考相关资料。

铸件壁也不宜太厚。厚壁铸件晶粒粗大，易产生缩松、缩孔等缺陷，其承载能力并不是随截面积增大而成比例地增加，因此壁厚应选择得当。为了保证铸件的承载能

— 67 —

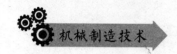

力，对强度和刚度要求较高的铸件，应根据载荷的性质和大小选择合理的截面形状。

（2）铸件壁厚应尽可能均匀。铸件各部分壁厚若相差过大，厚壁处易产生缩孔、缩松等缺陷，如图 2-20 所示。同时各部分冷却速度不同，易形成热应力，使铸件薄弱部位产生变形和裂纹。如图 2-20（a）所示结构，铸件两旁 4 个小孔不铸出因壁厚过大而产生热节，改成图 2-20（b）后，可避免产生缩孔等缺陷。

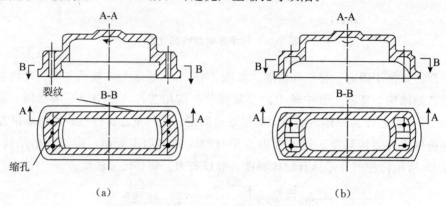

图 2-20　顶盖的设计

此外，为了有利于铸件各部分冷却速度一致，内壁厚度要比外壁厚度小一些，肋板厚度要比铸件壁厚度小一些。

（3）铸件壁的连接方式要合理。

①结构圆角。铸件壁之间的连接应有结构圆角。如无圆角，直角处热节大，易产生缩孔缩松，如图 2-21 所示；在内角处易产生应力集中，裂纹倾向增大；直角内角部分的砂型为尖角，浇注时容易冲垮而形成砂眼。

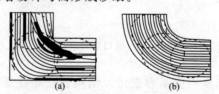

图 2-21　不同转角的热节和应力分布

铸造内圆角取值数据可参考相关资料。

②铸件壁要避免交叉和锐角连接。铸件壁连接时应采用图 2-22 中的正确形式。当铸件两壁交叉时，中、小铸件采用交错接头，大型铸件采用环形接头，如图 2-22（a）所示。当两臂必须锐角连接时，要采用图 2-22（b）和图 2-22（c）所示正确的过渡方式。其主要目的都是尽可能减少铸件的热节。

③厚壁与薄壁连接。铸件壁厚不同的部分进行连接时，应力求平缓过渡，避免截面突变，以减少应力集中，防止产生裂纹。当壁厚差别较小时，可用上述的圆角过渡。当壁厚之比差别在两倍以上时，应采用楔形过渡，如图 2-23 所示。

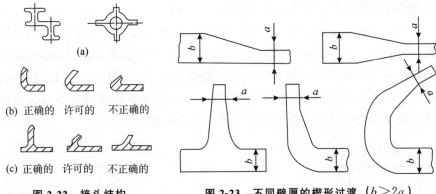

图 2-22 接头结构

图 2-23 不同壁厚的楔形过渡（$b>2a$）

④避免铸件收缩阻碍。当铸件的收缩受到阻碍，产生的铸造内应力超过合金的强度极限时，铸件将产生裂纹。因此，在设计铸件时，应尽量使其能自由收缩。特别是在产生内应力叠加时，应采取措施避免局部收缩阻力过大。图 2-24 为轮形铸件，轮缘和轮毂较厚，轮辐较薄，铸件冷却收缩时，极易产生热应力。如图 2-24（a）所示结构，制作模样和造型方便，但因为轮辐对称分布且较薄，铸件冷却时，因收缩受阻易产生裂纹，应设计成图 2-24（b）弯曲轮辐或图 2-24（c）奇数轮辐，利用铸件微量变形来减小内应力。

⑤避免大的水平面。图 2-25 为罩壳铸件，大平面受高温金属液烘烤时间长，易产生夹砂；金属液中气孔、夹渣上浮滞留在上表面，产生气孔、渣孔；而且大平面不利于金属液充填，易产生浇不足和冷隔。如将图 2-25（a）所示结构改为图 2-25（b）所示倾斜式结构，则可以减少或消除上述缺陷。

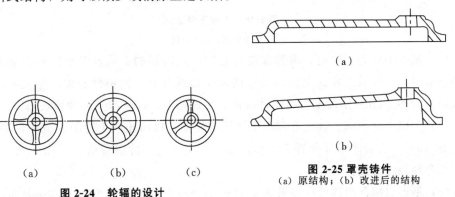

（a）

（b）

图 2-25 罩壳铸件
（a）原结构；（b）改进后的结构

（a）　　　（b）　　　（c）

图 2-24 轮辐的设计

（二）浇注位置的选择

浇注位置是指浇注时铸件在砂型内所处的空间位置（即哪个面朝上的问题）。分型面是指两半铸型相互接触的表面。一般情况下，应先保证铸件质量选择浇注位置，后简化造型工艺决定分型面。在生产中，有时两者的确定会相互矛盾，必须综合分析各种方案的利弊，抓住主要矛盾，选择最佳方案。浇注位置对铸件质量和铸造工艺有重

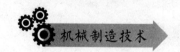

要影响。浇注位置的选择一般考虑以下原则。

（1）重要加工面或主要工作面应朝下或位于侧面。这是因为铸件下部的缺陷（砂眼、气孔、夹砂等）比上部少，组织比上部致密。图 2-26 为车床床身铸件的浇注位置，因床身导轨面是重要加工面，要求组织均匀致密和硬度高，不允许有任何缺陷，所以导轨面朝下。图 2-27 为吊车卷筒的浇注位置，由于吊车卷筒圆周表面的质量要求高，采用立浇可使卷筒的全部圆周表面均处两侧，保证质量均匀一致。

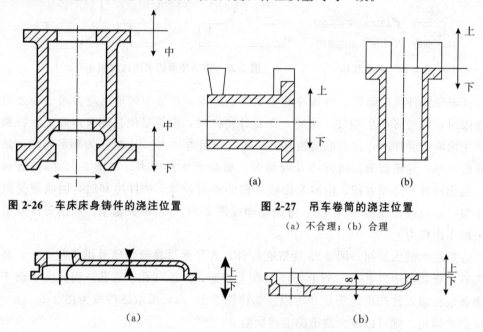

图 2-26　车床床身铸件的浇注位置

图 2-27　吊车卷筒的浇注位置
(a) 不合理；(b) 合理

图 2-28　上厚下薄原则
(a) 不合理；(b) 合理

（2）宽大平面朝下原则。因为在浇注过程中，高温的金属液对型腔的上表面有强烈的热辐射，易导致上表面型砂急剧膨胀而拱起或开裂，使铸件表面产生夹砂、气孔等缺陷。如图 2-28 所示的平板类铸件应使大平面朝下，以防产生夹砂等缺陷。

（3）上厚下薄原则。这将有利于金屑液的充型，以防止产生冷隔或浇不足等缺陷。图 2-28（a）为箱盖薄壁部分置于上型，易产生浇不足、冷隔等缺陷，图 2-28（b）为箱盖的合理浇注位置。

（4）易形成缩孔的铸件应将截面较厚的部分放在分型面附近的上部或侧面，以便于在厚壁处直接放置冒口，形成自下而上的定向凝固，有利于补缩。如图 2-27 所示为吊车卷筒在浇注时的位置。

（5）能减少型芯的数量，便于型芯的固定、排气和检验。

第二节 锻压成形

一、锻压概述

锻压是在外力作用下使具有一定塑性的金属材料按着要求的方向产生塑性变形，从而获得具有一定形状和尺寸的毛坯或零件的一种加工方法。

所谓塑性是指金属受外力作用后，在不破坏其连续性的情况下，能稳定地改变自己的形状和尺寸而各质点间的联系不被破坏，产生永久变形的性能。显然具有愈高塑性的金属，其锻压工艺性也愈好。

锻压包括锻造和冲压两个工种。按照成形方式的不同，锻造又可分为自由锻造和模型锻造两大类。自由锻造按其设备和操作方式，又可分为手工自由锻造和机器自由锻造。在现代工业生产中，手工自由锻已逐步为机器自由锻所取代。

用于锻压的材料应具有良好的塑性，以便在锻压加工时能产生较大的塑性变形而不破坏。常用金属材料中，铸铁塑性很差，不能锻压，钢、铝、铜等塑性良好，可以锻压。

锻造中小型锻件，常以经过轧制的圆钢或方钢为原材料，用剪切、锯割或氧气切割等方法截取需用的坯料。冲压则多以低碳钢薄板为原材料，用剪床下料。

锻压生产的目的不仅能够得到一定形状和尺寸的零件（或坯料），同时也改善了金属组织，提高其机械性能、物理和化学性能，从而提高产品的质量。例如，全纤维锻曲轴，能使金属纤维组织得到合理的利用，并较大地提高零件的寿命。此外，锻压加工具有节约金属的优点，同时还能节省金属切削加工的工时和加工过程中的工艺耗损。

金属材料经过锻造后，其内部组织更加致密均匀，承受载荷能力（强度）和耐冲击能力（冲击韧性）都有所提高。因此，承受重载和冲击载荷的重要零件多以锻件为毛坯。冲压件具有强度高、刚度大、结构轻等优点。锻压加工是机械制造中的重要加工方法，具有生产率高等优点。

二、锻压加工

锻压加工一般可分为自由锻造、模膛锻造、胎模锻造、冲压和挤压等加工方法。

（一）自由锻造

自由锻造是对金属坯料在锤面与砧面之间施加外力产生塑性变形，而获得所要求的形状和尺寸锻件的加工方法。锻造时，金属能在垂直于压力的方向自由伸展变形，因此锻件的形状和尺寸主要是由工人的操作技能来控制的。

自由锻造所用的设备和工具都是通用的，能生产各种大小的锻件。但是，自由锻造的生产率低，只能锻造形状简单的工件，而且精度差，加工余量大，消耗材料较多。

目前自由锻造还广泛应用于单件、小批生产，特别适用于生产大型锻件，所以自由锻造在重型机器制造业中占有重要的地位。

自由锻造分手工锻造和机器锻造两种。手工锻造是靠人力举动大锤所产生的冲击力使金属产生塑性变形的加工方法。手工锻造只能生产小型锻件，生产率也较低。机械锻造是利用各种机械设备（锤或压力机等）对金属进行锤击或施加压力，使金属产生塑性变形的加工方法。

机器锻造则是自由锻的主要生产方式。所用设备根据它对坯料作用力的性质分为锻锤和液压机两大类。锻锤产生冲击力使坯料变形。生产中使用的锻锤是空气锤和蒸汽-空气锤。空气锤的吨位（落下部分的质量）较小，适合锻造小型锻件。蒸汽-空气锤的吨位稍大（最大吨位可达 50 kN），可用来生产质量小于 1 500 kg 的锻件。液压机产生压力使金属坯料变形。生产中使用的液压机主要是水压机，它的吨位（产生的最大压力）较大，可以锻造质量达 300 t 的锻件。液压机在使金属变形的过程中无震动，且易达到较大的锻透深度。因此，水压机是巨型锻件的唯一成形设备。

自由锻造的工序可分为基本工序、辅助工序和修整工序几大类。

（1）基本工序。它是使金属坯料产生一定程度的塑性变形，以达到所需形状和所需尺寸的工艺过程，如墩粗、拔长、冲孔、弯曲等，见表 2-3。

表 2-3　自由锻造基本工序简图

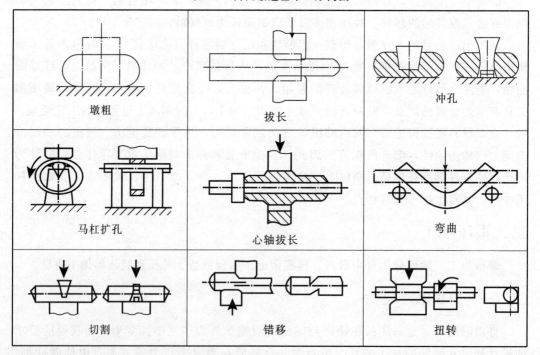

墩粗	拔长	冲孔
马杠扩孔	心轴拔长	弯曲
切割	错移	扭转

①墩粗：墩粗是使坯料高度减小、横截面积增大的工序。它是自由锻生产中最常用的工序，适用于块状、盘套类锻件的生产。

②拔长：拔长是使坯料横截面积减小、长度增大的工序。它适用于轴类、杆类锻

件的生产。为达到规定的锻造比和改变金属内部组织结构，锻制以钢锭为坯料的锻件时，拔长经常与墩粗交替反复使用。

③冲孔：冲孔是使坯料具有通孔或盲孔的工序。对环类件冲孔后应进行扩孔工作。

④弯曲：弯曲是使坯料轴线弯曲产生一定曲率的工序。

⑤扭转：扭转是使坯料的一部分相对于另一部分绕其轴线旋转一定角度的工序。

⑥错移：错移是使坯料的一部分相对于另一部分平移错开的工序，是生产曲拐或曲轴类锻件所必需的工序。

⑦切割：切割是分割坯料或去除锻件余量的工序。

（2）辅助工序。辅助工序是为基本工序操作方便而进行的预先变形工序，如压钳口、压肩、钢锭倒棱等。

（3）修整工序。修整工序是用以减少锻件表面缺陷而进行的工序平整等。

在实际生产中，最常用的是墩粗、拔长和冲孔3个基本工序。

自由锻方法灵活，能够锻出不同形状的锻件。自由锻所需的变形抗力较小，是锻造大型锻件的唯一方法。但是，自由锻方法生产率较低，加工精度也较低，多用于单件、小批生产。

（二）模膛锻造

模膛锻造简称模锻。在模锻过程中，使加热到锻造温度的金属坯料在锻模模腔内一次或多次承受冲击力或压力的作用，而被迫流动成形以获得锻件的压力加工方法。金属的变形受到模腔形状的限制，金属的流动受到模膛的限制和引导，从而获得与模膛形状一致的锻件。

与自由锻造相比，模锻生产率高，可以锻出形状复杂的锻件，其尺寸精确，表面光洁，加工余量少。由于模锻件纤维分布合理，所以它的强度高、耐疲劳、寿命长。但在模锻时锻模承受很大的冲击力和热疲劳应力，需用昂贵的模具钢制作，同时锻模加工困难，致使锻模成本高，只有在大量生产时经济上才合算。由于模锻是整体成形，且金属流动时与模膛之间产生很大的摩擦阻力，要求设备吨位大，所以一般仅用于锻造以下的中、小型锻件。模锻适用于中、小型锻件的成批和大量生产，在机械制造业和国防工业中得到了广泛的应用。典型模锻件如图2-29所示。

与自由锻造比较，模锻生产具有如下特点。

（1）锻件表面粗糙度小、尺寸精度高，节约材料和切削加工工时。

（2）锻件内部的锻造流线按锻件轮廓分布，提高了零件的机械性能和使用寿命。

（3）由于有模膛引导金属的流动，锻件的形状可以比较复杂。

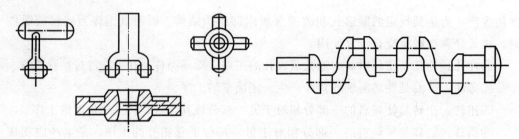

图 2-29　典型模锻件

（4）模锻所用锻模价格较贵。一方面是因为模具钢较贵，另一方面是模膛加工困难，故模锻只适用于大批、大量生产。

（5）生产率较高。

（6）操作简单，易于实现机械化。

模锻按使用设备的不同分为胎模锻、锤上模锻、曲柄压力机上模锻、摩擦压力机上模锻、平锻机上模锻等。

尽管模锻锤存在着强烈震动、污染环境等严重缺点，但迄今为止模锻锤仍然是模锻工艺的主要设备，下面着重介绍在锤上模锻的工艺过程。

1. 锻模结构

锤上模锻用的锻模（图 2-30）由带燕尾的上模和下模两部分组成。下模用紧固楔铁固定在模座上；上模用楔铁固定在锤头上，与锤头一起做上下往复运动。上、下模闭合所形成的空腔即为模膛。模膛是进行模锻生产的工作部分。按其作用来分，模膛可分为模锻模膛和制坯模膛两类。

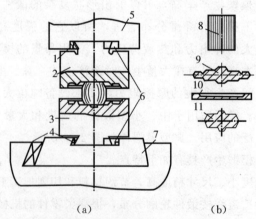

图 2-30　模锻及单模膛模锻工件

（a）锻模；（b）锻件

1、4-楔铁；2-上模；3-下模；5-锤头；6-键

7-模座；8-坯料；9-带飞边的锻件；10-飞边；11-锻件

（1）模锻模膛。锻模上进行最终锻造以获得锻件的工作部分称为模锻模膛。模锻模膛有终锻模腔和预锻模腔两种。

①预锻模膛。预锻模膛的作用是使坯料变形到接近于锻件的形状和尺寸，这样再进行终锻时，金属容易充满终锻模膛。同时减少了终锻模膛的磨损，以延长锻模的使用寿命。

预锻模膛比终锻模膛高度略大，宽度略小，容积略大。模锻斜度大，圆角半径大，不带飞边槽。对于形状复杂的锻件（如连杆、拔叉等），大批量生产时常采用预锻模膛预锻。

②终锻模膛。终锻模膛的作用是使坯料最后变形到锻件所要求的形状和尺寸，因此它的形状应与锻件的形状相同。但因锻件冷却时要收缩，终锻模膛的尺寸应比锻件尺寸放大一个收缩量，钢件的收缩量取 1.5%。另外，沿模膛四周有飞边槽，用以增加金属从模膛中流出的阻力，促使金属充满模膛，同时容纳多余的金属。

（2）制坯模膛。对于形状复杂的锻件，为了使坯料形状、尺寸尽量与锻件相符合，使金属能合理分布和便于充满模锻模膛，就必须让坯料预先在制坯棋膛内锻压制坯。制坯模膛主要有如下几种。

①拔长模膛：用来减小坯料某部分的横截面积增加该部分的长度，如图 2-31 所示。

②液压模膛：用来减小坯料某部分的指截面积以增大另一部分的横截面积，如图 2-32 所示。

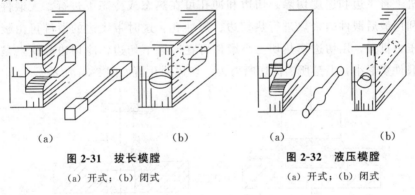

| (a) | (b) | (a) | (b) |

图 2-31 拔长模膛　　　　　　　　图 2-32 液压模膛
(a) 开式；(b) 闭式　　　　　　　(a) 开式；(b) 闭式

③弯曲模膛：对于弯曲的杆形锻件，需用弯曲模膛弯曲坯料，如图 2-33（a）所示。

④切断模膛：在上模与下模的角部组成的一对刃口，用来切断金属，如图 2-33（b）所示。单件锻造时，用它从坯料上切下锻件或从锻件上切下钳口；多件锻造时，用它来分离成单个锻件。

此外还有成形模膛、墩粗台和切断模膛等类型的制坯模膛。

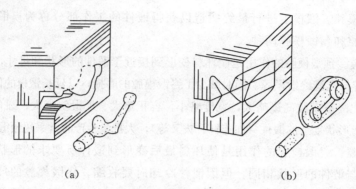

（a）　　　　　　　　　　　　　　（b）

图 2-33　弯曲和切断模膛

（a）弯曲模膛；（b）切断模膛

根据锻件复杂程度，锻模又分为单膛锻模和多膛锻模两种。单膛锻模在一副锻模上只有终锻模膛；多膛锻模则有两个以上模膛。为操作方便，制坯模膛常分布在终锻模膛的两侧。终锻模膛位于锻模中心，这是因为这里的变形力最大。产生最小变形的模膛位于锻模边缘处，以减少作用在模锻设备上的偏心载荷。

（3）切边冲孔模。锤上模锻的模锻件，一般都带有飞边，空心锻件还带有连皮，需在压力机上将飞边和连皮切除。切边和冲孔可在热态或冷态下进行。大锻件和合金钢锻件常利用锻后锻件的余热进行热切边、热冲孔。这时带飞边的锻件可由板式输送机输送到压力机旁，用切边模热切。小锻件可在冷态下切边，冷切边的优点是切口表面光整，锻件变形小，但是所需的切断力大。切边冲孔模如图 2-34 所示。

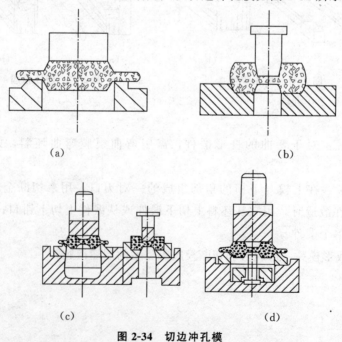

（a）　　　　　　　　　　　　　　（b）

（c）　　　　　　　　　　　　　　（d）

图 2-34　切边冲孔模

（a）简单模切边；（b）简单模冲孔；（c）级进模；（d）复合模

2. 模锻件的结构工艺性

设计模锻件，应根据模锻特点和工艺要求，使模锻件结构符合下列原则，以便于模锻生产和降低成本。

（1）模锻件必须具有一个合理的分模面，以便模锻件易于从锻模中取出、余块（敷料）消耗最少、锻模易制造。选定分模面的原则如下。

①应保证模锻件能从模膛中取出来。一般情况，分模面应选在模锻件的最大截面处。若选要保证模锻件能从模膛中取出。如图 2-35 中 A-A 面为分模面，则无法从模膛中取出锻件。

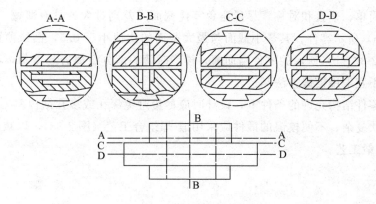

图 2-35　分模面的选择比较

②按选定的分模面制成锻模后，应使上下两模沿分模面的模膛轮廓一致，及时而方便地调整锻模位置。若选图 2-35 中 C-C 面为分模面，就不符合此原则。

③分模面应选在能使模膛深度最浅的位置上，这样有利于金属充满模膛，并有利于锻模的制造。若选图 2-35 中 B-B 面为分模面，就不符合此原则。

④选定的分模面应使零件上所加的敷料最少。如图 2-35 中 B-B 面被选作分模面时，零件中间的孔锻造不出来，其敷料最多，既浪费金属，降低了材料的利用率，又增加了切削加工的工作量。因此，该面不宜选作分模面。

⑤分模面最好是一个平面，使上、下锻模的模膛深度基本一致，差别不宜过大，以便于制造锻模。

按上述原则综合分析，图 2-35 中 D-D 面是最合理的分模面。

（2）模锻件上与锤击方向平行的非加工表面设计出模锻斜度，非加工表面所形成的角都应按模锻圆角设计。

①模锻斜度。模锻件上平行于锤击方向（垂直于分模面）的表面必须具有斜度，以便于从模膛中取出锻件。对于锤上模锻，模锻斜度一般为模锻斜度，不包括在加工余量内，一般取 5°、7°、10°、12° 等标准值。模锻斜度与模膛深度和宽度有关。当模膛深度（h）与宽度（b）的比值（h/b）越大时，取较大的斜度值。

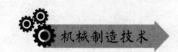

②模锻圆角半径。在模锻件上所有两平面的交角均需做成圆角，如图 2-36 所示。圆角结构可使金属易于充满模膛，便于取模；避免锻模的尖角处产生裂纹；避免锻模凹角处产生应力集中；减缓锻件外尖角处的磨损，从而提高锻模的使用寿命。同时可增大锻件的强度。钢的模锻件外圆角半径 r 取 $1\sim6$ mm，内圆角半径 $R = (3\sim4)\, r$。模膛深度越深，圆角半径取值越大。

图 2-36　模锻圆角半径

（3）为了使金属容易充满模膛和减少工序，零件外形力求简单、平直和对称，尽量避免零件截面间差别过大或具有薄壁、凸起结构。如图 2-37（a）所示零件，其最小截面与最大截面的比值小于 0.5，凸缘薄而高，中间深凹。如图 2-37（b）所示的零件扁而薄，模锻时薄的部分金属容易冷却，不易充满模膛。二者均不宜采用模锻方法制造。

（4）在零件结构允许的条件下，设计时应尽量避免深孔或多孔结构。

（5）形状复杂、不便模锻的锻件应采用锻-焊组合工艺（图 2-38），以减少余块（敷料），简化模锻工艺。

　　（a）　　　　　　　　　　　（b）　　　　　图 2-38　锻焊联合结构

图 2-37　模锻件形状

（三）压力机上锻造

目前锤上模锻因其工艺适应性广而在锻压生产中得以广泛应用，但由于模锻锤在工作中存在震动、噪声大、劳动条件差、蒸汽效率低、能源消耗大等难以克服的缺点，近年来大吨位模锻锤有逐渐被压力机所代替的趋势。压力机上模锻主要有曲柄压力机上模锻、摩擦压力机上模锻和平锻机上模锻等。

1. 曲柄压力机上模锻

锻模安装在滑块和楔形工作台上。滑块和工作台内装有顶杆，可将锻件从上、下锻模中顶出。曲柄压力机模锻造的主要特点有：压力机模锻时滑块运动速度低（0.5～

0.8 m/s），金属的变形速度亦低，有充分时间进行再结晶，尤其有利于对变形速度敏感的低塑性材料的成形。此外，压力机机架刚度大，滑块导向精确，因此，锻件的精度比锤上模锻的高，且锻压时无震动、噪声小、劳动条件好。但由于滑块行程一定，坯料在模膛中一次锻压成形，不能轻击、快击，所以不宜进行拔长、波挤等操作，需要用辊锻机为其轧制毛坯。

曲柄压力机是一种机械式压力机，其工作原理如图 2-39 所示。当离合器在结合状态时，电动机的转动通过小带轮、大带轮、传动轴和小齿轮、大齿轮传给曲柄，再经曲柄连杆机构使滑块做上、下往复直线运动。离合器处在脱开状态时，大带轮（飞轮）空转，制动器使滑块停在确定的位置上。锻模分别安装在滑块和工作台上。顶杆用来从模膛中推出锻件，实现自动取件。

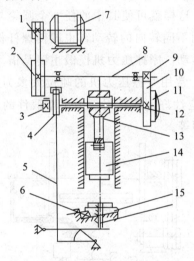

图 2-39　曲柄压力机上模锻工作原理

1-小带轮；2-大带轮；3-制动器；4-凸轮；5-顶料连杆；

6-楔铁；7-电动机；8-传动轴；9-小齿轮；10-大齿轮；

11-离合器；12-曲柄；13-连杆；14-滑块；15-楔形工作台

曲柄压力机的吨位一般是 2 000～120 000 kN。曲柄压力机上模锻的特点如下。

（1）曲柄压力机作用力的性质是静压力，变形抗力由机架本身承受，不传给地基。因此，曲柄压力机工作时无震动、噪声小。

（2）锻造时滑块的行程不变，每个曲柄压力机的工作原理图变形工步在滑块的一次行程中即可完成，并且便于实现机械化和自动化，具有很高的生产率。

（3）滑块运动精度高，并有锻件顶出装置，因此锻件的公差、余量和模锻斜度都比锤上模锻的小。

（4）曲柄压力机上所用锻模都设计成镶块式模具，这种组合模具制造简单、更换容易、能节省贵重模具材料。

（5）因为滑块行程一定，不论在什么模膛中都是一次成形，所以坯料表面上的氧

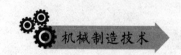

化皮不易被清除掉，影响锻件质量。氧化问题应在加热时解决，同时曲柄压力机上也不宜进行拔长和滚压工步。如果是横截面变化较大的长轴类锻件，那么就可以采用周期轧制坯料或用辊锻机制坯来代替这两个工步。

综上所述，曲柄压力机上模锻具有锻件精度高、生产率高、劳动条件好和节省金属等优点，适合于大批量生产条件下锻制中、小型锻件。但由于曲柄压力机设备复杂、造价高，目前我国仅有大型工厂使用。

2. 摩擦压力机上模锻

摩擦压力机的传动简图如图 2-40 所示。螺母固定在机架上，螺杆上固定着飞轮，螺杆下端与滑块相连。主轴上装有两个圆轮，它们由电动机带动旋转。用操纵杆壳使主轴沿轴向做左、右移动，这样就可使其中的任一个圆轮与飞轮的边缘靠紧借摩擦力而带动飞轮旋转，并可得到不同转向的转动，也即使螺杆得到不同方向的转动，使滑块在导轨中做上、下往复运动。摩擦压力机模锻主要是借飞轮、螺杆和滑块向下运动时所积蓄的能量来实现的。常用摩擦压力机的吨位大多为 8 000 kN，最大吨位为 10 000 kN。摩擦压力机的适应性好，广泛用于中小型锻件的小批或中批生产，如铆钉、螺栓、螺母、齿轮、三通阀等。

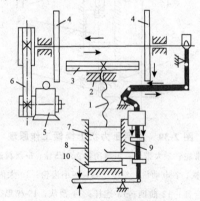

图 2-40   摩擦压力机传动简图

1-螺杆；2-螺母；3-飞轮；4-摩擦盘；5-电动机；

6-皮带；7-滑块；8、9-导轨；10-机座

3. 平锻机上模锻

平锻机相当于卧式的曲柄压力机，它沿水平方向对坯料施加锻造压力，其工作原理如图 2-41 所示。它的锻模由固定模、活动模和固定于主滑块上的凸模组成。电动机的运动传到曲轴后，随着曲轴的转动，一方面推动主滑块带着凸模前、后往复运动，同时曲轴又驱使凸轮旋转。凸轮的旋转通过导轮使副滑块移动，并驱使活动模运动，实现锻模的闭合或开启。挡料板通过辊子与主滑块的轨道接触。当主滑块向前运动（工作行程）时，轨道斜面迫使辊子上升。带动挡料板绕其轴线转动，挡料板末端便移

至一边，给凸模让出路来。

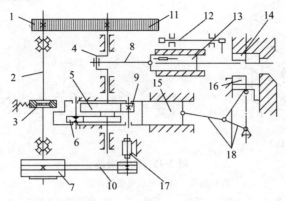

图 2-41 平锻机的工作原理

1-齿轮；2-传动轴；3-制动器；4-曲轴；5-凸轮；6-导轮；7-皮带轮；8-连杆；9-导轨；

10-皮带；11-齿轮；12-挡料板；13-主滑块；14-固定模；15-副滑块；16-活动模；17-电动机；18-连杆系统

平锻机的吨位一般为 $500 \sim 31\,500$ kN，可加工直径为 $20 \sim 230$ mm 的棒料。

平锻机上模锻具有如下特点。

（1）坯料都是棒料或管材，并且只进行局部（一端）加热和局部变形加工，因此可以完成在立式锻压设备上不能锻造的某些长杆类锻件，也可用长棒料连续锻造多个锻件。

（2）平锻模有两个分模面，扩大了模锻适用范围，可以锻出锤上和曲柄压力机上无法锻出的在不同方向上有凸台或凹槽的锻件。

（3）对非回转体及中心不对称的锻件用平锻机较难锻造，且平锻机造价较高，超过了曲柄压力机。

平锻机主要用于带凹槽、凹孔、通孔、凸缘类回转体锻件的大批量生产，最适合在平锻机上模锻的锻件是带头部的杆类和有孔（通孔或不通孔）的锻件。

（四）胎模锻造

胎模锻造是在自由锻设备上使用胎模生产模锻件的一种方法，然后在胎模中最后成形。

和自由锻造相比，胎模锻造的生产率高，锻件质量好，成本低。和模锻相比，胎模因不需用昂贵的模锻设备，胎模制造简单，但工人劳动强度大，生产率低。使用合模的胎模锻造如图 2-42（a）所示，将下模放在下砧铁上，把加热好的坯料放在下模的模膛中，由导销定位合上上模，用锤头锤击上模使铸件成形，再松开上模取出锻件，冷却模膛，准备锻造下一个坯料。已经锻成的胎模锻件同样需要用切边模和冲孔模在压力机上完成切边、冲孔工序，如图 2-42（b）所示。

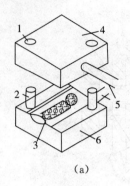 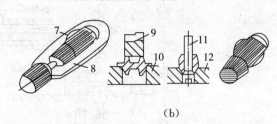

（a）　　　　　　　　　　　　　　　　（b）

图 2-42　胎模锻造

（a）胎模；（b）对胎模锻件切边、冲孔

1-销孔；2-导销；3-模膛；4-上模；5-手柄；6-下模；7-连皮；8-飞边；9-冲头；10、12-凹模；11-冲子

如果使用套筒模进行胎模锻造，可以进行无飞边胎模锻，表 2-4 所示为双联齿轮的套筒胎模锻造工艺，得到无飞边的胎模锻件。

表 2-4　双联齿轮的套筒胎模锻造工艺

锻件名称：双联齿轮	锻件图 R8	
主要工序	工艺简图	说　明
1. 下料		在锯床上进行
2. 加热		—
3. 拔长		用自由锻方法
4. 在胎模中墩粗	⌀92 锻坯	将一端墩粗到锻件要求的尺寸
5. 在胎模中终锻成形	锻坯 胎模 胎模 上模 （外套）（内衬、分块）	胎模内衬必须分成两半，以便锻件能出模

胎模成形与自由锻成形相比，具有较高的生产率，锻件质量好，节省金属材料，降低锻件成本。与固定模膛成形相比，不需要专用锻造设备，模具简单，容易制造。但是，锻件质量不如固定模膛成形的锻件高，工人劳动强度大，胎模寿命短，生产率低。胎模成形只适用于小批量生产，多用在没有模锻设备的中、小型工厂中。胎模成形不适应当今社会化大生产的要求，也将逐步淘汰。

（五）板料冲压

板料冲压是指利用装在压力机上的冲模对板料加压，使板料经分离或成形而得到制件的加工方法。板料冲压的坯料通常都是较薄的金属板料，冲压时不需加热，因此又称为薄板冲压或冷冲压，简称冷冲或冲压。只有当板料厚度超过 8 mm 时，才采用热冲压。

1. 板料冲压的特点

与其他加工方法相比，板料冲压有下列特点。

（1）板料冲压是在常温下通过塑性变形对金属板料进行加工的，因而原材料必须具有足够的塑性，并应有较低的变形抗力。

（2）金属板料经过塑性变形的冷变形强化作用获得一定的几何形状后，具有结构轻巧、强度和刚度较高的优点。

（3）冲压件尺寸精度高、质量稳定、互换性好，一般不需切削加工即可使用。

（4）冲压生产操作简单，生产率高，便于实现机械化和自动化。

（5）冲压模具结构复杂、精度要求高、制造费用高，因此只有在大批量生产的条件下，采用冲压加工方法在经济上才是合理的。

板料冲压在现代工业的许多部门都得到广泛的应用，特别是在汽车制造、拖拉机、电机、电器、仪器仪表、兵器和日用品生产等工业部门中占有重要的地位。

板料冲压设备主要是剪床和冲床。

①剪床。剪床的传动机构如图 2-43 所示。电动机通过带轮使轴转动，再通过齿轮传动和离合器使曲轴转动，于是装有刀片的滑块便上下运动，进行剪切工作。

②冲床。冲床是板料冲压的主要设备。冲床的种类很多，主要有单柱冲床、双柱冲床、双动冲床等。图 2-44 是单柱冲床的传动图。电动机带动飞轮转动，当踩下踏板时，离合器使飞轮和曲轴连接，使曲轴转动，再通过连杆带动滑块做上、下运动，进行冲压工作。当松开踏板时，离合器使飞轮和曲轴脱开，制动器立即使曲轴停止转动，并使滑块停留在制动位置。

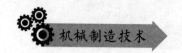

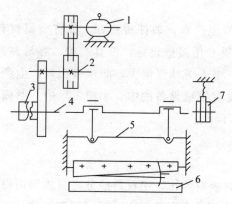

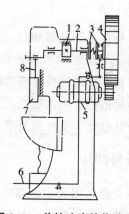

图 2-43 剪床的传动机构

1-电动机；2-轴；3-离合器；4-曲轴；

5-滑块；6-工作台；7-滑块制动器

图 2-44 单柱冲床的传动图

1-制动闸；2-轴；3-离合器；4-飞轮；

5-电动机；6-踏板；7-滑块；8-连杆

2. 板料冲压基本工序

板料冲压的基本工序分为两类：一类是分离工序，使板料的一部分与另一部分相互分离的工序，如剪切、落料和冲孔等；另一类是变形工序，使板料的一部分相对另一部分发生位移而不破裂的工序，如拉伸、弯曲、翻边和成形等。

（1）落料和冲孔。落料和冲孔是使板料按封闭的轮廓分离的工序。落料是为了获得冲下的零件；冲孔则是冲去中间的废料，周边为所需的零件。落料和冲孔的变形过程和模具结构完全相同。二者的区别在于冲孔是在板料上冲出孔洞，被分离的部分为废料，而周边是带孔的成品；落料是被分离的部分是成品，周边是废料。

落料和冲孔的变形过程如图 2-45 所示。落料和冲孔既然是分离工序，就必然从弹、塑性变形开始，以断裂告终。图 2-45（a）凸模和凹模边缘都带有锋利的刃口。当凸模向下运动压住板料时，板料受到挤压，产生弹性变形并进而产生塑性变形；图 2-45（b）是产生塑性变形，且在刃口附近产生应力集中。图 2-45（c）为当上、下刃口附近材料内的应力超过一定限度后，即开始出现裂纹。随着冲头（凸模）继续下压，上、下裂纹逐渐向板料内部扩展直至汇合，板料即被切离。

冲裁后的断面可明显地区分为光亮带、剪裂带、圆角和毛刺四部分。其中光亮带具有最好的尺寸精度和光洁的表面，其他三个区域，尤其是毛刺则降低冲裁件的质量。这四个部分的尺寸比例与材料的性质、板料厚度、模具结构和尺寸、刃口锋利程度等冲裁条件有关。为了提高冲裁质量，简化模具制造，延长模具寿命和节省材料，设计冲裁件和冲裁模具时应考虑以下几方面。

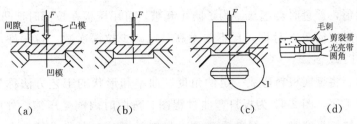

图 2-45 落料和冲孔的变形过程

(a) 变形；(b) 产生裂纹；(c) 断裂；(d) 断口

①为了获得较低表面粗糙度的冲裁件断面，凸模与凹模的刃口必须锋利，并合理选用凸凹模之间的间隙 δ，一般单边间隙取板料厚度的 5%～10%。正确选择合理的间隙值对冲裁生产是至关重要的。当冲裁件断面质量要求较高时，应选取较小的间隙值。对冲裁件断面质量无严格要求时，应尽可能加大间隙，以利于提高冲模寿命。

②落料件的尺寸取决于凹模尺寸，间隙取在凸模上；冲孔时孔的尺寸取决于凸模尺寸，间隙取在凹模上。依此可确定模具刃口尺寸。

③落料件的尺寸取决于凹模尺寸，间隙取在凸模上；冲孔时孔的尺寸取决于凸模尺寸，间隙取在凹模上。依此可确定模具刃口尺寸。

④落料件与冲孔件尺寸的公差等级一般为 IT10～IT12。

（2）拉深。拉深是使平板料变形成为中空形状的工序，图 2-46 所示为拉深工序简图。为了防止坯料被拉裂，拉深凸模和凹模的工作部位要做成大小合适的圆角。拉深件直径 d 与坯料直径 D 的比例 M 称拉深系数（$M=d/D$），一般取 $M=0.5～0.8$。坯料塑性差取上限值，坯料塑性好取下限值。对高度比较大的拉深件，一次不能拉成，可分几次拉深。在多次拉深时，需要进行中间退火，以消除拉深变形中产生的加工硬化现象，避免拉深件因塑性差而破裂。

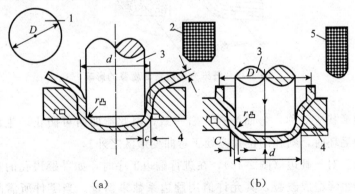

图 2-46 拉深工序简图

(a) 第一次拉深；(b) 第二次拉深

1-坯料；2-第一次拉深成品；3-凸模；4- 凹模；5-成品

在拉深过程中，由于坯料在圆周切线方向受到压缩应力作用，拉探件的凸缘部分

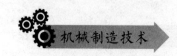

可能产生波浪形,严重时会起皱。为了防止起皱,可用压板在拉深时把凸缘部分压紧。

拉深件外形应简单、对称,且不要太高,以减少拉深次数。拉深件尺寸的公差等级为IT12～IT15。

(3)弯曲。将金属板料弯成一定的角度、曲率和形状的工艺方法称为弯曲。弯曲是常见的变形工序,图2-47为板料弯曲过程图。弯曲时内侧受压缩,外侧受拉伸,当外侧应力超过抗拉强度时,金属就会破裂。材料越厚,内弯曲半径越小,外侧拉应力越大。

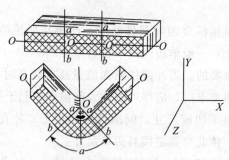

图2-47 板料弯曲过程图

弯曲时应尽可能使弯曲线与材料纤维方向垂直(图2-48)。左图的弯曲件质量好,右图的弯曲件易开裂。弯曲结束后,由于弹性变形的存在,坯料略微弹回一点,所以使被弯曲的角度增大,此种现象称为回弹。在设计工作中回弹现象是必须予以考虑的。

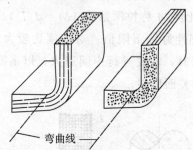

图2-48 纤维方向对弯曲质量的影响

弯曲件的形状应对称,弯曲半径左右一致,因此弯曲时可防止产生滑动。当弯曲预先冲好孔的毛坯时,则孔的位置应处于弯曲变形区之外。

(4)翻边。对于翻边(图2-49),在进行翻边工序时,如果翻边孔的直径超过允许值,会使孔的边缘造成破裂,其允许值用翻边系数来衡量。当零件所需凸缘的高度较大,用一次翻边成形计算出的翻边系数值很小时,直接成形无法实现,则可采用先拉深、后冲孔、再翻边的工艺来实现。

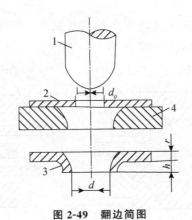

图 2-49　翻边简图

1-凸模；2-坯料；3-成品；4-凹模

（5）成形。成形是利用局部变形使坯料或半成品改变形状的工序（图 2-50），主要用于制造刚性的肋条，或增大半成品的部分内径等。图 2-50（a）所示的是用橡胶压肋，图 2-50（b）所示的是用橡胶芯子来增大半成品中间部分的直径，即胀形。

其他成形工序如图 2-51 所示。

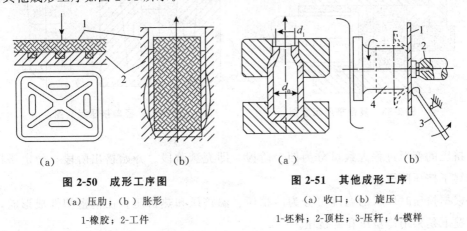

（a）　　　　　（b）　　　　　　（a）　　　　　（b）

图 2-50　成形工序图　　　　　　**图 2-51　其他成形工序**

（a）压肋；（b）胀形　　　　　（a）收口；（b）旋压

1-橡胶；2-工件　　　　　1-坯料；2-顶柱；3-压杆；4-模样

（六）挤压

挤压是金属在三个方向的不均匀压应力作用下，从模孔中挤压或流入模腔内以获得所需尺寸和形状的制品的塑性成形工艺。目前不仅冶金厂利用挤压方法生产复杂截面型材，机械制造厂也广泛利用挤压方法生产各种锻件和零件。

采用挤压方法不但可以提高金属的塑性，生产出复杂截面形状的制品，而且可以提高锻件的精度，改善锻件的内部组织和力学性能，提高生产率和节约金属材料等。

挤压既可以在专用的挤压机上进行，也可以在液压机、曲柄压力机、摩擦压力机、液压螺旋压力机及高速锤等上进行；对于较长的制件，可以在卧式水压机上进行。

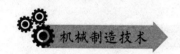

根据金属的流动方向与冲头运动方向的相互关系，挤压方法可分为正挤压、反挤压、复合挤压和径向挤压，如图2-52至图2-54所示。

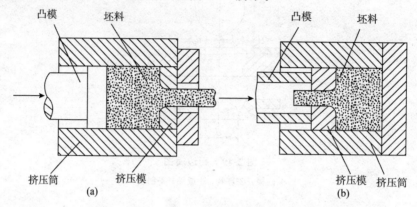

凸模　　　　坯料　　　　　　　　　　　　凸模　　　坯料

挤压筒　　　　挤压模　　　　　　　　挤压模　挤压筒
(a)　　　　　　　　　　　　　　　　　(b)

图 2-52　挤压示意图

（a）正挤压；（b）反挤压

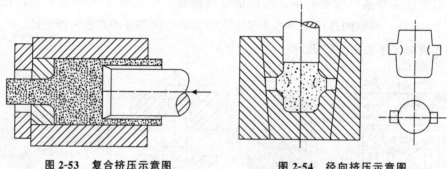

图 2-53　复合挤压示意图　　　　**图 2-54　径向挤压示意图**

挤压的变形过程大致可分为四个阶段，即充满阶段、开始挤出阶段、稳定挤压阶段和终了挤压阶段。

根据挤压时坯料的温度可分为冷挤压、温挤压和热挤压。在精密塑性成形时，多数情况下是采用冷挤压和温挤压。

冷挤压的突出优点是尺寸精度高，表面质量好。目前我国冷挤压件的尺寸精度可达 IT5，表面粗糙度（Ra）可达 $0.2\sim0.4\ \mu m$。挤压是一种先进的、少屑或无屑的成形工艺方法。另外，在冷挤压生产中，由于金属材料的冷作硬化特性，制件的强度与硬度有较大提高，从而可用低强度钢代替高强度钢材料。

三、锻压零件结构工艺性

在设计锻压件结构和形状时，除满足使用性能要求外，还应考虑锻压设备和工具的特点。良好的锻压件结构工艺性应以结构合理、锻造方便、减少材料和工时的消耗及提高生产率为目的加以确定。在进行锻压件的结构设计时，自由锻件的结构工艺性要求见表2-5。

表 2-5 自由锻件的结构工艺性要求

要求	举例	
	不合理的结构	合理的结构
锻造时不易锻造出锥形和楔形，设计时尽量采用平直结构		
自由锻造无法锻造出几何形体表面相贯的复杂形状		
自由锻造不应有不规则外形和不规则截面		
自由锻件的内部凸台是无法锻出的，应予简化结构		
截面有急剧变化或形状复杂的零件，可分别制造再通过焊接或机械连接等组成整体		
自由锻造不应有加强肋、工字形截面等复杂形状		
模锻件的圆角半径通常应设计得大一些，既可以改善锻造工艺性，又可以减少应力集中	$R>K$	$R>2K$
模锻件形状应便于脱模，内外表面都应有足够的拔模斜度，孔不宜太深，分模面尽量安排在中间		

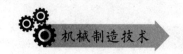
第三节 焊 接 成 形

材料的连接有多种方法，如机械连接（螺纹连接、铆钉连接）、化学连接（胶接）和冶金连接（焊接）等。机械连接是通过宏观的结构关联性实现材料和构件之间的连接，这种连接是暂时的、可拆卸的，承载能力和刚度一般较低；化学连接主要是通过胶黏剂和被粘物间形成化学键和界面吸附实现连接，这种连接强度低，且环境和温度存在局限性；冶金连接是指借助冶金方法，通过材料间的熔合、物质迁移和塑性变形等而形成的材料连接，这种连接强度高、刚度大，且环境和温度可以与被连接材料（母材）相当，应用最为广泛。

焊接是现代工业生产中广泛应用的一种金属连接的工艺方法。它是利用加热或加压（或两者并用），并且用或不用填充材料，使工件借助于金属原子的互相扩散和结合，使分离的材料牢固地连接在一起的加工方法。

一、焊接的分类和特点

（一）焊接的分类

焊接方法的种类很多，各有其特点和应用范围。按焊接过程本质的不同，焊接可分为熔化焊、压力焊和钎焊三大类。

（1）熔化焊。利用局部加热的方法，把工件的焊接处加热到熔化状态，形成熔池，然后冷却结晶，形成焊缝，将两部分金属连接成为一个整体。这类依据加热工件到熔化状态实现焊接的工艺方法称为熔化焊，简称熔焊。

（2）压力焊。将两构件的连接部分加热到塑性状态或表面局部熔化状态，同时施加压力使焊件连接起来的一类焊接方法称为压力焊，简称压焊。

（3）钎焊。利用熔点比母材低的填充金属熔化之后，填充接头间隙并与固态的母材相互扩散实现连接的一类焊接方法。

（二）焊接的特点

焊接与其他加工方法相比，具有以下特点。

（1）适应面广。其不但可以焊接型材，还可以将型材、铸件、锻件拼焊成复合结构件；不但可以焊接同种金属，还可以焊接异种金属；不但可以焊接简单构件，还可以拼焊大型、复杂结构件。这样不但可充分发挥不同工艺的优势，而且可以获得最佳技术经济效果。

（2）密封性好。焊接接头不但有良好的力学性能，而且有良好的密封性，对某些密封性要求比较高的容器和装置，焊接是最理想的加工方法。例如，可焊接锅炉、高压容器、储油罐、船体等质量轻、密封性好、工作时不渗漏的空心构件。

（3）可节约金属。焊接与铆接相比，焊接件不需垫板、角铁等辅助件，可节省金属材料10%～20%；与铸造相比，可节省金属材料30%～50%。由于焊接可大大提高金属材料利用率，目前金属构件生产中，铆接已基本上被焊接代替。

（4）可制造特殊的金属结构。用焊接方法可制造复合层容器，以满足容器的特殊要求；可以在某种金属的表面堆焊特殊合金层，以制造刃具、模具或零件。

与铆接相比，焊接结构省工省时，接头致密性好，焊接过程易于实现机械化和自动化。焊接广泛用于船舶、锅炉、车辆、建筑、飞机和其他金属结构或金属零件的制造。

二、焊接成形方法

（一）手工电弧焊

1. 焊接电弧

焊接电弧是由焊接电源供给的，具有一定电压的两电极间或电极与焊件间，在气体介质中产生的强烈而持久的放电现象。

当使用直流电焊接时，焊接电弧由阳极区、弧柱和阴极区三部分组成，如图2-55所示。电弧中各部分产生的热量和温度的分布是不相同的。热量主要集中在阳极区，它放出的热量占电弧总热量的43%，阴极区占36%，其余21%是由电弧中带电微粒相互摩擦而产生的。

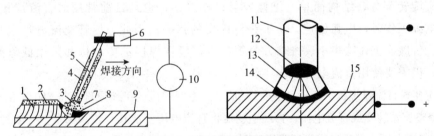

图 2-55　焊条电弧焊示意图

1-焊缝；2-渣壳；3-熔滴；4-焊条涂料；5-焊条芯；6-焊钳；7-电弧；8-熔池；
9-焊伯；10-弧焊机；11-焊条；12-阴极区；13-弧柱；14-阳极区；15-焊件

电弧中阳极区和阴极区的温度因电极材料（主要是电极熔点）不同而有所不同。用钢焊条焊接钢材时，阳极区温度约3 600 K，阴极区温度约2 400 K，电弧中心区温度最高，可达6 000～8 000 K，因气体种类和电流大小而异。使用直流弧焊电源时，当焊件厚度较大，要求较大热量、迅速熔化时，宜将焊件接电源正极，将焊条接负极，这种接法称为正接法；当要求熔深较小，焊接薄钢板及非铁金属时，宜采用反接法，即将焊条接正极，将焊件接负极。当使用交流弧焊电源焊接时，由于极性是交替变化的，因此两个极区的温度和热量分布基本相等，不需要考虑正接和反接的区别。

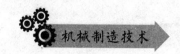

电弧除了产生大量的热能和放出强烈的弧光外，还放出大量的紫外线，易灼伤眼睛与皮肤，因此焊接时必须使用面罩、手套等保护用品。

2. 手工电弧焊设备

电焊机是手工电弧焊的主要设备，它为焊接电弧提供电源。常用的电焊机分为交流电焊机和直流电焊机两大类。

（1）交流电焊机。交流电焊机是使用一种特殊的变压器。普通变压器的输出电压是恒定的，焊接变压器的输出电压随输出电流（负载）的变化而变化。空载（不焊接）时，电焊机的电压（空载电压）为 60～80 V。它能满足顺利引弧的要求，对人身也比较安全。起弧以后，电压能自动降到电弧正常工作所需要的电压（20～30 V）。当开始引弧焊条与工件接触短路时，电焊机的输出电压会自动降到趋于零，这样可使短路电流不致过大而损坏变压器，这种性能称为陡降特性。电焊机还能提供焊接所需要的电流（几十安培到几百安培），并可根据工件厚薄和所用焊条直径的大小进行调节。

手工电弧焊时最常用的是 BX3-300 型交流电弧焊机。

（2）直流电焊机。直流电焊机可分为以下三种。

①发电机式直流电焊机。它是一台特殊的能满足电弧特性要求的发电机式交流电动机带动而发电，在野外工作或缺乏电源的地方由角发动机带动。这种电焊机工作稳定，但结构较复杂、噪声大，目前已很少使用。

②整流式直流电焊机。它是用大功率硅整流元件组成的整流器，将经变压器降压并符合电弧特性要求的交流电整流成直流电以供电弧焊接使用。这种直流电焊机的特点是没有旋转部分，结构简单、维修容易、噪声小，也是目前常用的直流焊接电源。以直流电源工作时，电弧稳定，易于获得优良的接头。因此，尽管交流电焊机具有结构简单、价廉、工作噪声小、维修方便等特点，但在焊接重要结构和采用低氢型焊条焊接时，仍需要使用直流电焊机。

③逆变式直流弧焊机（简称"逆变焊机"）。逆变焊机的工作原理是将 380 V 的交流工频电压经整流器转变成直流电压，再经逆变器将直流电压变成具有较高频率（一般为 2～50 kHz）的交流电压，然后经变压器降压后再整流而输出符合焊接要求的直流电压。

当变压器的工作电压一定时，其频率（f）与铁芯截面（S）和线圈匝数（N）的乘积成反比，故随着 f 的提高，变压器的质量和尺寸可大大减小，铁耗也减小，从而提高了焊机的效率。逆变焊机具有高效节能、体积小、弧焊工艺性优良、调节方便等特点。

3. 手工电弧焊焊条

在手工电弧焊时，焊条既作为电极起导电作用（在焊接过程中，焊条被熔化），又作为填充材料填充到焊缝中而将焊件连接起来。根据所焊金属材料、焊接结构的要求和焊接工艺特点等，正确选用相应牌号的焊条，是保证焊接工艺过程顺利进行、获得优良焊接质量的重要环节。

手工电弧焊时所用的焊条由焊芯（焊丝）和药皮组成。我国手工电弧焊焊条按用途分为结构钢焊条、不锈钢焊条等十大类。通常焊条直径是指焊丝直径，并不包括药皮厚度在内。

（1）焊条的组成和作用。焊条由焊条芯和药皮组成。

①焊条芯，即焊条中药皮包覆的金属芯。焊条芯的作用一是作电弧的电极，二是作焊接的填充金属。为了保证焊缝的质量，焊芯必须由专门生产的、制成一定直径和长度的金属丝，这种金属丝称为焊丝，其化学成分直接影响焊缝的质量，必须严格控制。表 2-6 列出了几种常用焊丝的牌号和成分。焊丝的牌号由"焊"字汉语拼音字首"H"与一组数字及化学元素符号组成。数字与符号的意义与合金结构钢牌号中数字、符号的意义相同。

表 2-6　几种常用焊丝的牌号和成分

牌　号	$\bar{\omega}(Me)/\%$							用　途
	C	Mn	Si	Cr	Ni	S	P	
H08A	$\leqslant 0.10$	$0.30 \sim 0.55$	$\leqslant 0.30$	$\leqslant 0.20$	$\leqslant 0.30$	$\leqslant 0.030$	$\leqslant 0.030$	一般焊接结构
H08E	$\leqslant 0.10$	$0.30 \sim 0.55$	$\leqslant 0.30$	$\leqslant 0.20$	$\leqslant 0.30$	$\leqslant 0.020$	$\leqslant 0.020$	重要焊接结构
H08MnA	$\leqslant 0.10$	$0.80 \sim 1.10$	$\leqslant 0.07$	$\leqslant 0.20$	$\leqslant 0.30$	$\leqslant 0.030$	$\leqslant 0.030$	埋弧焊焊丝
H10Mn2	$\leqslant 0.12$	$1.50 \sim 1.90$	$\leqslant 0.07$	$\leqslant 0.20$	$\leqslant 0.30$	$\leqslant 0.035$	$\leqslant 0.035$	
H08Mn2SiA	$\leqslant 0.11$	$1.80 \sim 2.10$	$0.30 \sim 0.55$	$\leqslant 0.20$	$\leqslant 0.30$	$\leqslant 0.030$	$\leqslant 0.030$	CO_2 焊焊丝

由表 2-6 可知，焊丝的成分特点为低碳、低硫磷，以保证焊缝金属具有良好的塑性、韧性，减小产生焊接裂纹的倾向；具有一定量合金元素，以改善焊缝金属的力学性能，并且弥补焊接过程中合金元素的烧损。

②药皮，即在焊丝表面涂上的一层药。药皮由一些矿石、有机物和铁合金、化工原料等细粉末组成，用水玻璃作黏结剂，按一定比例配制，经混合搅匀后涂于焊丝表面。药皮的厚度一般为 0.5～1.5 mm。药皮的主要作用有：使电弧易于引燃和燃烧稳定；药皮熔化产生的气体和所形成的熔渣对熔滴和熔池起保护作用；进行脱氧、精炼和渗合金等冶金反应，具有改善焊缝金属化学成分的作用；熔渣使焊缝冷却缓慢，改善焊缝的结合条件和热过程，使焊缝成形美观和适于全位置焊接等。

（2）焊条的分类和牌号。焊条种类繁多，常用碳钢焊条的型号（见 GB/T 5117—1995）是根据熔敷金属的力学性能、化学成分、焊接位置和焊接电流种类划分的。碳钢焊条型号的编写规划为：用字母"E"表示焊条；用前两位数字表示熔敷金属抗拉强度的最小值，第三位数字表示焊条的焊接位置（焊接位置是指熔焊时焊件接缝所处的空间位置）。"0"和"1"表示焊条适用于全位置焊接（平、立、仰、横），"2"表示焊条适用于平焊及平角焊，"4"表示焊条适用于向下立焊；第三和第四位数字组合表示焊接电流种类和药皮类型。这里说的熔敷金属是指完全由续充金属熔化后所形成的焊缝金属。例如，E4303、E5015、E5016，"43""50"分别表示熔敷金属抗拉强度的最小值为 420 MPa（43 kgf/mm²）、490 MPa（50 kgf/mm²）；"03"为数钙型药皮，交流或直流正、反接；"15"为低氢钠型药皮，直流反接；"16"为低氢钾型药皮，交流或直流反接。

焊条牌号是焊条行业统一的焊条代号。焊条牌号一般用一个大写拼音字母和三个数字表示，如 J422、J507 等。拼音字母表示焊条的大类，如"J"表示结构钢焊条（碳钢焊条和普通低合金钢焊条），"A"表示奥氏体不锈钢焊条，"Z"表示铸铁焊条等；前两位数字表示各大类中若干小类，如结构钢焊条前两位数字表示焊缝金属抗拉强度等级，单位为 kgf/mm²（1 kgf/mm² ≈ 9.81 MPa），抗拉强度等级有 42、50、55、60、70、75、85 等；最后一个数字表示药皮类型和电源种类，其中 l 至 5 为酸性焊条，6 和 7 为碱性焊条。其他焊条牌号表示方法参见原国家机械工业委员会编的《焊接材料产品样本》。N22（结 422）符合国标 E4203，J507（结 507）符合国标 E5015，J506（结 506）符合国标 E5016。

焊条根据其药皮中所含氧化物的性质可分为酸性焊条与碱性焊条。

酸性焊条是指药皮中含有多量酸性氧化物（SiO_2、TiO_2、MnO 等）的焊条。E4303 焊条为典型的酸性焊条，焊接时有碳-氧反应，生成大量的一氧化碳气体，使熔池沸腾，有利于气体逸出，焊缝中不易形成气孔。另外，酸性焊条药皮中的稳弧多，电弧燃烧稳定，交、直流电源均可使用，工艺性能好。但酸性药皮中含氢物质多，使焊缝金属的包含量提高，焊接接头开裂倾向性较大。

碱性焊条是指药皮中含有多量碱性氧化物的焊条。E5015 是典型的碱性焊条。碱性焊条药皮中含有较多的 $CaCO_3$，焊接时分解为 CaO 和 CO_2，可形成良好的气体保护和渣保护条件，药皮中合有氟石（CaF_2）等去氢物质，使焊缝中氢含量低，产生裂纹的倾向小。碱性焊条药皮中的稳弧剂少，氟石有阻碍气体被电离的作用，因此焊条的工艺性能差。碱性焊条氧化性小，焊接时无明显碳-氧反应，对水、油、铁锈的敏感性大，焊缝中容易产生气孔。使用碱性焊条焊接时，一般要求采用直流反接，并且要严格地清理焊件表面。另外，焊接时产生的有害烟尘较多，使用时应注意通风。

（3）焊条的选用原则。焊条种类很多，适用场合各异，选用时应综合考虑以下基本原则。

①等性能原则，即选用的焊条，焊后要保证焊缝的力学性能、物理性能、化学性能，以及其他性能等与被焊母材相同或相近。焊接低碳钢或低合金钢时，一般应使焊缝金属与母材等强度；焊接耐热钢、不锈钢时，应使焊缝金属的化学成分与焊件的化学成分相近。

②工作条件，即考虑焊件的工作状况选用焊条。如在焊接有冲击载荷、交变载荷或腐蚀、高温低温等条件下工作的结构时，应选用抗裂性能好的碱性焊条。

③结构特点。对于焊接形状复杂和刚度大的结构及焊接难以在焊前清理的焊件时，应选用抗气孔性能好的酸性焊条。

④其他。在满足上述原则的前提下，还应结合现场施工条件、产品批量以及经济

因素，综合考虑后确定选用焊条的具体型号。

一般来说，酸性焊条的工艺性能较好，但焊缝金属的力学性能较差，而碱性焊条则反之。因此，使用酸性焊条比使用碱性焊条经济，在满足使用性能要求的前提下应优先选用酸性焊条。

4. 焊接规范的选择

手工电弧焊时，焊接规范主要是焊接电压、焊接电流、焊接连度等。此外，根据实际生产情况，还要确定电源种类（直流或交流）、焊接的层数（单层和多层焊）等。

（1）焊条直径的选择。根据焊接材料选用适当牌号的焊条，并确定焊条的直径。焊条直径可依据所焊构件的厚度来选择，并综合考虑接头形式、焊缝在空间的位置（如平焊、仰焊等），以及对焊缝质量要求等各方面因素。一般情况下，可按工件厚度参考表2-7来决定。

表 2-7   焊条直径选择参考数值

焊件厚度/ mm	2	3	4～5	6～12	13 以上
焊条直径/ mm	2	2.5～3	3～4	4～5	5～6

此外，在焊厚板结构时，坡口形式多为 V 形或 X 形，并需要采用多层焊。在这种情况下，焊第一层时不能采用大直径焊条，以使焊条能伸入根部，避免焊不透。

在立焊和仰焊时，由于重力的作用，熔化金属容易下滴，因此不宜用大直径焊条。立焊和仰焊时一般采用直径为 3～4 mm 的焊条。

（2）焊接电流的选择。焊接电流大小主要是根据焊条直径、焊条种类、焊件厚度、焊缝在空间的位置等来选择的。有时还要考虑到所焊金属材料的性质（如导热性等）和焊件变形等问题。焊接电流与焊条直径参考数值见表2-8。

表 2-8   焊接电流与焊条直径参考数值

焊条直径/mm	1.6	2.0	2.5	3.2	4.0	5.0	5.8
焊接电流/A	25～40	40～65	50～80	100～130	190～210	200～270	260～300

药皮类型和焊接位置等条件进行选择。适当增大焊接电流能增大熔深和提高生产率，但它过大会发生焊缝咬边或烧穿工件等缺陷，且焊条受热发红，药皮碎裂，飞溅增大使焊缝质量和成形变坏。电流过小易发生焊缝夹渣和未焊透，同样会降低接头的性能等缺陷。碱性焊条用直流焊接时的许用电流，应比同直径的酸性焊条小 10% 左右。立焊和横焊比平焊时的焊接电流减小 5%～10%；仰焊时减小 5%～15%。焊接 T 字接头和搭接接头时，可选用许用电流的上限。在实际工作中，焊工往往依据经验来判断电弧电流是否合适。

（3）焊接层数。当焊接厚度大的工件需要开坡口，采用多层焊接，要考虑质量和效率，一般取每层焊缝为焊条直径的 0.8～1.2 倍。性能要求高的焊缝与接头，每层焊缝厚度不宜大于 4 mm。

（4）焊接接头形式。

①接头形式。焊接接头是指焊接结构中各焊接元件相互连接的地方。根据产品结

构特点的要求，接头的基本形式有对接接头、角接接头、搭接接头和 T 形接头等四种，如图 2-56 所示。

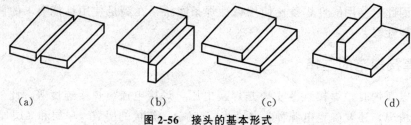

图 2-56　接头的基本形式

（a）对接接头；（b）角接接头；（c）搭接接头；（d）T 形接头

②坡口形式。为了保证焊接质量和焊缝尺寸，焊接前应做好焊接接头的准备工作。接头的准备工作包括坡口、间隙、钝边等。做好这些准备工作，可使焊接时便于焊透，又可避免烧穿。接头的几何形状基本上由焊件的厚度所决定。图 2-57 所示为对接接头几种坡口形式。

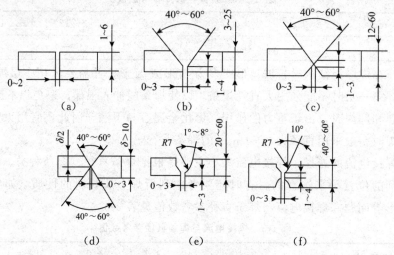

图 2-57　对接接头坡口形式

（a）I 形坡口；（b）Y 形坡口；（c）双 Y 形坡口

（d）双 V 形坡口；（e）带钝边 U 形坡口；（f）带钝边双 U 形坡口

开坡口的根本目的是为使接头根部焊透，同时也使焊缝成形美观。此外，通过控制坡口大小，能调节焊缝中母材金属与填充金属的比例，使焊缝金属达到所需的化学成分。加工坡口的常用方法有气割、切削加工（车或刨）和碳弧气刨等。

焊条电弧焊的对接接头、角接接头和 T 形接头中有各种形式的坡口，其选择主要取决于焊件板材厚度。

（二）其他焊接方法

1. 埋弧自动焊

（1）埋弧自动焊焊接过程。埋弧自动焊又称焊剂层下电弧焊，焊接时以连续送进的焊丝代替手工电弧焊时所用的焊条，以颗粒状的焊剂代替焊条的药皮。焊接过程中电弧引燃、焊丝送进的动作是通过埋弧焊机焊接小车上的一些机构自动进行的，焊接小车则在专门的导轨上沿所焊焊缝移动，从而完成焊接所需的各种动作。焊接过程如图 2-58 所示。

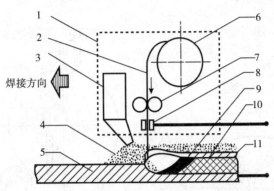

图 2-58　埋弧自动焊焊接过程

1-焊接小车；2-焊丝；3-熔剂漏斗；4-颗粒状熔剂；5-母材；6-焊丝盘；

7-送丝滚轮；8-导电嘴；9-熔池；10-渣壳；11-焊缝金属

埋弧焊的焊接材料有焊丝和焊剂。埋弧焊的焊丝除了作为电极和填充金属外，还有渗合金、脱氧、去硫等冶金处理作用。埋弧焊的焊剂有熔炼焊剂和非熔炼焊剂两类。熔炼焊剂主要起保护作用；非熔炼焊剂除了保护作用外，还可以起渗合金、脱氧、去硫等冶金处理作用。我国目前使用的绝大多数焊剂是熔炼焊剂。焊剂易吸湿，使用前应烘干。

埋弧焊通过焊丝和焊剂合理匹配，保证焊缝金属化学成分和性能。

（2）埋弧自动焊工艺。埋弧自动焊的焊接电流大、熔深大。板厚 24 mm 以下的工件可以采用形坡口单面焊或双面焊。一般板厚 10 mm 就开坡口，常用坡口有 V 形坡口、X 形坡口、U 形坡口和组合坡口。埋弧焊对接一般能采用双面焊的均采用双面焊，以便易于焊透，减小焊接变形。在不能采用双面焊时，采用单面焊工艺，如图 2-59 所示。

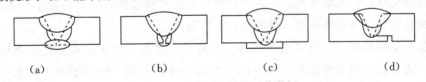

　（a）　　　　　　　（b）　　　　　　　（c）　　　　　　　（d）

图 2-59　对接接头焊接工艺举例

（a）双面焊；（b）采用打底焊；（c）采用垫板；（d）采用锁底坡口

埋弧自动焊对下料和坡口加工要求较严，要保证组装间隙均匀，且焊前要清除坡口及其两侧 50～60 mm 的锈、油、水等污物，以防止产生气孔。为了防止烧穿，埋弧自动焊的第一道焊缝焊接时，常采用焊剂垫，如图 2-60 所示。

埋弧焊的工艺参数主要有焊丝直径、焊接电流、电弧电压和焊接速度等。这些工艺参数对焊接质量和生产率影响很大。一般电流越大，熔深就越大，生产率越高；电弧电压高，焊缝熔宽就大，可获得合适的焊缝成形系数，以免产生中心线偏析，引起热裂纹。

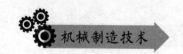

埋弧焊采用滚轮架，使筒体（工件）转动，就可以焊环形焊缝。焊环缝时，为防止熔池金属和熔渣从筒体表面流失，保证焊缝成形良好，焊丝要偏离中心一定距离，一般偏离 20～40 mm，如图 2-61 所示。不同直径的筒体应根据焊缝成形情况确定偏离距离。直径小于 250 mm 的环缝，一般不用埋弧焊。

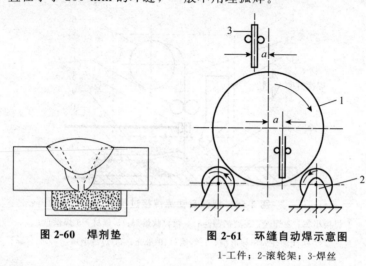

图 2-60　焊剂垫　　　　　　图 2-61　环缝自动焊示意图

1-工件；2-滚轮架；3-焊丝

（3）埋弧自动焊的特点和应用。埋弧自动焊的主要特点是埋弧、自动化和大电流。与手弧焊比，其主要优点如下。

①焊接质量好。焊接过程能够自动控制；各项工艺参数可以调节到最佳数值，焊缝的化学成分比较均匀和稳定；焊缝光洁平整，形状也美观。有害气体难以侵入，熔池金属冶金反应充分，焊接缺陷较少。

②生产率高、成本低。埋弧焊常用电流比手弧焊高 6～8 倍，且节省了换条时间，因此生产率比手弧焊高 5～10 倍。另外，焊接过程中设有焊条头，25 mm 以下厚度的工件可不开坡口，金属飞溅少，且电弧热得到充分利用，从而节省了金属材料与电能。

③劳动条件好。无电弧光，烟雾少，对焊工技术要求也不高，工人劳动强度轻。
④易实现自动化，劳动条件好，强度低，操作简单。

埋弧自动焊的缺点：所需设备较贵，对接头、装配、校正的要求也较严格，且适应性差，通常只适用于焊接水平位置的直缝和环缝，不能空间焊缓和不规则焊缝，对坡口的加工、清理和装配质量要求较高。

埋弧自动焊通常用于碳钢、低合金结构钢、不锈钢和耐热钢等中厚板结构的长直缝、直径大于 300 mm 环绕的平焊。此外，它还用于耐磨、耐腐蚀合金的堆焊、大型球墨铸铁曲轴以及镍合金、铜合金等材料的焊接。目前埋弧自动焊在造船、锅炉、车辆、大桥钢梁和容器制造等工业生产中获得了广泛应用。

2. 气体保护电弧焊

用外加气体作为电弧介质并保护电弧和焊接区的电弧焊，称为气体保护电弧焊

（简称气体保护焊）。保护气体通常有惰性气体（氩气、氦气）和二氧化碳。

（1）氩弧焊。使用氩气作为保护气体的气体保护电弧焊，称为氩弧焊。氩气不溶于液态金属，也不与金属发生化学反应，是一种较理想的保护气体。氩气电离电势高，因此引弧较困难，但氩气热导率小，且是单原子气体，不会因气体分解而消耗能量，降低电弧温度。氩弧一旦引燃，电弧就很稳定。按电极不同，氩弧焊又分为钨极氩弧焊和熔化极氩弧焊两种，如图 2-62 所示。

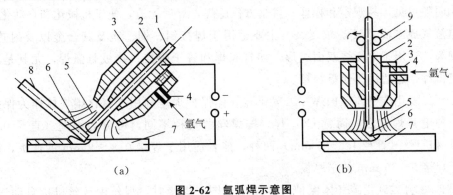

图 2-62 氩弧焊示意图

（a）钨极氩弧焊；（b）熔化极氩弧焊

1-焊丝或电极；2-导电嘴；3-喷嘴；4-进气管；5-氩气流；

6-电弧；7-工件；8-填充焊丝；9-送丝滚轮

钨极氩弧焊又称非熔化极氩弧焊，以高熔点的钨棒为电极，焊接时钨极不熔化。因钨极温度很高，所以发射电子能力强，所需阴极电压小。当采用直流反接时，由于钨极发热量大，钨棒烧损严重，焊缝易产生夹钨。钨极氩弧焊一般不采用直流反接。在焊铝、镁及其合金时，为除去工件表面上有碍焊接的氧化膜，应采用交流电源。当工件处于负半周时，具有"阴极破碎"作用，同时可利用钨极处于负半周时的冷却作用减少钨极烧损。

钨极氩弧焊要加填充金属，填充金属可以是焊丝，也可以在焊接接头中附加填充金属条或采用卷边接头等。填充金属可采用母材的同种金属，有时需要增加一些合金元素在熔池中进行冶金处理，以防止产生气孔等。

钨极氩弧焊虽焊接质量优良，但由于钨极载流能力有限，焊接电流不能太大，所以焊接速度不高，而且一般只适用于焊接厚度为 $0.5\sim4$ mm 的薄板。

熔化极氩弧焊用连续送进的焊丝作为电极，熔化后作为填充金属，可采用较大的电流。熔滴通常呈很细颗粒的"喷射过渡"，生产率比钨极氩弧焊高几倍，适于焊接 $3\sim25$ mm 的中厚板。熔化极氩弧焊的焊丝成分和钨极氩弧焊的焊丝成分一样。熔化极氩弧焊为了使电弧稳定，通常采用直流反接，这对于易氧化合金的工件正好有"阴极破碎"作用。

氩弧焊主要特点如下。

①保护效果好，焊缝金属纯净，焊接质量优良，焊缝成形美观，适于焊接各类合

金钢、易氧化的非铁金属及稀有金属。

②电弧在氩气流的压缩下燃烧，热量集中，焊接速度快，热影响区小，焊后变形较小。

③电弧稳定，特别是小电流时也很稳定，因此容易控制熔池温度及单面焊双面成形。为保证工件背面均匀焊透和焊缝成形，易采用脉冲电流来焊接，这种焊接方法叫作脉冲氩弧焊。

④明弧可见，易观察和操作，可全方位施焊，焊后无渣，便于机械化和自动化。

但氩气成本高，设备较复杂，主要适用于焊接铝、铜、镁及其合金以及耐热钢、不锈钢等，适用于单面焊双面成形，如打底焊和管子焊接；钨极氩弧焊，尤其是脉冲钨极氩弧焊，还适用于薄板焊接。

（2）二氧化碳气体保护焊。二氧化碳气体保护焊是利用二氧化碳气体作为保护气体的一种电弧焊方法，简称 CO_2 焊。按焊丝的直径不同，可分为细丝（直径 0.5～1 mm）和粗丝（直径 1.6～5 mm）两种，前者适用于焊接 0.8～4 mm 的薄板，后者适用于焊接 5～30 mm 的中厚板。

图 2-63 为二氧化碳气体保护焊装置示意图。焊接时，焊丝由送丝机构自动送进，二氧化碳气体除去水分后，经喷嘴沿焊丝周围以一定流量喷出。电弧引燃后，在焊丝末端电弧及熔池被二氧化碳气体所包围，可防止空气对金属的有害作用。

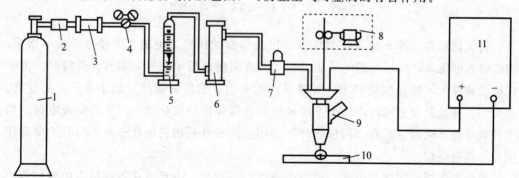

图 2-63　二氧化碳气体保护焊装置示意图

1-CO_2气瓶；2-预热器；3-高压干燥器；4-减压表；5-流量计；6-低压干燥器；
7-电磁气阀；8-送丝机构；9-焊枪；10-工件；11-电源控制箱

二氧化碳气体在高温下会分解出一氧化碳和原子氧，具有一定氧化作用，因此不能用于易氧化的非铁金属的焊接。用于碳钢、低合金钢和不锈钢等焊接时，为补偿合金元素的烧损和防止气孔，应采用含有足够脱氧元素的合金钢焊丝，如 HI08MnSiA、H04Mn2SiTiA、H10MnSiMo 等。由于二氧化碳气流对电弧冷却作用较强，为保证电弧稳定燃烧，均用直流电源。为防止金属飞溅，宜用反接法。

二氧化碳气体保护焊主要特点如下。

①成本低。二氧化碳气体价廉，焊丝又是整圈光焊丝，成本仅为埋弧焊和手弧焊

的 40%左右。

②质量好。电弧在气流压缩下燃烧，热量集中，热影响区小，变形和产生裂纹倾向也较小，适于薄板焊接。

③生产率高。焊丝自动送进，电流密度大，焊接速度快，生产率比手弧焊高 1～3 倍。

④适应性强。明弧可见，易观察与控制；操作灵活，适合全方位焊接。

二氧化碳气体保护焊的缺点在于用较大电流焊接时，飞溅较大，烟雾较多，弧光强烈，焊缝表面不够美观。若控制或操作不当，则易产生气孔，且设备较复杂。

二氧化碳气体保护焊适用于低碳钢和强度级别不高的低合金结构钢焊接，主要用于薄板焊接。单件、小批生产或短的、不规则的焊缝采用半自动二氧化碳气体保护焊（自动送丝，手工移动电弧）。成批生产的长直焊缝和环缝，可采用二氧化碳自动焊。强度级别高的低合金结构钢宜用氩气和二氧化碳混合气体保护焊。

3. 电渣焊

电渣焊是利用电流通过熔融的熔渣时所产生的电阻热来熔化焊丝和焊件的焊接方法。

在重型机械制造中会用到更厚板的焊接，以及采用铸—焊、锻—焊结构制造某些大型机件等情况。这些厚板和大型铸、锻件的焊接，可采用电渣焊，如图 2-64（a）所示，焊接装置如图 2-64（b）所示。

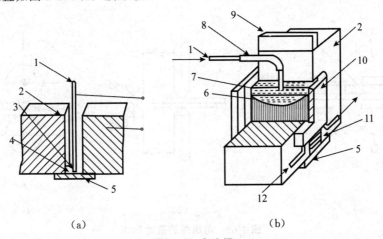

（a）　　　　　　　　　　　（b）

图 2-64　电渣焊

（a）焊接原理；（b）焊接装置

1-焊丝；2-工件；3-焊剂；4-电弧；5-引弧板；6-金属熔池；7-渣池；

8-导电嘴；9-引出板；10-可滑动冷却板；11-焊缝；12-冷却水

电渣焊过程可分为以下三个阶段。

（1）建立渣池。如图 2-64（a）所示，在装配好的两焊件间隙中放入铁屑和少量焊

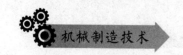

剂，先使电极（焊丝）与引弧板之间产生电弧，利用电弧热熔化焊剂。随后继续添加焊剂，当熔融的焊剂达到一定高度时，此时焊丝浸在熔融的渣池中，电弧熄灭。这时电渣过程开始，电流由焊丝经渣池流向工件。

（2）正常焊接过程。渣池建立后，由于熔渣具有一定的导电性，焊接电流从焊丝经渣池、工件形成一回路。但渣池本身也具有一定的电阻，在电流作用下产生大量的电阻热，可将渣池加热到 1 700～2 000 ℃，从而将焊丝和工件边缘熔化。液态金属的密度比熔渣的大，故下沉形成金属熔池，被冷却滑块强迫冷却，凝固成焊缝。而渣池浮在上部，并继续不断地加热熔化焊丝和工件的边缘。这样随着渣池、熔池不断上升而形成整个焊缝。为保证焊接过程顺利进行，应经常测定渣池深度，均匀地添加焊剂。

（3）焊缝的收尾。在接近焊完时应逐渐减小送丝速度，最好断续几次送丝，以填满尾部缩孔，防止产生裂纹。

由于电渣焊是连续加热，焊缝是一次形成的，渣池上升速度不快，焊缝冷却速度也较慢，所以焊缝结晶粗大，焊后要进行热处理以改善其结晶组织，保证接头的力学性能。

4. 电阻焊

电阻焊是工件组合后通过电极施加压力，利用电流通过接头的接触面及其临近产生的电阻热把工件加热到塑性或局部熔化状态进行焊接的一种方法。

根据接头形式，电阻焊通常分为对焊、点焊和缝焊三种，如图 2-65 所示。

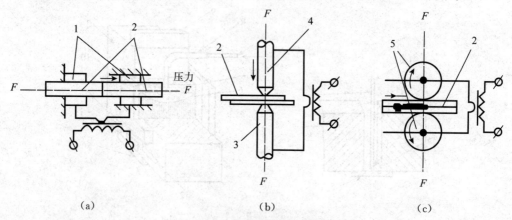

图 2-65　电阻焊的基本形式

(a) 对焊；(b) 点焊；(c) 缝焊

1-铜夹头；2-工件；3-下电极；4-上电极；5-铜电极滚轮

（1）对焊。对焊可用于焊接各种型材、带钢、管子甚至较大的零件，如汽车曲轴等零件。根据工艺过程不同，对焊有两种不同的形式。

①电阻对焊。电阻对焊是将工件夹紧于铜质夹钳中加以初压力，使两工件接头部分端面紧密接触，利用电阻热加热，由于工件接触处电阻最大而散热最慢，该处和附

近金属被加热至塑性及半熔化状态。此时突然增大压力进行顶锻，工件便在压力下形成牢固的接头，如图 2-66 (a) 所示。

对焊时，工件夹固在固定支钳和活动支钳中，移动活动支钳使工件两端面接触良好。因为接触点之间是点接触，所以电阻比其他截面大。当通以大电流时，接头处发出的电阻热最多，温度迅速升高，工件被加热到塑性状态，然后加上较大的轴向力，使接头产生塑性变形，断电冷凝，即可形成牢固的接头。

电阻焊生产率高，焊接变形小，易于实现自动化。但电阻焊设备复杂，设备投资大，所以它适用于成批、大量生产。在自动化生产线（如汽车制造厂的生产线）上应用较多，主要用于直径在 20 mm 以下的低碳钢棒料和管子，以及直径 8 mm 以下的有色金属。

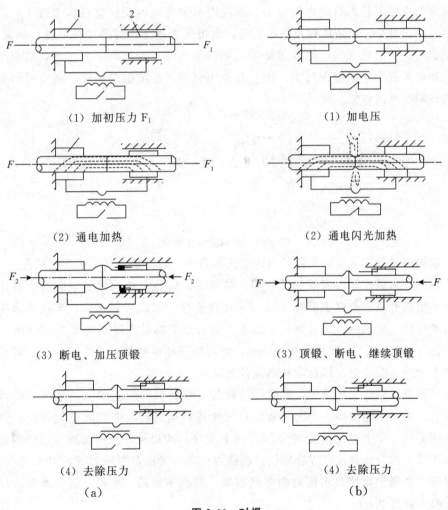

图 2-66　对焊

(a) 电阻对焊；(b) 闪光对焊

1-固定夹钳；2-活动夹钳

②闪光对焊。闪光对焊是将工件在钳口中夹紧后，先接通电源，再使工件缓慢地靠拢接触处端面个别点的接触而产生火花并被加热，其接触面被加热到熔化状态，附近被加热到塑性状态，然后突然加速送进工件并在压力下压紧。这时熔化的金属被全部挤出结合面之外，如图2-66 (b) 所示。

(2) 点焊。点焊是利用电流通过圆柱形电极和搭接的两工件产生电阻热，将工件加热并局部熔化，形成一个熔核（其周围为塑性状态），然后在压力作用下熔核结晶，形成一个焊点，如图 2-67 所示。焊接第二点时，有一部分电流会流经已焊好的焊点，这叫作点焊分流现象。分流会使焊接电流发生变化，影响点焊质量，因此两焊点之间应有一定距离。一般工件厚度越大，材料导电性越强；点焊越小，焊点之间的距离越大。这是因为工件电阻越小，分流现象越严重。

点焊的主要工艺参数是电极压力、焊接电流和通电时间。电极压力过大，接触电流下降，热量减少，可造成焊点强度不足；电极压力过小，板间接触不良，热源虽强，但不稳定，甚至出现飞溅、烧穿等缺陷。如焊接电流不足，则熔深过小，甚至造成末熔化；如电流过大，则熔深过大，则会有金属飞溅，甚至引起烧穿。通电时间对点焊质量的影响与电流相似。

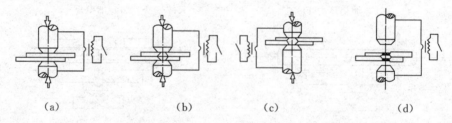

（a）　　　　　　（b）　　　　　　（c）　　　　　　（d）

图 2-67　点焊的焊接过程

影响焊点质量的主要因素除了点焊工艺参数外，焊件表面状态影响也很大。

点焊前必须清理焊件表面的氧化膜、油污等，以免工件间接触电阻过大而影响点焊质量和电极寿命。点焊主要用于薄板冲压件连接，如汽车驾驶室、车箱等薄板与型钢构架的连接，金属网、交叉钢筋等接头。适合点焊的最大厚度为 2.5～3 mm，小型构件可达 5～6 mm，特殊情况为 10 mm，可焊钢筋和棒料的直径达 25 mm。此外，还可焊接不锈钢、铜合金、铝合金和铝镁合金等。

(3) 缝焊。缝焊又称滚焊，其焊接过程与点焊相似，但所用电极是两只旋转的导电滚轮。工件在滚轮带动下前进。通常是滚轮连续地旋转，电流间歇地接通，因此在两工件间形成一个个彼此重叠（约50％以上重叠）的焊核，从而形成连续的焊缝。缝焊时由于很大的分流通过已焊合部位，故缝焊电流一般比点焊高15％～40％。

缝焊主要用于焊接要求密封的薄壁容器，如汽车油箱、水箱、消声器等，焊件的厚度一般不超过 3 mm。

5. 钎焊

钎焊是将熔点比被焊金属熔点低的焊料（钎料）与工件一起加热，当加热到高于钎料熔点、低于母材熔点的温度时，利用液态钎料润湿母材并填充被焊处的间隙，依靠液态钎料和固态被焊金属的相互扩散而实现金属连接的焊接方法。

与一般焊接方法相比，钎焊的加热温度较低，焊接时工件不熔化。一般说来，焊后接头附近母材的组织和性能变化不大，应力和变形较小，接头平整光滑，对材料的组织和性能影响很小，易于保证焊件尺寸。钎焊还能实现异种金属甚至金属与非金属的连接。由于这些特点，钎焊可焊钢铁、非铁金属，也适用于性能相差较远的异种金属的焊接，所以钎焊在电工、仪表、航空等机械制造业中得到广泛应用。

钎焊过程中用使用熔剂，其作用是清除液态钎料和焊件表面的氧化膜，改善钎料的湿润性，使钎料易于在焊接接头处铺平，并保护焊接过程免于氧化。

根据钎料熔点和接头强度不同，钎焊可分为软钎焊和硬钎焊两种。

（1）钎料。按熔点不同，钎料可分为易熔钎料和难熔钎科两大类。

①易熔钎料。软钎焊所用钎料熔点低于 450 ℃，接头强度低于 70 MPa。钎料是锡铅钎料、锌锡钎料、锌锅钎料等，溶剂采用松香、氮化锌、磷酸等。软钎焊适用于受力不大、工作温度不高的工件的焊接，如仪表、电真空器件、电机件和导线等的钎焊。焊接时常用烙铁加热。

②难熔钎料。硬钎焊所用钎料熔点高于 450 ℃，接头强度可达 500 MPa。常用的钎料有铜锌钎料、铜磷钎料、银基钎料、铝基钎料等。硬钎焊时所用熔剂通常部含有硼酸、硼砂，有的还加入某些氮化物。用铝基钎料时，熔剂中含有多量的氟化物和氮化物。硬钎科的熔点较高，钎焊时常用的加热方法有火焰加热、炉内加热、高频感应加热、盐溶加热和接触加热等。

（2）钎焊方法。

①焊件去膜。大气中的金属表面都覆盖着一层氧化膜。氧化膜的存在会使液态钎料不能浸润工件而难于焊接，因此必须设法清除。常用的去膜法有钎剂去膜法（如锡焊时采用松香、铜焊时采用硼园或硼砂）和机械去膜法（如利用器械刮除）。

②接头形式。钎焊接头的强度往往低于钎焊金属的强度，因此钎焊常采用搭接接头形式。依靠增大搭接面积，可以在接头强度低于钎焊金属强度的条件下，达到接头与焊件具有相等的承裁能力的目的。另外，它的装配要求也比较简单。

（3）加热方法。

①烙铁加热。利用烙铁头积聚的热量来熔化钎料并加热工件钎焊部位。烙铁钎焊只适用于软钎料焊接薄件和小件，多用于电工、仪表等线路连接。烙铁钎焊一般采用针剂去膜。

②火焰加热。利用可燃性气体或液体燃料燃烧所形成的火焰来加热焊件和熔化钎科。这种加热方法常用于银基和铜基钎料、钎焊碳钢、低合金钢、不锈钢、铜和铜合金的薄壁和小型焊件。火焰钎焊主要由手工操作，对工人的技术水平要求较高。

③电阻加热。依靠电阻热加热焊件和熔化钎料，并在压力作用下完成焊接过程。电阻钎焊加热迅速、生产率高，易于实现自动化，但接头尺寸不能太大。目前主要用

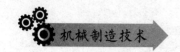

于钎焊刀具、带锯、导线端、各种电触点，以及集成电路块和晶体管等元件的焊接。

由于钎焊接头的承载能力与接头处接触面积有关，所以其接头常用搭接形式。常用的接头形式如图 2-68 所示。

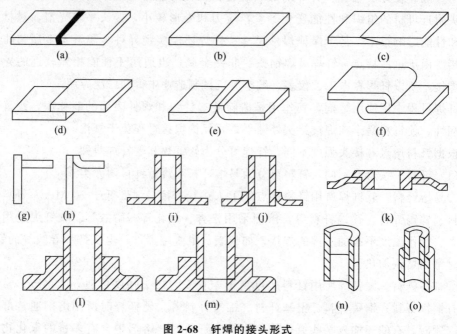

图 2-68　钎焊的接头形式

钎焊时，焊前对钎焊处的清洁和装配工作要求较高；残余熔剂有腐蚀作用，焊后必须仔细清洗。

三、焊接变形

（一）焊接变形的基本形式

焊接变形根据其特征和产生原因大致分为五种基本形式，如图 2-69 所示。实际生产中的焊接变形可能是其中的某一种形式，也可能是由这些基本变形组合而成的复杂变形。

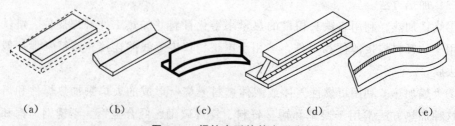

图 2-69　焊接变形的基本形式

（a）收缩变形；（b）角变形；（c）弯曲变形；（d）扭曲变形；（e）波浪变形

1. 收缩变形 (尺寸收缩)

收缩变形指焊接后焊件纵向 (顺焊缝方向) 和横向 (垂直于焊缝方向) 尺寸的缩短。这是由焊缝纵向和横向收缩所引起的, 如图2-69 (a) 所示。

2. 角变形

由于焊缝截面上、下不对称, 焊缝横向收缩沿板厚方向分布不均匀, 使板绕焊缝转一角度, 如图2-69 (b) 所示。此变形易发生于中、厚板焊件V形破口对接焊接中。

3. 弯曲变形

丁字梁焊接时, 因焊缝布置不对称不均匀, 沿缝纵向收缩而产生, 如图2-69 (c) 所示。

4. 扭曲变形

由于焊缝在构件横截面上布置的不对称或焊接工艺不合理, 焊前装配质量不好, 都可能产生扭曲变形, 如图2-69 (d) 所示。

5. 波浪变形

又称翘曲变形, 薄板焊接时, 因焊缝区的收缩产生的压应力使板件刚性失稳而形成, 如图2-69 (e) 所示。

(二) 预防和消除焊接残余应力

焊接时构件和接头受不均匀加热或冷却, 同时受结构本身或外加的刚性约束的作用, 使焊接接头产生不均匀的塑性变形, 导致焊接过程中产生焊接应力, 出现焊接裂纹, 使构件承载能力下降, 以至部件破坏。

为了减小焊接变形, 预防和消除焊接残余应力, 防止裂纹出现, 必须从设计上和工艺上采取措施。减小焊接残余应力的措施主要有以下几个。

(1) 焊接结构设计尽可能减少焊缝、数量、长度和截面尺寸, 要避免焊缝密集交叉, 减少焊接局部加热, 从而减小焊接残余应力。

(2) 焊接前对焊件的全部或局部进行预热, 可以减小工件各部分温差, 降低焊后焊件的冷却速度, 也能减小焊接残余应力。

(3) 采取合理焊接顺序, 使焊缝能较自由收缩, 以减小焊接残余应力, 如图2-70所示。

(4) 采用小能量焊接时, 焊接残余应力也较小。

(5) 每焊完一道焊缝, 立即均匀锤击焊缝使金属伸长, 也能减小焊接残余应力。

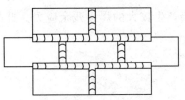

图2-70 拼焊时的焊接顺序

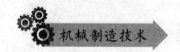

在实际生产中，消除焊接残余应力最常用、最有效的方法是消除应力退火（高温回火）。这是利用材料在高温时屈服强度下降和蜕变现象，达到松弛焊接残余应力的目的。通常把焊件缓慢加热到 600～650 ℃，保温一定时间，再随炉缓慢冷却。这种方法可以消除残余应力 80%～90%。消除应力可以是整体加热退火，也可以局部加热退火。

（三）防止及矫正焊接变形

在实际生产中，为了防止和减少焊接变形，设计时尽可能采用合理的结构形式，焊接时采取必要的工艺措施。防止焊接变形的措施主要有以下几个。

1. 进行合理的结构设计

（1）在保证结构有足够承载能力下，尽量减少焊缝数量、长度和截面尺寸，厚的工件尽可能使坡口形式对称。

（2）使结构中所有焊缝尽量处于对称位置，避免密集或交叉。

（3）尽量利用型材，冲压件代替板材拼焊，以减少焊缝数量，减少变形。

2. 采取必要的工艺措施

（1）反变形法　一般按测定或经验估计的焊接变形方向和数量，在组装时使工件反向变形，以抵消焊接变形，如图 2-71 所示。

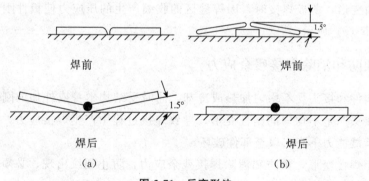

图 2-71　反变形法

（a）产生角变形；（b）采用反变形法

（2）加余量法。在工件上加上一定的收缩余量以补足焊后的收缩，通常加 0.1%～0.2% 来抵消焊缝尺寸收缩。

（3）刚性固定法。焊接前将焊件刚性固定（图 2-72），限制产生焊接变形。但这样会产生较大的焊接残余应力。此外，组装时的定位焊也是防止焊接变形的一个措施。

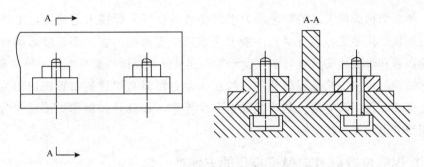

图 2-72　刚性固定法

（4）选择合适的焊接顺序。如构件的对称两侧都有焊缝，应设法使两侧焊缝的收缩量互相抵消或减弱；采用多层多道焊等方法都能减小焊接变形。

3. 焊接变形的矫正方法

矫正焊接变形的方法有机械矫正法和火焰矫正法两种。矫正变形的基本原理是产生新变形抵消原来的焊接变形。

（1）机械矫正法。它是用机械加压或锤击的冷变形方法产生塑性变形来矫正焊接变形。对塑性好、形状较简单的焊件，常采用辊床、压力机、矫直机等进行机械矫正。

（2）火焰加热矫正法。其原理与机械矫正法相反，它是利用火焰在焊件适当部位加热，加热后的冷却收缩时产生与焊接变形相反的变形，抵消该部分已产生的伸长变形。对塑性差、刚性大的复杂焊件，多采用局部火焰加热矫正法，使焊件产生与焊接变形方向相反的新的变形，以抵消原来的变形。对某些焊件，把这两种方法结合使用，效果更佳。

火焰加热矫正的加热温度一般为 600～800 ℃。加热部位必须正确。图 2-73 为火焰加热矫正丁字梁变形实例。丁字梁焊后可能产生角变形、上拱变形和侧弯变形。一般先矫正角变形，再矫正向上供变形，最后矫正侧弯变形。在矫正侧弯变形时，可能再次产生上供变形，则需反复矫正，直到符合要求为止。

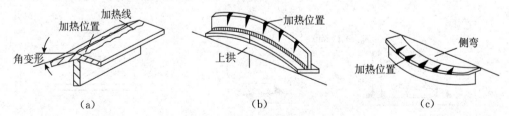

图 2-73　焊接变形的基本形式

（a）角变形矫正；（b）上拱变形矫正；（c）侧弯变形矫正

四、焊接结构的工艺性

焊接结构的工艺设计要根据结构的使用要求，包括一定的形状、工作条件和技术

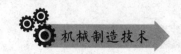

要求等。考虑结构焊接工艺的要求，力求焊接质量良好，焊接工艺简便，生产成本低廉。进行焊接结构的工艺设计时，一般要考虑三个方面的内容，即焊接结构材料的选择、焊缝布置和焊接接头及坡口形式设计等。这里仅对焊接接头方面作一简单介绍：

焊接结构的焊接工艺是否简便和焊接接头是否可靠与焊缝的布置密切相关。焊缝布置是否合理，直接影响构件的焊接质量和生产率。在设计和制作焊接结构时，焊缝的布置应当考虑以下一些原则。

（一）焊缝位置应考虑焊接操作的方便性

为保证焊接质量，提高生产率，减轻焊工的劳动强度，焊缝的布置应考虑便于操作，各种位置的焊缝.其操作难度不同。以焊条电弧焊焊缝为例，其中平焊操作最方便，易于保证焊接质量，是焊缝位置设计中的首选方案，立焊、横焊位置次之，仰焊位置施焊难度最大，不易保证焊接质量。图 2-74 所示焊接结构应考虑必要的操作空间，保证焊条能伸到焊接部位；点焊和缝焊时，要求电极能伸到待焊位置，如图 2-75 所示。应避免在不大的容器内施焊；应尽量避免仰焊缝，减少立焊缝。

（二）避开应力最大或应力集中部位

焊接接头是焊接结构的薄弱环节，应避开最大应力或应力集中的部位。

（1）尽量减少焊缝数量及长度，缩小不必要的焊缝截面尺寸。设计焊件结构时，可通过选取不同形状的型材、冲压件来减少焊缝数量。如图 2-76 所示的箱式结构，若用平板拼焊需四条焊经，若改用槽钢拼焊需两条焊缝，焊缝数量的下降，既可减少焊接应力和变形，又可提高生产率。

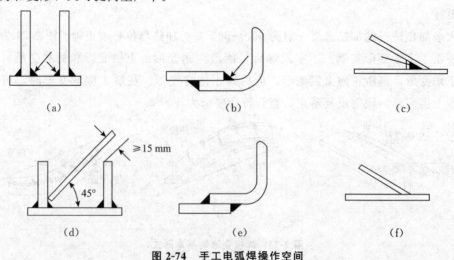

图 2-74　手工电弧焊操作空间

(a)、(b)、(c) 不合理；(d)、(e)、(f) 合理

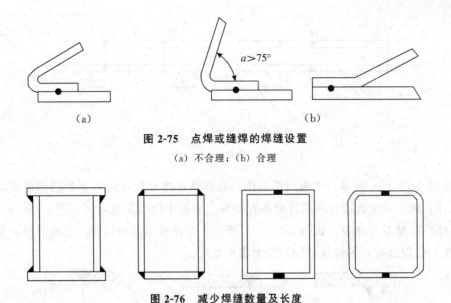

图 2-75　点焊或缝焊的焊缝设置

（a）不合理；（b）合理

图 2-76　减少焊缝数量及长度

　　焊缝截面尺寸的增大会使焊接变形量随之加大。但过小的焊缝截面尺寸，又可能降低焊件结构强度，且截面过小焊缝冷却过快易产生缺陷。因此在满足焊件使用性能前提下，应尽量减少不必要的焊缝截面尺寸。

　　（2）焊缝布置应尽量对称。当焊缝布置对称于焊件截面中心轴或接近中心轴时，可使焊接中产生的变形相互抵消而减少焊后总变形量。焊缝位置对称分布在梁、柱、箱体等结构的设计中尤其重要。如图 2-77（a）所示，焊缝布置在焊件的非对称位置，会产生较大弯曲变形，不合理；如图 2-77（b）和图 2-77（c）所示，将焊缝对称布置，均可减少弯曲变形。

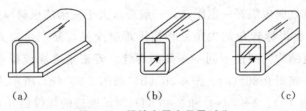

图 2-77　焊缝布置应尽量对称

（a）不合理；（b）、（c）合理

　　（3）焊接接头避开最大应力或应力集中的部位。焊接接头是焊接结构的薄弱环节，应避开最大应力或应力集中的部位。图 2-78（a）所示为简支梁焊接结构，不应该把焊缝设计在梁的中部；如图 2-78（b）所示为改进的焊缝布置方案比较合理。

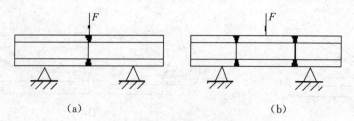

图 2-78　避开最大应力部位

(a) 不合理；(b) 合理

如图 2-79 (a) 所示，平板封头的压力容器将焊缝布置在应力集中的拐角处，如图 2-79 (b) 所示，无折边封头将焊缝布置在有应力集中的接头处，所以图 2-79 (a) 和图 2-79 (b) 都是不合理的。如图 2-79 (c) 所示为焊件采用碟形封头（或椭圆形封头、球形封头）使焊缝避开了焊接结构的应力集中部位。

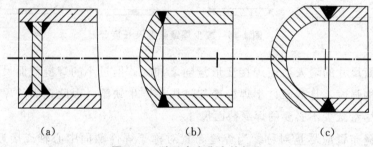

图 2-79　避开应力集中的部位

(a) 平板封头；(b) 无折边封头；(c) 蝶形封头

(4) 避免密集与汇交。焊缝密集或交叉会使接头处严重过热，导致焊接应力与变形增大，甚至开裂，降低焊接结构使用过程中的可靠性。布置焊缝时应力求避免密集与汇交。两条焊缝之间应隔开一定距离，一般要求大于三倍的板材厚度，且不小于 100 mm。处于同一平面焊缝转角的尖角处相当于焊缝交叉，易产生应力集中，应尽量避免，改为平滑过渡结构。即使不同一平面的焊缝，若密集堆垛或排布在一列都会降低焊件的承载能力。如图 2-80 (a)、图 2-80 (b) 和图 2-80 (c) 所示为拼焊结构焊缝布置密集；如图 2-80 (d)、2-80 (e) 和 2-80 (f) 所示改进的焊缝错开方案增加了焊接结构的使用可靠性。

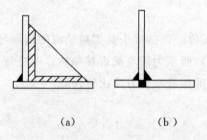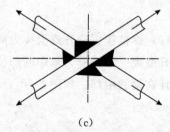

(a)　　　　　　　　(b)　　　　　　　　(c)

—— 112 ——

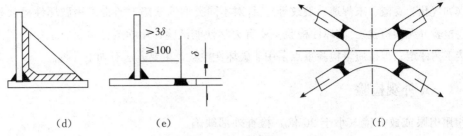

（d）　　　　　　（e）　　　　　　　　　　（f）

图 2-80　避免焊缝密集

（a）、（b）、（c）不合理；（d）、（e）、（f）合理

压力容器的焊缝汇交易在汇交处形成焊接缺陷，如图 2-81（a）所示；改进焊接方案图后，焊缝交叉布置使产品的使用可靠性增加如图 2-81（b）所示。

（5）避开加工部位。焊缝应避开已加工部位，如图 2-82 所示。这不但要避开已机械加工的表面，更主要的是避开冷作硬化部位。

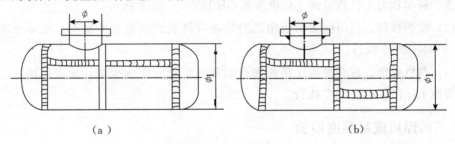

（a）　　　　　　　　　　　　　　　（b）

图 2-81　避免焊缝交汇

（a）不合理；（b）合理

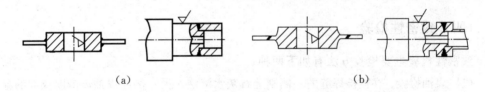

（a）　　　　　　　　　　　　　　　（b）

图 2-82　焊缝远离机械加工的表面

（a）不合理；（b）合理

五、焊接质量的检验

焊接质量检验过程贯穿于焊接生产的始终，包括焊前检验、焊接生产过程中的检验和焊后成品检验。焊前检验主要内容有原材料检验、技术文件、焊工资格考核等。焊接过程中的检验常以自检为主，主要是检查各生产工序的焊接规范执行情况，以便发现问题及时补救。焊后成品检验是焊接质量最后的评定，包括无损检验（X 光检验、超声波检验等）、焊后成品强度试验（水压试验、气压试验等）、致密性检验（煤油试验、吹气试验等）。

焊接缺陷包括外部缺陷（如外形尺寸不合格、弧坑、焊瘤、咬边、飞溅等）和内部缺

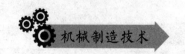

陷（如气孔、夹渣、未焊透、裂纹等）。针对不同类型的缺陷，通常采用破坏性检验和非破坏性检验（无损检验）。破坏性检验主要有力学性能试验、化学成分分析、金相组织检验和焊接工艺评定。焊接质量检验重点采用非破坏性检验，主要方法有如下几种。

（一）外观检验

用肉眼或放大镜（小于 20 倍）检查外部缺陷。

（二）无损检验

主要有射线探伤、超声波探伤、磁粉探伤、着色探伤等。

（1）射线探伤。借助射线（X 射线、γ 射线或高能射线等）的穿透作用检查焊缝内部缺陷，通常用照相法。质量评定标准依照 JB/T 9217—1999 执行。

（2）超声波探伤。利用频率在 20 000 Hz 以上的超声波的反射，检测焊缝内部缺陷的位置、种类和大小。质量评定标准依照 GB 11345—2013 执行。

（3）磁粉探伤。利用漏磁场吸附磁粉检查焊缝表面或近表面缺陷。质量标准依照 JB/T 4730—2005 执行。

（4）着色探伤。借助渗透性强的渗透剂和毛细管的作用检查焊缝表面缺陷。质量标准依照 JB/T 4730—2005 执行。

（三）焊后成品强度检验

焊后成品强度检验主要是水压试验和气压试验，用于检查压力容器、压力管道等焊缝接头的强度。具体检验方法依照有关标准执行。

（四）致密性检验

致密性检验主要检验方法有如下两种。

（1）煤油检验。在被检焊缝的一侧刷上石灰水溶液，另一侧涂煤油，借助煤油的穿透能力，若有裂缝等穿透性缺陷，石灰粉上呈现出煤油的黑色斑痕，据此发现焊接缺陷。

（2）吹气检验。在焊缝一侧吹压缩空气，另一侧刷肥皂水，若有穿透性缺陷，该部位便出现气泡，即可发现焊接缺陷。

上述各种检验方法均可依照有关产品技术条件、有关检验标准和产品合同的要求进行。

思考练习

1. 什么是液态合金的充型能力？合金流动性不好对铸件质量有何影响？

2. 何谓合金的收缩？影响合金收缩的因素有哪些？为什么铸铁的收缩比铸钢小？

3. 合金收缩由哪三个阶段组成？各会产生哪些铸造缺陷？

4. 顺序凝固原则、同时凝固原则的应用场合，工艺措施及各自的优缺点是什么？

5. 冒口的作用是什么？冷铁的作用与冒口的作用有何不同？

6. 压力铸造有何优点？它与熔模铸造的适用范围有何显著不同？

7. 金属型铸造和砂型铸造相比，在生产方法、造型工艺和铸件结构方面有何特点？适用何种铸件？

8. 浇注系统由哪几部分组成？浇注系统的作用是什么？

9. 简述铸件质量对铸件结构的要求。

10. 什么是自由锻造？它有何优、缺点？适合于何种场合使用？

11. 自由锻造有哪些基本工序？叙述其主要应用范围。

12. 如何确定分模面的位置？为什么模锻生产中不能直接做出通孔？

13. 什么是开式模锻？什么是闭式模锻？各自应用在什么场合？

14. 为什么说胎模锻只适用于小批量生产？

15. 板料冲压有哪些特点？主要的冲压工序有哪些？

16. 根料冲压工序中的剪切和冲裁、冲孔和落料有什么异同？

17. 焊接能否全部代替铆接，为什么？

18. 焊接方法可分为哪三大类？各有何特点？

19. 焊条药皮有何作用？如何选择焊条？

20. 焊接电弧是怎样产生的？它由几部分组成？热量分布如何？正、反接法在生产中有何实际意义？

21. 如何防止焊接变形？矫正焊接变形的方法有哪几种？

22. 结构钢焊条如何选用？试给下列钢材工件选用焊条（写出牌号），并说明理由。Q235、30、45、Q345（16Mn）。

23. 如图 2-83 所示的焊缝是否合理？不合理则加以改正。

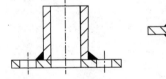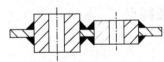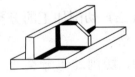

图 2-83　题 23 图

24. 如图 2-84 所示焊接结构有何缺点？应如何改进？

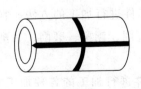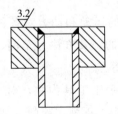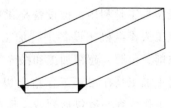

图 2-84　题 24 图

第三章 金属切削加工

第一节 金属切削加工的基础知识

一、切削运动及切削要素

（一）机械制造中的加工方法分类

根据在加工过程中生产对象的质量变化，可将机械制造的加工方法分为三类，如图 3-1 所示。

$$\begin{cases} \text{材料去除加工} \begin{cases} \text{切削加工：利用切削刀具从工件上切除多余材料} \\ \text{特种加工：利用机械能以外的其他能量直接去除材料} \end{cases} \\ \text{材料成形加工：如铸造、锻造、挤压、粉末冶金等} \\ \text{材料累积：利用微体积材料逐渐叠加的方式使零件成形} \end{cases}$$

图 3-1 机械制造加工方法分类

（二）切削加工的分类及特点

1. 切削加工分类

切削加工是利用切削工具从工件上切去多余材料的加工方法。通过切削加工，使工件变成符合图样规定的形状、尺寸和技术要求的零件。切削加工分为机械加工和钳工加工两大类。

机械加工是利用机械设备提供的运动和动力对各种工件进行加工的方法。它一般是通过工人操纵机床设备进行加工的，其方法有车削、铣削、刨削、磨削、钻削、镗削、拉削、珩磨、超精加工和抛光等。

钳工加工是在钳工工作台上以手工工具为主，对工件进行加工的各种加工方法。钳工的工作内容一般包括划线、錾削、锯削、锉削、刮削、研磨、钻孔、扩孔、铰孔、攻螺纹、套螺纹、机械装配和设备修理等。对于有些工作，机械加工和钳工加工并没有明显的界限，例如钻孔和铰孔、攻螺纹和套螺纹，二者均可进行。

随着加工技术的发展和自动化程度的提高，目前钳工加工的部分工作已被机械加工所替代，机械装配也在一定范围内不同程度地实现机械化和自动化，而且这种替代现象将会越来越多。本章主要介绍常用的机械加工方法。

尽管如此，钳工加工因加工灵活、经济、方便，而且更容易保证产品的质量等优点，不会被机械加工完全替代，将永远是切削加工中不可缺少的一部分。

2. 切削加工的特点和作用

切削加工具有如下主要特点。

（1）切削加工的精度和表面粗糙度的范围广，且可获得很高的加工精度和很低的表面粗糙度。目前，切削加工的尺寸公差等级为 IT12～IT3，甚至更高；表面粗糙度 Ra 值为 25 ～0.008 μm，其范围之广，精密程度之高，是目前其他加工方法难于达到的。

（2）切削加工零件的适应范围较大。切削加工多用于金属材料的加工，如各种碳钢、合金钢、铸铁、有色金属和其合金等；也可用于某些非金属材料的加工，如石材、木材、塑料和橡胶胶等；对于零件的形状和尺寸一般不受限制，只要能在机床上实现装夹，大都可进行切削加工；且可加工常见的各种表面，如外圆、内孔、锥面、平面、螺纹、齿形及空间曲面等。切削加工零件重量的范围很大，重的可达数百吨，轻的只有几克。

（3）切削加工的生产率较高。在常规条件下，切削加工的生产率一般高于其他加工方法。

（4）切削过程中存在切削力，对刀具和工件都有一定的性能要求。

正是因为前三个特点和生产批量等因素的制约，在现代机械制造中，除少数采用精密铸造、精密锻造，以及粉末冶金和工程塑料压制成形等方法直接获得零件外，绝大多数机械零件要靠切削加工成形。因此，切削加工在机械制造业中占有十分重要的地位，目前占机械制造总工作量的 40％～60％。它与国家整个工业的发展紧密相连，起着举足轻重的作用。完全可以说，没有切削加工，就没有机械制造业。

正是因为上述第四个特点，限制了切削加工在细微结构和高硬高强等特殊材料加工方面的应用，从而给特种加工留下了生存和发展的空间。

（三）零件表面的成形方法及机床的运动

1. 零件的分类

组成机械产品的各种零件，虽然因其功用、形状、尺寸和精度等因素的不同而千变万化，但按其结构一般可分为轴类、套类、轮盘类、支架类、箱体类、机身机座类等。由于每一类零件不仅结构相似，加工工艺也有许多共同之处，所以将零件分类有利于学习和掌握各类零件的加工工艺特点。

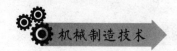

2. 零件表面的成形方法

切削加工的对象虽然是零件，但具体切削的却是零件上的一个个表面。组成零件常见的表面有外圆、内孔、锥面、平面、螺纹、齿形、成形面和各种沟槽等。切削加工的目的之一就是要用各种切削方式在毛坯上加工出这些表面。

零件表面可以看作是一条线（称为母线）沿另一条线（称为导线）运动的轨迹。母线和导线统称为形成表面的发生线，如图 3-2 所示。

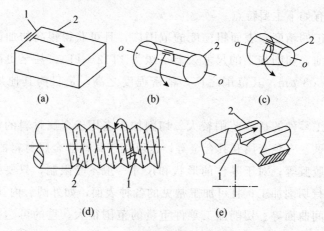

图 3-2　零件轮廓的几何表面

（a）平面；（b）圆柱面；（c）圆锥面；（d）螺旋面；（e）成型曲面

1-母线；2-引导线

因此，切削加工中表面成形方法有如下四种。

（1）轨迹法：靠刀尖的运动轨迹来形成所需要表面形状的方法，如图 3-3（a）所示。

（2）成形法：利用成形刀具来形成发生线，对工件进行加工的方法，如图 3-3（b）所示。

（3）相切法：由圆周刀具上的多个切削点来共同形成所需工件表面形状的方法，如图 3-3（c）所示。

（4）展成法：利用工件和刀具作展成切削运动来形成工件表面的方法，如图 3-3（d）所示。

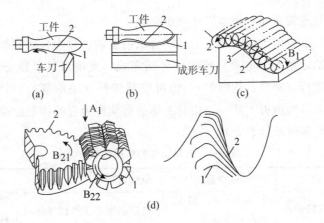

图 3-3　表面成形方法

（a）轨迹法；（b）成形法；（c）相切法；（d）展成法

3. 机床的运动

由金属切削机床提供的运动，根据其作用不同可分为切削运动和辅助运动。

（1）切削运动。金属切削机床上，用刀具将工件上多余（或预留）的金属切除，以获得所需要的几何形状和表面的加工方法称为金属切削加工。在金属切削加工过程中，由金属切削机床提供的刀具与工件间的、具有一定规律的相对运动称为切削运动。根据切削运动在切削加工过程中所起的作用，可将切削运动分为主运动和进给运动，如图 3-4 所示。

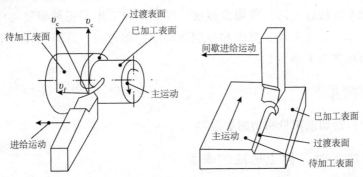

图 3-4　切削运动及工件上的表面

①主运动。使刀具切入工件，将被切削金属层转变为切屑，以形成工件新表面的刀具与工件间的相对运动称为主运动。主运动具有消耗功率最高、速度最高的特点。如在车床上，工件的回转运动；铣床（或钻、镗床）上，刀具的回转运动；刨床上，刀具（工件）的往复直线运动等。一般来说，机床的主运动只有一个。

②进给运动。进给运动是将被切削金属层连续或间断地投入切削的一种运动。进给运动的特点是消耗功率较低、速度较慢。如车削外圆时，刀具平行于工件轴线方向的移动；刨削时，刀具或工件的横向移动等。切削加工中，进给运动可以有一个、两

个或多个；可以是连续运动，也可以是间歇运动。

③合成切削运动。由主运动和进给运动合成的运动，称为合成切削运动。

主运动和进给运动可以由刀具或工件分别完成，或由刀具单独完成。主运动和进给运动可以同时进行（车削、铣削等），也可交替进行（刨削等）。当主运动与进给运动同时进行时，刀具切削刃上某一点相对工件的运动称为合成切削运动。

常见机床的切削运动见表 3-1。

表 3-1　常见机床的切削运动

机床名称	主运动	进给运动	机床名称	主运动	进给运动
卧式车床	工件旋转运动	车刀纵向、横向、斜向直线移动	龙门刨床	工件往复移动	刨刀横向、垂向、斜向间歇移动
钻床	钻头旋转运动	钻头轴向移动	外圆磨床	砂轮高速旋转	工件转动，同时工件往复移动，砂轮横向移动
卧铣、立铣	铣刀旋转运动	工件纵向、横向直线移动〔有时也作垂直方向移动）	内圆磨床	砂轮高速旋转	工件转动，同时工件往复移动，砂轮横向移动
牛头刨床	刨刀往复移动	工件横向间歇移动或刨刀垂向、斜向间歇移动	平面磨床	砂轮高速旋转	工件往复移动，砂轮横向、垂向移动

（2）辅助运动。除了上述表面成形运动之外，为完成工件加工，机床还必须具备与形成发生线不直接有关的一些辅助运动，以实现加工中的各种辅助动作。辅助运动主要有切入运动、分度运动、操纵和控制运动等。如进刀、退刀和让刀等。在普通机床上，辅助运动多为手动。

（四）切削要素

切削要素包括切削用量和切削层参数。

1. 切削加工时工件上形成的表面

在切削加工过程中，随着金属层不断被切除，工件上有以下三个不断变化的表面。

（1）已加工表面。工件上经刀具切除金属层后所形成的新表面。

（2）待加工表面。工件上有待于切除的那部分金属层的表面。

（3）过渡表面。切削刃正在切削的表面，是已加工表面与待加工表面间的过渡表面。

在切削加工过程中，三个表面始终处于不断的变动之中，前一次走刀的已加工表面，即为后一次走刀的待加工表面；过渡表面则随进给运动的进行不断被刀具切除。

2. 切削用量三要素

切削用量是切削过程中的切削速度、进给量和背吃刀量的总称。由于它们是切削过程中不可缺少的因素，所以又称为切削用量三要素。

在切削加工中，合理选择切削用量，可以保证加工质量，提高加工效率，降低成本。切削用量三要素如图3-5所示。

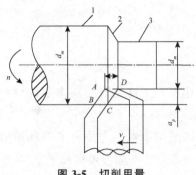

图3-5 切削用量

（1）切削速度 v_c。一般用主运动的线速度来表示，即过切削刃选定点，相对于工件在主运动方向上的线速度。

当主运动为回转运动时，可用如下公式计算

$$v_c = \frac{\pi dn}{1\,000}$$

式中　v_c—切削速度（m/min）；

　　　d—工件或刀具上某一点的回转直径（mm）；

　　　n—工件或刀具的转速（r/min）。

在转速 n 一定时，切削刃上各点处的切削速度不同。在计算时，取最大的切削速度。

（2）进给量 f。刀具与工件在进给运动方向上的相对位移量，可用刀具或工件的每转位移量或每行程位移量来表示。当主运动为回转运动时，f 的单位为 mm/r（毫米/转）；对于刨削、插削等主运动为往复直线运动的加工，f 的单位为 mm/d·str（毫米/双行程）；对于铣刀、铰刀、拉刀、齿轮滚刀等多刃切削刀具，可规定每齿进给量，单位是 mm/z（毫米/齿）。

在铣削加工中，对进给量的表示方法有三种，即每转进给量 f_r（mm/r）、每齿进给量 f_z（mm/z）和每分钟进给量 v_f（即进给速度，单位 mm/min），它们之间关系如下

$$v_f = f_r \cdot n = f_z \cdot z \cdot n$$

式中　n—转速（r/min）；

　　　z—铣刀齿数。

（3）背吃刀量 a_p。工件上已加工表面与待加工表面间的垂直距离，称为背吃刀量。

外圆柱表面车削的背吃刀量可用下式计算：

$$a_p = \frac{d_\omega - d_m}{2}(\text{mm})$$

对于钻孔

$$a_p = \frac{d_m}{2}(\text{mm})$$

式中　d_m—已加工表面直径（mm）；

　　　d_ω—待加工表面直径（mm）。

3. 切削层参数

在主运动和进给运动作用下，工件将有一层多余的材料被切除，这层多余的材料称为切削层，如图3-6所示。

切削层的截面尺寸称为切削层参数。它决定了刀具切削部分所承受的负荷和切屑尺寸的大小，通常在与主运动垂直的平面内观察和度量。

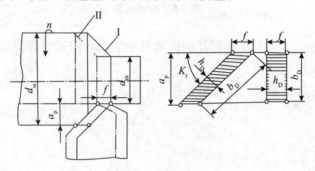

图 3-6　切削层参数

纵车外圆时切削层尺寸可用以下三个参数表示。

（1）切削公称厚度，是垂直于切削刃的方向上度量的切削刃两瞬时位置过渡表面间的距离。

$$h_D = f \cdot \sin\kappa_r$$

（2）切削层公称宽度，是沿切削刃方向度量的切削层截面的尺寸。

$$b_D = \frac{a_p}{\sin\kappa_r}$$

（3）切削层公称横截面面积，是切削层横截面的面积。

$$A_D = b_D \cdot h_D = f \cdot a_p$$

二、金属切削机床的分类与型号编制方法

（一）机床的分类

金属切削机床是利用金属切削刀具将毛坯加工成具有一定形状、尺寸、相对位置

和表面质量要求的零件的机器。它提供切削加工中所需的刀具与工件间的相对运动及动力，是机械制造业的主要加工设备。

机床主要是按加工方法和所用刀具进行分类，根据国家制订的机床型号编制方法（GB/T 15375—2008），将机床分为以下 11 大类。车床、钻床、镗床、磨床、齿轮加工机床、螺纹加工机床、铣床、刨插床、拉床、特种机床、锯床和其他机床。磨床因品种较多，故又细分为 3 类。机床的类别与分类代号见表 3-2。

表 3-2　机床的类别与分类代号

类别	车床	钻床	镗床	磨床			齿轮加工机床	螺纹加工机床	铣床	刨插床	拉床	锯床	其他机床
代号	C	Z	T	M	2M	3M	Y	S	X	B	L	G	Q
读音	车	钻	镗	磨	二磨	三磨	牙	丝	铣	刨	拉	割	其他

在每一类机床中，又按工艺范围、布局型式和结构性能为若干组，每一组又分为若干个系（系列）。

除上述基本分法外，机床还可按其他特征进行以下分类。

（1）按机床的通用性程度（工艺范围），可分为通用机床、专用机床和专门化机床。

通用机床工艺范围宽，通用性好，可用于加工多种零件的不同工序；但结构复杂，主要适用于零件的单件小批量生产。如卧式车床、万能升降台铣床、摇臂钻床、牛头刨床等。

专用机床通常只能完成某一特定零件的特定工序，工艺范围最窄，适用于大批量生产。如汽车制造业中大量使用的各种组合机床。

专门化机床主要用于加工不同尺寸的一类或几类零件的某一道或几道特定工序，其工艺范围较窄。如曲轴车床、凸轮轴车床、精密丝杠车床、花键轴铣床等。

（2）按机床的质量和尺寸的不同，可分为仪表机床、中型机床、大型机床（质量＞20 t）、重型机床（质量＞30 t）和超重型机床（质量＞100 t）。

（3）按照机床自动化程度不同，可分为手动、机动、半自动和自动机床。

（4）按机床加工精度不同，可分为普通精度机床、精密机床和超精密机床。

（5）按机床主要工作部件的多少，可分为单轴、多轴机床或单刀、多刀机床等。

（二）金属切削机床型号

机床型号是机床代号，以简明表达机床的种类、特性及主要技术参数等。目前，我国的机床型号是按 GB/T 15375—2008《金属切削机床型号编制方法》规定实行。此标准规定，机床型号由汉语拼音字母和数字按一定的规律组合而成，它适用于各类通用机床和专用机床（不含组合机床、特种加工机床），如图 3-7 所示。

1. 类代号

在 GB/T 15375—2008《金属切削机床型号编制方法》中，把机床按工作原理划分

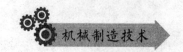

为 11 大类，用大写的汉语拼音字母表示。如"C"表示车床，"X"表示铣床等。必要时，还可细分，分类代号用阿拉伯数字表示，位于类代号之前，但第一分类号不予表示，如磨床还细分了 3 类，分别用 M、2M、3M 表示。机床的类代号如表 3-2 所示。

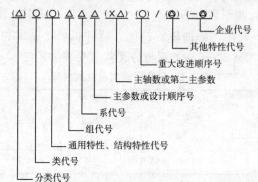

注：①有"（ ）"的代号或数字，当无内容时则不表示，若有内容则不带括号；

②有"○"符号者，为大写的汉语拼音字母；

③有"△"符号者，为阿拉伯数字；

④有"⊿"符号者，为大写的汉语拼音字母，或阿拉伯数字，或两者兼有之。

图 3-7　机床的类代号

2. 通用特性、结构特性代号

机床通用特性代号见表 3-3，可在类别代号后加上相应的通用特性代号，如"CK ＊＊"表示数控车床，"CM＊＊"表示精密车床等等。

表 3-3　机床通用特性代号

通用特性	高精度	精密	自动	半自动	数控	加工中心（自动换刀）	仿形	轻型	加重型	简式	柔性加工单元	数显	高速
代号	G	M	Z	B	K	H	F	Q	C	J	R	X	S
读音	高	密	自	半	控	换	仿	轻	重	简	柔	显	速

结构特性代号是指为了区别主要参数相同而结构不同的机床，在型号中用结构特性代号予以表示。用大写字母表示并写在通用特性代号之后。通用特性代号用过的字母以及 I、O 两个字母不能用于结构特性代号。结构特性代号与通用特性代号不同，它在型号中没有统一的含义，只在同类机床中起区别机床结构、性能的作用。如 CA6140 型车床型号当中的"A"就是结构特性代号。

3. 组、系代号

机床的组别和系别用两位阿拉伯数字表示。每类机床按其结构性能和使用范围划分为 10 个组，每组机床又分为 10 个系，用 2 位数字 0～9 表示。在同一类机床中，主要布局或使用范围基本相同的机床，即为同一组。系的划分原则是：主参数相同，并按一定公比排列，工件和刀具本身相对运动特点基本相同，且基本结构及布局形式相同的机床，即划分为同一系。常用机床组、系代号及主参数见表3-4。

表3-4 常用机床组、系代号及主参数

类	组	系	机床名称	主参数的折算系数	主参数	第二主参数
车床	1	1	单轴纵切自动车床	1	最大棒料直径	
	1	2	单轴横切自动车床	1	最大棒料直径	
	1	3	单轴转塔自动车床	1	最大棒料直径	
	2	1	多轴棒料自动车床	1	最大棒料直径	轴数
	2	2	多轴卡盘自动车床	1/10	卡盘直径	轴数
	2	6	立式多轴半自动车床	1/10	最大车削直径	轴数
	3	0	回轮车床	1	最大棒料直径	
	3	1	滑鞍转塔车床	1/10	最大车削直径	
	3	3	滑枕转塔车床	1/10	最大车削直径	
	4	1	万能曲轴车床	1/10	最大工件回转直径	最大工件长度
	4	6	万能凸轮轴车床	1/10	最大工件回转直径	最大工件长度
	5	1	单柱立式车床	1/100	最大车削直径	最大工件长度
	5	2	双柱立式车床	1/100	最大车削直径	最大工件长度
	6	0	落地车床	1/100	最大工件回转直径	最大工件长度
	6	1	卧式车床	1/10	床身上最大回转直径	最大工件长度
	6	2	马鞍车床	1/10	床身上最大回转直径	最大工件长度
	6	4	卡盘车床	1/10	床身上最大回转直径	最大工件长度
	6	5	球面车床	1/10	刀架上最大回转直径	最大工件长度
	7	1	仿形车床	1/10	刀架上最大回转直径	最大工件长度
	7	5	多刀车床	1/10	刀架上最大回转直径	最大工件长度
	7	6	卡盘多刀车床	1/10	刀架上最大回转直径	
	8	4	轧辊车床	1/10	最大工件直径	最大工件长度
	8	9	铲齿车床	1/10	最大工件直径	最大模数
	9	1	多用车床	1/10	刀架上最大回转直径	最大工件长度

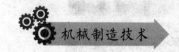
（续表）

类	组	系	机床名称	主参数的折算系数	主参数	第二主参数
钻床	1	3	立式坐标镗床	1/10	工作台面宽度	工作台面长度
	2	1	深孔钻床	1/10	最大钻孔直径	最大钻孔深度
	3	0	摇臂钻床	1	最大钻孔直径	最大跨距
	3	1	万向摇臂钻床	1	最大钻孔直径	最大跨距
	4	0	台式钻床	1	最大钻孔直径	
	5	0	圆柱立式钻床	1	最大钻孔直径	
	5	1	方柱立式钻床	1	最大钻孔直径	
	5	2	可调多轴立式钻床	1	最大钻孔直径	轴数
	8	1	中心孔钻床	1/10	最大工件直径	最大工件长度
	8	2	平端面中心孔钻床	1/10	最大工件直径	最大工件长度
	4	1	单柱坐标镗床	1/10	工作台面宽度	工作台面长度
	4	2	双柱坐标镗床	1/10	工作台面宽度	工作台面长度
	4	5	卧式坐标镗床	1/10	工作台面宽度	工作台面长度
	6	1	卧式铣镗床	1/10	镗轴直径	
	6	2	落地镗床	1/10	镗轴直径	
	6	9	落地铣镗床	1/10	镗轴直径	铣轴直径
	7	0	单面卧式精镗床	1/10	工作台面宽度	工作台面长度
	7	1	双面卧式精镗床	1/10	工作台面宽度	工作台面长度
	7	2	立式精镗床	1/10	最大镗孔直径	

（续表）

类	组	系	机床名称	主参数的折算系数	主参数	第二主参数
磨床	0	4	抛光机			
	0	6	刀具磨床			
	1	0	无心外圆磨床	1	最大磨削直径	
	1	3	外圆磨床	1/10	最大磨削直径	最大磨削长度
	1	4	万能外圆磨床	1/10	最大磨削直径	最大磨削长度
	1	5	宽砂轮外圆磨床	1/10	最大磨削直径	最大磨削长度
	1	6	端面外圆磨床	1/10	最大回转直径	最大工件长度
	2	1	内圆磨床	1/10	最大磨削孔径	最大磨削深度
	2	5	立式行星内圆磨床	1/10	最大磨削孔径	最大磨削深度
	2	9	坐标磨床	1/10	工作台面宽度	工作台面长度
	3	0	落地砂轮机	1/10	最大砂轮直径	
	5	0	落地导轨磨床	1/100	最大磨削宽度	最大磨削长度
	5	2	龙门导轨磨床	1/100	最大磨削宽度	最大磨削长度
	6	0	万能工具磨床	1/10	最大回转直径	最大工件长度
	6	3	钻头刃磨床	1	最大刃磨钻头直径	
	7	1	卧轴矩台平面磨床	1/10	工作台面宽度	工作台面长度
	7	3	卧轴圆台平面磨床	1/10	工作台面直径	
	7	4	立轴圆台平面磨床	1/10	工作台面直径	
	8	2	曲轴磨床	1/10	最大回转直径	最大工件长度
	8	3	凸轮轴磨床	1/10	最大回转直径	最大工件长度
	8	6	花键轴磨床	1/10	最大磨削直径	最大磨削长度
	9	0	工具曲线磨床	1/10	最大磨削长度	

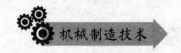

类	组	系	机床名称	主参数的折算系数	主参数	第二主参数
齿轮加工机床	2	0	弧齿锥齿轮磨齿机	1/10	最大工件直径	最大模数
	2	2	弧齿锥齿轮铣齿机	1/10	最大工件直径	最大模数
	2	3	弧齿锥齿轮刨齿机	1/10	最大工件直径	最大模数
	3	1	滚齿机	1/10	最大工件直径	最大模数
	3	6	卧式滚齿机	1/10	最大工件直径	最大模数或最大工件长度
	4	2	剃齿机	1/10	最大工件直径	最大模数
	4	6	珩齿机	1/10	最大工件直径	最大模数
	5	1	插齿机	1/10	最大工件直径	最大模数
	6	0	花键轴铣床	1/10	最大铣削直径	最大铣削长度
	7	0	碟形砂轮磨齿机	1/10	最大工件直径	最大模数
	7	1	锥形砂轮磨齿机	1/10	最大工件直径	最大模数
	7	2	蜗杆砂轮磨齿机	1/10	最大工件直径	最大模数
	8	0	车齿机	1/10	最大工件直径	最大模数
	9	3	齿轮倒角机	1/10	最大工件直径	最大模数
	9	9	齿轮噪声检查机	1/10	最大工件直径	
螺纹加工机床	3	0	套螺纹机	1/10	最大套螺纹直径	
	4	8	卧式攻螺纹机	1/10	最大攻螺纹直径	轴数
	6	0	丝杠铣床	1/10	最大铣削直径	最大铣削长度
	6	2	短螺纹铣床	1/10	最大铣削直径	最大铣削长度
	7	4	丝杠磨床	1/10	最大工件直径	最大工件长度
	7	5	万能螺纹磨床	1/10	最大工件直径	最大工件长度
	8	6	丝杠车床	1/10	最大工件直径	最大工件长度
	8	9	短螺纹车床	1/10	最大工件直径	最大工件长度

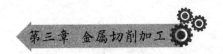

（续表）

类	组	系	机床名称	主参数的折算系数	主参数	第二主参数
铣床	2	0	龙门铣床	1/100	工作台面宽度	工作台面长度
	3	0	圆台铣床	1/10	工作台面直径	
	4	3	平面仿形铣床	1/10	最大铣削宽度	最大铣削长度
	4	4	立体仿形铣床	1/10	最大铣削宽度	最大铣削长度
	5	0	立式升降台铣床	1/10	工作台面宽度	工作台面长度
	6	0	卧式升降台铣床	1/10	工作台面宽度	工作台面长度
	6	1	万能升降台铣床	1/10	工作台面宽度	工作台面长度
	7	1	床身铣床	1/100	工作台面宽度	工作台面长度
	8	1	万能工具铣床	1/10	工作台面宽度	工作台面长度
	9	2	键槽铣床	1	最大键槽宽度	
刨插床	1	0	悬臂刨床	1/100	最大刨削宽度	最大刨削长度
	2	0	龙门刨床	1/100	最大刨削宽度	最大刨削长度
	2	2	龙门铣磨刨床	1/100	最大刨削宽度	最大刨削长度
	5	0	插床	1/10	最大插削长度	
	6	0	牛头刨床	1/10	最大刨削长度	
	8	8	模具刨床	1/10	最大刨削长度	
拉床	3	1	卧式外拉床	1/10	额定拉力	最大行程
	4	3	连续拉床	1/10	额定拉力	
	5	1	立式内拉床	1/10	额定拉力	最大行程
	6	1	卧式内拉床	1/10	额定拉力	最大行程
	7	1	立式外拉床	1/10	额定拉力	最大行程
	9	1	气缸体平面拉床	1/10	额定拉力	最大行程
锯床	5	1	立式带锯床	1/10	最大工件高度	
	6	0	卧式圆锯床	1/100	最大圆锯片直径	
	7	1	卧式弓锯床	1/10	最大锯削直径	
其他机床	1	6	管接头车螺纹机	1/10	最大加工直径	
	2	1	木螺钉螺纹加工机	1	最大工件直径	最大工件长度
	4	0	圆刻线机	1/100	最大加工直径	
	4	1	长刻线机	1/100	最大加工长度	

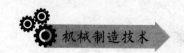

4. 主参数或设计顺序号

机床的主参数代表机床规格的大小，反映机床的加工能力。机床的主参数位于系代号之后，用折算值表示，即实际主参数乘折算系数，不同机床有不同的折算系统。

机床主参数的计量单位是：若主参数是尺寸，其计量单位是毫米（mm）；若主参数为拉力，其计量单位是千牛（kN）；若主参数为扭矩，其计量单位是牛·米（N·m）。

当某些通用机床无法用主参数表示时，则在型号中主参数位置用设计顺序号表示。设计顺序号由 01 开始。

5. 主轴数和第二主参数

为了更完整地表示机床的加工能力和加工范围，可选择进行第二主参数表示；对于多轴机床而言，也可把实际主轴数标于主参数后面。主轴数和第二主参数一般以"×"与第一主参数分开，读作"乘"。

6. 机床重大改进顺序号

当对机床的结构、性能有更高的要求，并需按新产品重新设计、制造和鉴定时，才按改进的先后顺序按 A、B、C……字母顺序（I、O 两个字母不得选用），加在型号基本部分的尾部，以区别原机床型号。

7. 其他特性代号

用以反映各类机床的特性。加在重大改进顺序号之后，用字母或数字表示，并用"/"分开，读作"之"。如可反映数控机床的不同控制系统、加工中心自动交换工作台等等。

8. 企业代号

用以表示机床生产厂或研究单位，用"—"与前面的代号分开，读作"至"。
机床型号举例：
CA6140：C——车床（类代号）

    A——结构特性代号

    6——组代号（落地及卧式车床）

    1——系代号（普通落地及卧式车床）

    40——主参数（最大加工件回转直径 400 mm）

XKA5032A：X——铣床（类代号）

    K——数控（通用特性代号）

    A——（结构特性代号）

    50——立式升降台铣床（组系代号）

    32——工作台面宽度 320 mm（主参数）

　　　　　　A——第一次重大改进（重大改进序号）

MGB1432：M——磨床（类代号）

　　　　　　G——高精度（通用特性代号）

　　　　　　B——半自动（通用特性代号）

　　　　　　14——万能外圆磨床（组系代号）

　　　　　　32——最大磨削外径 320 mm（主参数）

C2150×6：C——车床（类代号）

　　　　　　21——多轴棒料自动车床（组系代号）

　　　　　　50——最大棒料直径 50 mm（主参数）

　　　　　　6——轴数为 6（第二主参数）

(三) 机床的技术性能

机床的技术性能指机床的加工范围、使用质量和经济效益等技术参数，为了正确选择、合理使用机床，必须了解机床的技术性能。

1. 工艺范围

工艺范围是指机床适应不同生产的能力，即可完成的工序种类、加工的零件类型、毛坯和材料种类、适应的生产规模等。

2. 技术规格

技术规格是反映机床尺寸大小和工作性能的各种技术数据。一般指影响机床工作性能的尺寸参数、运动参数、动力参数等。

3. 加工精度和表面粗糙度

加工精度和表面粗糙度是指机床在正常工作条件下所获得的加工精度及表面粗糙度。

4. 生产率

生产率是指机床在单位时间内能完成的零件数量。

5. 自动化程度

自动化程度不仅影响机床生产率，还影响工人的劳动强度和工件的加工质量。

6. 效率

效率是指机床消耗于切削的功率与电机输出功率之比。

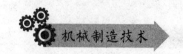

7. 其他

机床的技术性能除上述方面外，还包括噪声大小、操作维修的方便、安全等方面。

三、刀具基础知识及应用

（一）刀具的分类

刀具的种类很多，根据用途和加工方法不同，通常把刀具分为以下几种类型。

1. 切刀

切刀包括各种车刀、刨刀、插刀、镗刀、成形车刀等。

2. 孔加工刀具

孔加工刀具包括各种钻头、扩孔钻、铰刀、复合孔加工刀具（如钻—铰复合刀具）等。

3. 拉刀

拉刀包括圆拉刀、平面拉刀、成形拉刀（如花键拉刀）等。

4. 铣刀

铣刀包括加工平面的圆柱铣刀、端铣刀等；加工沟槽的立铣刀、键槽铣刀、三面刃铣刀、锯片铣刀等；加工特殊形面的模数铣刀、凸（凹）圆弧铣刀、成形铣刀等。

5. 螺纹刀具

螺纹刀具包括螺纹车刀、丝锥、板牙、螺纹切刀、搓丝板等。

6. 齿轮刀具

齿轮刀具包括齿轮滚刀、蜗轮滚刀、插齿刀、剃齿刀、花键滚刀等。

7. 磨具

磨具包括砂轮、砂带、油石和抛光轮等。

8. 其他刀具

其他刀具包括数控机床专用刀具、自动线专用刀具等。

根据刀具切削部分的材料可将刀具分为碳素工具钢刀具、合金工具钢刀具、高速钢刀具、硬质合金刀具和陶瓷刀具等。

根据刀具结构不同可分为整体式、镶片式和复合式刀具等。

（二）刀具结构

尽管切削刀具的种类繁多，形状各异，但从刀具各部分的作用上看，刀具通常由夹持部分和工作部分组成。

各种刀具切削部分的形状不同，但从几何特征上看，却具有共性。外圆车刀切削部分的基本形态可作为其他各类刀具的切削部分的基本形态。因此其他各类刀具可以看成是外圆车刀的演变，都是在这个基本形态上演变出各自的特点，所以本处以外车刀切削部分为例，给出刀具几何参数方面的有关定义。

外圆车刀切削部分如图 3-8 所示。

（1）前刀面 A_γ：切屑流出时经过的刀具表面。

（2）主后刀面 A_α：与工件上加工表面相对的刀具表面。

（3）副后刀面 A_α'：与工件上已加工表面相对的刀具表面。

（4）主切削刃 S：前刀面与主后刀面的交线称为主切削刃，承担主要的切削任务。

（5）副切削刃 S′：前刀面与副后刀面的交线称为副切削刃。

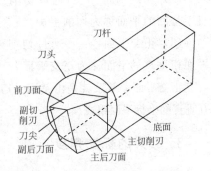

图 3-8 外圆车刀切削部分组成

（6）刀尖：刀尖可以是主、副切削刃的实际交点，也可是将主、副切削刃连接起来的一小段直线或圆弧刃。将主、副切削刃连接起来的这一小段切削刃又称为过渡刃。

普通外圆车刀切削部分的结构可用三面、两刃、一刀尖来概括，三个刀面的方位确定后，刀具的结构就确定了。

（三）刀具的几何参数

刀具几何角度可以分为静态角度（标注角度）和工作角度，分别对应静态参考系和工作参考系。

为便于设计、制造、测量和刃磨刀具而建立的空间坐标参考系，称为静态参考系。在静态参考系中确定的刀具角度，称为刀具的静态角度（标注角度）。静态参考系应以刀具在使用中的正确安装和运动为基准所假定的条件来建立。

1. 假定条件

（1）假定安装条件。假定车刀安装位置正确，即刀尖与工件回转中心等高，车刀刀杆对称面与进给运动方向垂直，刀杆底平面水平。

（2）假定运动条件。首先给出假定主运动方向和假定进给运动方向，再假定合成切削运动速度与主运动速度方向一致，不考虑进给运动的影响。

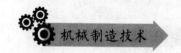
刀具标注角度所依据参考系主要有正交平面参考系、法平面参考系、假定工作平面参考系和背平面参考系。本书只介绍正交平面参考系。

2. 正交平面参考系

在上述假定条件下，可用与假定主运动方向相垂直或平行的平面构成坐标平面，即刀具标注角度参考系。刀具标注角度参考系可有多种，在此仅介绍常用的正交平面参考系，如图 3-9 所示，其坐标平面定义如下。

（1）基面 p_r。通过切削刃选定点垂直于假定主运动方向的平面称为基面。

（2）切削平面 p_s。通过切削刃选定点与切削刃相切并垂直于基面的平面称为切削平面。

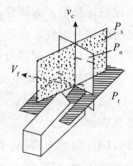

（3）正交平面 p_o。通过切削刃选定点同时与基面和切削平面相垂直的平面称为正交平面。

正交平面参考系就是由基面、切削平面和正交平面这三个相互垂直的坐标平面组成。

图 3-9 正交平面参考系

3. 刀具的标注角度

在正交平面参考系中，可标注如下角度，如图 3-10 所示。

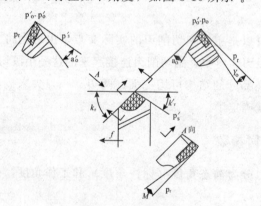

图 3-10 刀具标注角度

（1）前角 γ_o。在正交平面中测量的前刀面与基面的夹角称为前角。

（2）后角 α_o。在正交平面中测量的后刀面与切削平面的夹角称为后角。

（3）主偏角 κ_γ。在基面中测量的主切削刃与假定进给运动正方向间的夹角称为主偏角。

（4）副偏角 κ'_γ。在基面中测量的副切削刃与假定进给运动反方向间的夹角称为副偏角。

（5）刃倾角 λ_s。在切削平面中测量的主切削刃与基面间的夹角称为刃倾角。

以上五个角度是刀具标注的基本角度，另有两个派生角度如下：

（6）楔角 β_o。在正交平面中测量的前、后刀面间的夹角称为楔角。

$$\beta_o = 90° - (\gamma_o + \alpha_o)$$

（7）刀尖角 ε_γ。在基面中测量的主、副切削刃间的夹角称为刀尖角。

$$\varepsilon_\gamma = 180° - (\kappa_\gamma + \kappa_\gamma')$$

4. 刀具的工作角度

刀具的标注角度是建立在假定安装条件和假定工作条件下的。如果考虑进给运动和刀具实际安装情况的影响，那么刀具的参考系将发生变化。按照刀具在实际工作条件下所形成的刀具工作角度参考系所确定的刀具角度，称为刀具工作角度。

由于在大多数加工中（如普通车削、镗孔、端铣、周铣等），进给速度远小于主运动速度，不必计算刀具工作角度；但在某些加工中（如车削螺纹或丝杠、钻孔等），使刀具的工作角度相对标注角度有较大变化时，需计算工作角度。

了解刀具的标注角度和工作角度，有利于正确选用和使用刀具，有利于切削加工。

5. 刀具角度合理选择

（1）前角的选择。切削塑性金属时，大前角可以降低切削力和切削温度，但刀具散热条件变差，刃口强度下降，易磨损、崩刃。因此，前角选择不易过大。

切削脆性材料时，为防止冲击造成刀具崩刃，保持足够刃口强度，选择较小的前角。粗加工时，为保证金属切除效率，产生的切削力大，应选用较小的前角，保证刃口强度。精加工时，为保证加工质量，减小金属变形，应选用较大的前角。

总之，前角的选择原则是"锐字当先、锐中求固"。

（2）后角的选择。后角主要影响后刀面与工件的摩擦。粗加工时，为增强刀具强度及散热条件，后角取小值；精加工时，为保证表面质量，减小摩擦，后角取大值。

（3）主偏角的选择。主偏角主要影响刀尖强度及径向力的大小。增大主偏角使刀尖强度变弱，易磨损，但减小径向力，反之亦然。当工件刚性较好时，可选较小主偏角；刚性较差时，选大的主偏角。主偏角选择还受到工件加工形状的限制，如切削阶梯轴，一般选择主偏角为 90°或 93°。

（4）副偏角的选择。副偏角主要影响表面粗糙度，可根据工艺系统刚性及表面粗糙度来选择。精加工时，一般取小值；粗加工时，一般取大值。

（5）刃倾角的选择。刃倾角主要影响刀尖强度和排屑方向。粗加工时，为提高生产率，保证刀尖强度，刃倾角可取小值或负值；精加工时，为防止切屑刮伤工件已加工表面，可取较大值或零。

（四）刀具材料

在金属切削过程中，刀具承担着直接切除金属材料余量和形成已加工表面的任务。

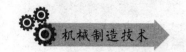

刀具切削部分的材料性能、几何形状和结构决定了刀具的性能，它们对刀具的耐用度、切削效率、加工质量和加工成本影响极大。

1. 刀具材料应具备的性能

刀具在切削过程中通常要承受较大的切削力、较高的切削温度、剧烈的摩擦和冲击振动，尤其是切削刃及紧邻的前、后刀面，长期处在切削高温环境中工作，所以很容易造成磨损或损坏。金属切削刀具是在极其恶劣的条件下工作的，要胜任切削加工，刀具材料必须具备相应的性能。

（1）足够的硬度和耐磨性。硬度是刀具材料应具备的基本性能。刀具材料的硬度必须高于被加工材料的硬度才能切下金属。一般情况下，刀具材料应比工件材料的硬度高 1.3～1.5 倍，常温硬度大于 60 HRC。

耐磨性是指材料抵抗磨损的能力，它与材料硬度、强度和组织结构有关。材料硬度越高，耐磨性越好；组织中碳化物和氮化物等硬质点的硬度越高、颗粒越小、数量越多且分布越均匀，则耐磨性越高。

（2）足够的强度和冲击韧性。切削时刀具要承受较大的切削力、冲击和振动，为避免崩刀和折断，刀具材料应具有足够的强度和韧性。一般情况下，刀具材料的硬度越高，其韧性越低。因此在选用时应综合考虑。

强度是指刀具抵抗切削力的作用而不至于刀刃崩碎或刀杆折断所应具备的性能。冲击韧性是指刀具材料在间断切削或有冲击的工作条件下保证不崩刃的能力。

（3）较高的耐热性和传热性。耐热性是指刀具材料在高温下保持足够的硬度、耐磨性、强度和韧性、抗氧化性、抗黏结性和抗扩散性的能力（也称为热稳定性），是衡量刀具材料的切削性能的主要指标。通常把材料在高温下仍保持高硬度的能力称为热硬性（也称为高温硬度、红硬性），它是刀具材料保持切削性能的必备条件。刀具材料的高温硬度越高，耐热性越好，允许的切削速度越高。

刀具材料的传热系数大，有利于将切削区的热量传出，降低切削温度。

常用刀具材料的耐热温度如下：碳素工具钢 200～250 ℃，合金工具钢 300～400 ℃，普通高速钢 600～700 ℃，硬质合金 800～1 000 ℃。

（4）良好的工艺性。为了便于刀具加工制造，刀具材料要有良好的工艺性能，如热轧、锻造、焊接、热处理和机械加工等性能。

（5）经济性好。即刀具的价格低，性价比高。

应当指出，上述几项性能之间可能相互矛盾（如硬度高的刀具材料，其强度和韧性较低）。没有一种刀具材料能具备所有性能的最佳指标，而是各有所长。所以在选择刀具材料时应合理选用。如超硬材料及涂层刀具材料费用较高，但使用寿命很长，在成批生产中，分摊到每个零件中的费用反而有所降低。

2. 常用刀具材料

刀具材料的种类很多，常用的有碳素工具钢、合金工具钢、高速钢、硬质合金、陶瓷、金刚石和立方氮化硼等。碳素工具钢（如 T10A、T12A）和合金工具钢（如 9SiCr、CrWMn），因其耐热性较差，仅用于手工工具和切削速度较低的刀具。陶瓷、金刚石和立方氮化硼则由于其性能脆、工艺性能差等原因，目前只是在较小的范围内使用。目前用得最多的刀具材料是高速钢和硬质合金。

（1）高速钢。高速钢是加入了钨、钼、铬、钒等合金元素的高合金工具钢。它有较高的热稳定性，切削温度达到 500～650 ℃时仍然能进行切削；有较高的硬度、耐磨性、强度和韧性，适合于各类刀具的要求。其制造工艺简单，容易磨成锋利的切削刃，可锻造。这对于一些形状复杂的刀具如钻头、成形刀具、拉刀、齿轮刀具等尤其重要，是制造这类刀具的主要材料。

按其化学成分的不同，高速钢可分为钨系和钨钼系；按切削性能的不同，高速钢可分为普通高速钢和高性能高速钢；按制造方法的不同，高速钢可分为熔炼高速钢和粉末冶金高速钢。

①普通高速钢。普通高速钢的特点是工艺性好，切削性能可满足一般工程材料的常规加工，常用的材料有以下几个。

W18Cr4V：属钨系高速钢，其综合性能可磨削性好，可用以制造各类刀具。

W6Mo5Cr4V2：属钨钼系高速钢，其碳化物分布的均匀性、韧性和高温塑性均超过 W18Cr4V，但是可磨削性比 W18Cr4V 要稍差些，切削性能大致相同。国外由于资源的原因，已经淘汰了 W18Cr4V，用 W6Mo5Cr4V2 代替。这一钢种目前我国主要用于热轧刀具（如麻花钻），也可以用于大尺寸刀具。

②高性能高速钢。调整普通高速钢的基本化学成分和添加其他合金元素，使其机械性能和切削性能有显著提高，这就是高性能高速钢。高性能高速钢的常温硬度可达到 67～70 HRC，高温硬度也相应提高，可用于高强度钢、高温合金、钛合金等难加工材料的切削加工。典型牌号有高钒高速钢 W6Mo5Cr4V3、钴高速钢 W6Mo5Cr4V2Co5、超硬高速钢 W2Mo9Cr4VCo8 等。

③粉末冶金高速钢。粉末冶金高速钢是用高压氩气或纯氮气雾化熔融的高速钢钢水，直接得到细小的高速钢粉末，然后将这种粉末在高温高压下制成致密的钢坯，最后将钢坯锻轧成钢材或刀具形状的一种高速钢。

粉末冶金高速钢与熔炼高速钢相比，具有许多的优点：韧性与硬度较高、可磨削性能显著改善、材质均匀、热处理变形小、质量稳定可靠，因此刀具的耐用度较高。粉末冶金高速钢可以切削各种难加工材料，特别适合制造各种精密刀具和形状复杂的刀具。

④涂层高速钢。高速钢刀具的表面涂层是采用物理气相沉积（PVD）方法，在适当的真空度和温度环境下进行气化的钛离子与氮反应，在阳极刀具表面生成 TiN 层。目前采用的纳米真空复合离子镀膜工艺镀膜功能较多，典型的镀膜有 TiN、TiC、TiCN、TiAlN、TiAlCN、DLC（金刚石类涂层）、CBC（硬质合金基类涂层）等。

涂层高速钢刀具的切削力、切削温度约下降 25％，切削速度、进给量、刀具寿命

显著提高。

（2）硬质合金。硬质合金是高硬度、难熔的金属化合物（主要是 WC、TiC 等，又称高温化合物）微米级的粉末，用钴或镍等金属作粘接剂烧结而成的粉末冶金制品。由于含有大量的高熔点、高硬度、化学稳定性好、热稳定性好的金属碳化物，其硬度、耐磨性和耐热性都很高。常用的硬质合金的硬度为 HRA89～93，在 800～1000 ℃ 的环境仍然能够承担切削任务，刀具的耐用度比高速钢高几倍到几十倍，当耐用度相同时，其切削速度可以提高 4～10 倍。但是，硬质合金比高速钢的抗弯强度低、冲击韧性差，因此在切削时不能承受大的振动和冲击负荷。硬质合金中碳化物含量较高时，硬度高，但抗弯强度低；粘接剂含量较高时，其抗弯强度高，但硬度低。硬质合金由于其切削性能优良被广泛用作刀具材料。如大多数的车刀、端铣刀、深孔钻、绞刀、拉刀和齿轮滚刀等。

硬质合金的性能取决于化学成分、碳化物粉末粗细及其烧结工艺。碳化物含量增加时，则硬度增高，抗弯强度降低，适于粗加工；黏结剂含量增加时，则抗弯强度增高，硬度降低，适于精加工。

国际标准化组织 ISO 将切削用的硬质合金分为以下三类。

①K 类（相当于我国的 YG 类）。K 类，即 WC—Co 类硬质合金。此类硬质合金有较高的抗弯强度和冲击韧性，磨削性、导热性较好。该材料的刀具适于加工生产崩碎切屑、有冲击性切削力作用在刃口附近的脆性材料，如铸铁、有色金属及其合金，并适合加工导热系数低的不锈钢等难加工材料。

②P 类（相当于我国的 YT 类）。P 类，即 WC—TiC—Co 类硬质合金。此类硬质合金有较高的硬度和耐磨性、特别时具有高的耐热性，抗粘接扩散能力和抗氧化能力也很好；但抗弯强度、磨削性和导热性低，低温脆性大、韧性差，该材料的刀具适用于高速切削钢料。

③M 类（相当于我国的 YW 类）。M 类，即 WC—TiC—TaC（NbC）—Co 类硬质合金。在 YT 类中加入 TaC（NbC）可以提高其抗弯强度、疲劳强度、冲击韧性、高温硬度和强度、抗氧化能力、耐磨性等。该材料的刀具既可以用于加工铸铁及有色金属，也可以用于加工钢。

表 3-5 列出了各种硬质合金的牌号及应用范围。

表 3-5　各种硬质合金的牌号及应用范围

种类	牌号	相近旧牌号	主要用途
P 类（钨钛钴类）	P30	YT5	粗加工钢料
	P10	YT15	半精加工钢料
	P01	YT30	精加工钢料

（续表）

种类	牌号	相近旧牌号	主要用途
K 类（钨钴类）	K30	YG8	粗加工铸铁、有色金属及其合金
	K20	YG6	半精加工铸铁、有色金属及其合金
	K10	YG3	精加工铸铁、有色金属及其合金
M 类［钨钛钽（铌）钴类］	M10	YW1	半精加工、精加工难加工材料
	M20	YW2	粗加工、断续切削难加工材料

（3）其他刀具材料。

①陶瓷。陶瓷的主要成分是 Al_2O_3，加入少量添加剂，压制高温烧结而成，其硬度、耐磨性和热硬性都比硬质合金要好，适用于加工高硬度的材料。硬度为 HRA93～94，在 1 200 ℃的高温仍然能够进行切削。陶瓷与金属的亲和力小，切削时不易粘刀，不易产生积屑瘤，加工表面光洁。但是陶瓷刀片的脆性大，抗弯强度和抗冲击韧性低，一般用于切削钢、铸铁以及高硬度材料（如淬硬钢）的半精加工和精加工。

为了提高陶瓷刀片的强度和韧性，可以在矿物陶瓷中添加高熔点，高硬度的碳化物（TiC）和一些其他金属（如镍、钼）以构成复合陶瓷。

我国陶瓷刀片的牌号有 AM、AMF、AT6、SG4、LT35、LT55 等。

②金刚石。金刚石分天然和人造两种，是碳的同素异形体。人造金刚石又称聚晶金刚石，具有很好的耐磨性。金刚石刀具主要使用人造金刚石。

金刚石是目前已知最硬的一种材料，其硬度为 HV10000，精车有色金属时，加工精度可以达到 IT5 级精度，表面粗糙度 Ra 可达 0.012 μm。耐磨性好，在切削耐磨材料时，刀具的耐磨度通常是硬质合金的 10～100 倍。

金刚石的耐热性较差，一般低于 800 ℃，强度低、脆性大，对振动很敏感，只宜微量切削；由于金刚石是碳的同素异形体，在高温条件下，与铁原子发生反应，刀具易产生扩散磨损，因此金刚石刀具不适于加工钢铁材料。金刚石刀具主要适合于非铁合金的高精度加工，适用于硬质合金、陶瓷、高硅铝合金等耐磨材料的加工，以及有色金属和玻璃强化塑料等的加工。用金刚石粉制成砂轮磨削硬质合金，磨削能力大大超过碳化硅砂轮；复合人造金刚石刀片，是在硬质合金基体上烧结上一薄层的金刚石制作而成的，更是金刚石刀具的一种发展方向。

③立方氮化硼（CBN）。立方氮化硼是六方氮化硼的同素异形体，是人类已知的硬度仅次于金刚石的物质。立方氮化硼的热稳定性和化学惰性大大优于金刚石。工作温度可达 1 300～1 500 ℃，且 CBN 不与铁原子起作用，该种材料的刀具适于加工不能用金刚石加工的铁基合金，如高速钢、淬火钢、冷硬铸铁。此外，该种材料的刀具还适于切削钛合金和高硅合金。用于加工高温合金等难加工的材料时，可以大大提高生产率。

虽然 CBN 价格高昂，但随着难加工材料的应用日益广泛，它是一种大有前途的刀

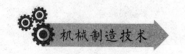

具材料。

四、切削过程中的物理现象及应用

（一）切削变形及切屑种类

金属切削加工过程，就是利用刀具将工件上多余（或预留）的金属切除，获得所需表面的过程。切削过程就本质而言就是：切削层在刀刃的切割和刀面的推挤作用下产生了剪切滑移和挤压变形，最终形成切屑并与工件分离的过程。伴随着切削加工的进行，发生了一系列的物理现象，例如形成切屑、产生积屑瘤、加工硬化、切削力、切削热、切削温度、造成刀具磨损等。这些物理现象的产生源于加工过程中的变形，研究这些现象及其变化规律，对于正确刃磨（设计）和合理使用刀具、充分发挥刀具的切削性能、保证加工质量、降低生产成本和提高生产率有着十分重要的意义。

1. 金属变形区

刀具在切削金属的过程中，刀具的切削刃与前、后刀面对金属有不同的作用。切削刃的作用造成了切削刃与被切金属接触处很大的局部应力，因而使得被切削金属沿切削刃分离，通常把刀刃的作用称为切割；刀面的作用是推挤被切削材料，前刀面对切屑的推挤作用控制切屑的变形程度，后刀面对已加工表面的推挤作用则影响已加工表面的质量。金属切削过程就是刀刃切割和刀面推挤作用的统一。加工中要设法尽量加大刀具的切割作用，减小推挤作用。为研究方便，通常将金属切削过程的变形划分为三个区，如图 3-11 所示。

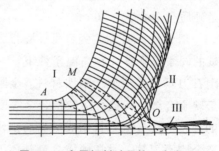

图 3-11　金属切削过程的三个变形区

（1）第 I 变形区。在图 3-11 中，OA 和 OM 两条线所包围的区域为第 I 变形区，主要是沿剪切面产生剪切滑移变形，是切削过程中产生切削力和切削热的主要来源。

（2）第 II 变形区。切屑沿前刀面排出过程中，受到前刀面的挤压和摩擦，使靠近前刀面处的金属纤维化。该变形区是造成前刀面磨损及发生"滞流现象"的主要原因。

（3）第 III 变形区。工件的已加工表面受到刀具的挤压摩擦，造成纤维化和加工硬化。该区域是造成后刀面磨损、工件已加工表面"加工硬化"的主要原因。

2. 切屑的种类

由于工件材料与切削条件的不同，切削过程中金属的变形程度也就不同，由此产生了不同的切屑种类，如图 3-12 所示。

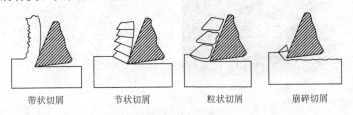

带状切屑　　　　节状切屑　　　　粒状切屑　　　　崩碎切屑

图 3-12　切屑的种类

（1）带状切屑。在加工塑性金属材料时，采用较高的切削速度、较小的进给量及背吃刀量、较大的刀具前角时，通常得到带状切屑。带状切屑是最常见的一种切屑，其一面光滑，另一面是毛茸的。形成带状切屑时，切削过程平稳，切削力波动不大，已加工表面粗糙度较小，通常在刀具上利用断屑槽或断屑板等断屑。

（2）节状切屑。节状切屑又称挤裂切屑，与带状切屑的区别在于其一面为锯齿形，另一面时有裂纹。在切削速度较低、进给量较大、刀具前角较小的情况下切削塑性金属，可得到此类切屑。加工后，工件表面较粗糙。

（3）粒状切屑。在形成节状切削的条件下，将刀具前角进一步减小，降低切削速度或增大进给量时，易产生此类切屑。粒状切屑截面呈梯形、大小较为均匀，又称单元切屑。

（4）崩碎切屑。切削脆性金属材料时，切削层在刀具作用下崩碎成不规则的碎块状切屑。产生崩碎切屑的过程中，切削力变化较大，切削不平稳；工件已加工表面凹凸不平，表面质量差；刀尖易磨损。

上述四种切屑类型中，前三种是切削塑性金属时产生的。形成带状切屑的过程最平稳，切削力波动最小；形成崩碎切屑时切削力波动最大。

在形成节状切屑的情况下，可通过增大刀具前角或减小进给量、提高切削速度得到带状切屑；反之得到粒状切屑。

产生崩碎切屑时，可通过减小进给量，减小主偏角和适当提高切削速度使崩碎切屑转化为片状或针状，改善切削过程中的不良现象。

掌握切屑的变化规律，有助于控制切屑形态、控制切削过程。

（二）积屑瘤

1. 积屑瘤现象

在一定的条件下切削钢、黄铜、铝合金等塑性金属时，由于受前刀面挤压、摩擦

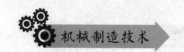

的作用，使切屑底层中的一部分金属滞留并堆积在刀具刃口附近，形成了一楔形硬块，这个硬块称为积屑瘤。积屑瘤如图3-13所示。

(a)

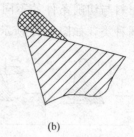

(b)

图3-13　积屑瘤

（a）积屑瘤实物照片；（b）积屑瘤示意图

2. 积屑瘤的形成

在塑性金属的切削过程中，由于刀具前刀面与切屑底层之间的强烈挤压与摩擦，使得切屑底层流动速度明显减慢，产生了滞留现象，从而造成切屑的上层金属与底层之间产生了相对滑移。在一定条件下，当刀具前刀面与切屑底层间的摩擦力足够大时，切屑底层的金属就会与切屑分离而黏结在刀具的前刀面上。随着切削加工的连续进行，不断有新的金属滞留而黏结在前刀面上，最终形成一个硬度很高的楔块，这个黏结在前刀面上的楔块就是积屑瘤，又称刀瘤。

形成积屑瘤的条件可简要地概括为3句话，即中等的切削速度，切削塑性材料，形成带状切屑。

3. 积屑瘤对切削加工的影响

（1）积屑瘤对切削加工的有利方面。

①保护刀具。由于积屑瘤是切屑底层金属经强烈的挤压摩擦形成的，产生了强烈的硬化现象，硬度很高，完全可代替刀刃进行工作，起到了对刀具的保护作用。

②减小切削力。形成积屑瘤时，增大了刀具的实际工作前角，可显著减小切削力。

鉴于积屑瘤对切削过程的有利一面，粗加工时，可允许它的存在，以使切削更轻快，刀具更耐用。

（2）积屑瘤对加工的不利影响。

①影响加工尺寸。由于积屑瘤的存在，且积屑瘤伸出刀刃之外，改变了预先设定的背吃刀量，使切削层深度发生变化，从而影响了工件的加工尺寸，影响了零件的尺寸精度。

②增大加工表面粗糙度。积屑瘤的轮廓很不规则，且积屑瘤在加工过程中处于不断的"长大→脱落"的循环过程中，使工件表面不平整，表面粗糙度值明显增加。在有积屑瘤产生的情况下，往往可以看到工件表面上沿着切削刃与工件的相对运动方向有深浅和宽窄不同

的积屑瘤切痕。此外，工件表面带走的积屑瘤碎片，也使工件表面粗糙度值增加，并造成工件表面硬度不均匀。

积屑瘤对加工精度和表面质量有不利影响，在精加工时应尽量避免积屑瘤的产生，以确保加工质量。

4. 积屑瘤的控制

（1）影响积屑瘤产生的因素。

①工件材料。加工塑性材料时，容易产生积屑瘤；加工脆性材料时不会产生积屑瘤。

工件材料塑性越大，刀具与切屑之间的平均摩擦系数越大，越容易产生积屑瘤。通过对工件材料进行正火或调质处理，适当提高其硬度和强度，降低塑性，同样可以抑制积屑瘤的产生。

②切削速度。切削速度不同，积屑瘤所能达到的最大尺寸也不同。切削速度与积屑瘤高度的关系如图 3-14 所示。

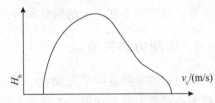

图 3-14 切削速度与积屑瘤高度关系曲线

切削速度通过切削温度影响积屑瘤的产生。在中温区，如切削中碳钢时的 300 ℃～380 ℃，切屑底层材料软化，黏结严重，最适宜形成积屑瘤；在切削温度较低时，切屑与前刀面间呈点接触，摩擦系数较小，不易形成黏结；在切削温度很高时，与前刀面接触的切屑底层金属呈微熔状态，能起润滑作用，摩擦系数也较小，同样不易形成黏结。因此精加工应采用高速或低速加工。例如，高速钢刀具采用低速加工，硬质合金刀具采用高速精加工。

③刀具前角。刀具前角增大，前刀面对切屑的推挤作用减小，摩擦减小，切屑从前刀面流出畅快，不易产生积屑瘤。实践证明，前角超过 40°时，一般不会产生积屑瘤。

④刀具表面粗糙度。刀具前刀面的表面粗糙度数值低，与切屑底层的摩擦减小，降低产生积屑瘤的可能性。为了获得较好的加工质量，刀具在刃磨后，需用油石修光前、后刀面。

⑤切削液。合理使用切削液，能减小摩擦、降低切削温度，从而有效抑制积屑瘤的产生。

（2）控制积屑瘤的措施。

积屑瘤的存在对切削加工有利时，就可以利用它；积屑瘤的存在对切削加工不利时，就必须采取措施避免和消除它。

控制积屑瘤的措施有主要有以下几个。

①采用较高或较低的切削速度，以避开产生积屑瘤的速度范围。

②适当减少进给量、增大刀具前角、减小切削变形。

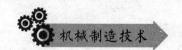
③降低刀具前刀面的表面粗糙度值，以减小切削过程中的摩擦。

④合理使用切削液。

⑤适当的热处理来提高工件材料的硬度、降低塑性减小加工硬化倾向。

应注意的是，刀具上出现积屑瘤后应用油石对其进行清理，切忌用其他工具对其敲击，以免损坏刀具。

（三）切削力及切削功率

在切削加工时，作用在工件上的力和作用在刀具上的力是一对大小相等、方向相反的力，通常把它们称为切削力。切削力是影响工艺系统变形和工件加工质量的重要因素；切削力不仅使切削层金属产生变形、消耗了功，产生了切削热，影响已加工表面质量和生产效率，同时也是切削力是设计机床、夹具、刀具的重要数据，是分析切削过程工艺质量问题的重要参考数据。减小切削力，不仅可以降低功率消耗、降低切削温度，可以减小加工中的振动和零件的变形，还可以延长刀具的寿命。

1. 切削力的来源

切削力的来源有两个方面：一是切削层金属、切屑和工件表面层金属变形所产生的抗力；二是刀具与切屑、工件表面间的摩擦力。这两方面共同作用合成为切削力。

2. 切削力的分解

切削力是一个空间方向上的力，其大小、方向都不易直接测量。为分析切削力对工艺系统的影响，通常将切削力分解成3个相互垂直的切削分力，如图3-15所示车削外圆时切削力的分解。

（1）主切削力 F_c。即切削力在主运动方向上的分力，又称为切向力；是计算刀具强度、机床功率以及设计夹具、选择切削用量的主要依据。

（2）进给力 F_f。即切削力在进给运动方向上的分力，又称为轴向力；是计算机床进给系统强度、刚性的主要依据。

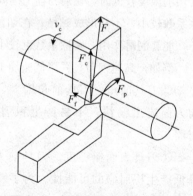

图 3-15　车削外圆时切削力的分解

（3）背向力 F_p。即切削力在与进给运动方向相垂直的方向上的分力，又称为径向力。背向力在车削外圆时，不消耗功率；但会使工件弯曲变形，影响工件精度，并易引起振动，是检验机床刚度的主要依据。

一般情况下，主切削力 F_c 最大，F_f、F_p 小一些，随着刀具几何参数、刃磨质量、磨损情况和切削用量的不同，F_f、F_p 相对于 F_c 的比值在很大范围内变化。

3. 影响切削力的因素

影响切削力的因素很多,主要有以下几个方面。

(1) 工件材料的影响。工件材料的强度、硬度越高,切削力越大。

在强度、硬度相近的情况下,工件材料的塑性、韧性越大,则切屑变形越大,切削力越大。

(2) 切削用量的影响。切削用量三要素对切削力影响的程度是不同的。背吃刀量对切削力影响最大,背吃刀量增大一倍,主切削力也增大一倍。进给量对切削力影响次之,进给量增大一倍,主切削力增大 0.7~0.9 倍。切削速度对切削力影响最小,在中速和高速下切削塑性金属,切削力一般随切削速度增大而减小;在低速范围内切削塑性金属,切削力随切削速度增大呈波形变化,切削速度对切削力的影响如图 3-16 所示;切削脆性金属,切削速度对切削力没有显著影响。

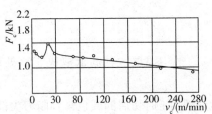

图 3-16 切削速度对切削力的影响

(3) 刀具几何参数的影响。前角增大,切屑变形减小,切削力明显下降。

主偏角在 $60°\sim75°$ 时主切削力最小。主偏角变化改变背向力和进给分力的比例,当主偏角增大时,背向力减小,进给分力增大。

刃倾角对主切削力影响较小,对背向力和进给分力影响较大,当刃倾角逐渐由正值变为负值时,背向力增大,进给分力减小。

(4) 刀具材料的影响。刀具材料不是影响切削力的主要因素。由于不同的刀具材料与工件材料间的摩擦系数、亲和力不同,对切削力也有一定影响,摩擦系数、亲和力越小,主切削力越小。

(5) 切削液的影响。合理选用切削液,利用切削液的润滑作用,可以降低切削力。

4. 切削功率

功率是力和力作用方向上运动速度的乘积。切削功率是切削分力消耗功率的总和。在普通加工中,进给速度很小,且进给分力小于主切削力,因此切削功率用主运动功率计算

$$P_c = F_c v_c \times 10^{-3}/60$$

式中　P_c—切削功率 (kW);

　　　F_c—主切削力 (N);

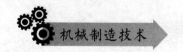

v_c—切削速度（m/min）。

（四）切削热及切削温度

在金属切削加工过程中，切削层金属变形以及与刀具间的摩擦所产生的热量称为切削热。切削热以及由它产生的切削温度，直接影响刀具的磨损和耐用度，影响工件的加工精度和表面质量。

1. 切削热的来源与传播

在刀具作用下，切削层金属产生弹性变形和塑性变形产生的热量，以及切屑与前刀面、工件与后刀面间的摩擦产生的热量是切削热的来源。

切削热主要由切屑、刀具、工件和周围介质传导出去。影响热传导的主要因素是工件和刀具材料的导热系数以及周围介质的状况。

2. 切削温度

切削温度是指切削区域的平均温度。其高低取决于该处产生热量的多少和热量传播的快慢。

在生产实践中，可通过切削加工时切屑的颜色来判断刀尖部位的大致温度。以车削碳素结构钢为例，随着切削温度的提高，切屑的颜色经历着这样一个变色过程：银白色→黄白色→金黄色→紫色→浅蓝色→深蓝色。其中，银白色切屑反映的切削温度为 200 ℃左右，金黄色切屑反映的切削温度为 400 ℃左右，深蓝色切屑反映的切削温度为 600 ℃左右。

3. 影响切削温度的主要因素

由上述内容可知，凡是影响切削热的产生及传播的因素都影响切削温度，其主要影响因素如下。

（1）切削用量对切削温度的影响。在切削用量三要素中，对切削温度影响最大的是切削速度，其次是进给量，背吃刀量对切削温度影响最小。

随着切削速度升高，切屑底层与刀具前刀面摩擦加剧，产生的切削热来不及向切屑内部传导而大量积聚在切屑底层，使切屑温度升高。但切削热与切削温度不与切削速度成比例增加。

随着进给量增大，单位时间内切除的金属量增多，所产生的切削热增多，使切削温度上升，但切削热不与金属切除量成比例增加；同时，进给量增大，切屑变厚，切屑的热容量增大，带走的热量增多，使切削温度上升不甚明显。

背吃刀量增大，切削热成比例增加，但实际进入切削的切削刃长度也成比例增加，改善散热条件，使切削温度升高不明显。

（2）刀具几何参数。前角增大，切削变形和摩擦减小，产生的切削热减少，切削温度降低；但前角太大，使散热条件变差，使切削温度不会进一步降低，反而会影响刀具使用。

主偏角增大，使实际工作的切削刃长度减小，使刀尖角减小，散热条件变差，切削温度上升。

（3）工件材料。工件材料的强度、硬度越高，切削时产生的切削热越多，切削温度越高。材料导热系数越高，切削区传出热量越多，切削温度越低。

（4）刀具磨损的影响。刀具磨损对切削温度影响很大，是影响切削温度的重要因素。当刀具磨损到一定程度时，切削力和切削温度会急剧升高。

（5）切削液。采用冷却性能好的切削液能有效降低切削温度。

（五）刀具磨损及刀具耐用度

在刀具的切削过程中，刀具一方面切下切屑，另一方面刀具本身也被损坏。刀具的损坏形式主要有磨损和破损两类。

一把新刃磨的刀具，切削起来比较轻快，但使用一段时间后，切削起来可能会比较沉重，甚至出现振动。有时会从工件与刀具接触面处发出刺耳的尖叫声，会在加工表面上出现亮点和紊乱的刀痕，表面粗糙度明显恶化，切屑颜色变深，呈紫色或紫黑色。这是因为刀具在切削加工的过程中受到磨损。当磨损积累到一定的程度后，会使工件的加工精度降低，表面粗糙度增大，并导致切削力和切削温度增加，甚至产生振动，不能继续正常切削，即刀具失效，这时就要更换新的切削刃或换刀磨刀。

刀具的磨损是连续的、逐渐的；刀具的破损包括脆性破损（如崩刀、碎断、剥落、裂纹等）和塑性破损两种。刀具破损是非正常损坏，应尽量避免；而刀具磨损的快慢与切削条件有关。为了合理使用刀具、保证加工质量，必须熟悉刀具磨损的具体原因和磨损的形式。

1. 刀具的磨损形式

切削时，刀具的前刀面和后刀面分别与切屑和工件相接触，由于前、后刀面的接触压力很大，接触面的温度也很高，因此在刀具的前、后刀面上产生磨损，如图 3-17 所示。

（1）前刀面磨损。切削塑性材料时，如果切削速度和切削层公称厚度较大，那么在前刀面上形成月牙洼磨损，如图 3-18 所示。

当月牙洼发展到其前缘与切削刃之间的棱边变得很窄时，切削刃强度降低，容易导致切削刃破坏。刀具前刀面月牙洼磨损值以其最大深度 KT 表示。

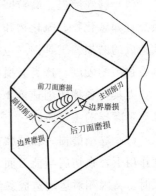

图 3-17 刀具的磨损形态

（2）后刀面磨损。切削时，工件的已加工表面与刀具后刀面接触，相互摩擦，引起后刀面磨损。后刀面的磨损形式是磨损后角等于零的磨损棱带，切削铸铁和以较小的切削层公称厚度切削塑性材料时，主要发生这种磨损。后刀面上的磨损棱带往往不均匀，如图 3-19 所示。刀尖部分（C 区）强度较低，散热条件又差，磨损比较严重，

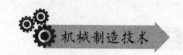
其最大值为 VC。主切削刃靠近工件待加工表面处的后面（N 区）磨成较深的沟，以 VN 表示。在后面磨损棱带的中间部分（B 区），磨损比较均匀，其平均宽度以 VB 表示，而且最大宽度以 VB_{max} 表示。

（3）前后面同时磨损或边界磨损切削塑性材料，$h_D = 0.1 \sim 0.5$ mm 时，会发生前后面同时磨损，如图 3-20 所示。

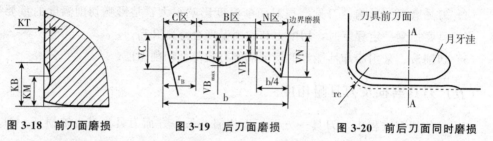

图 3-18　前刀面磨损　　　图 3-19　后刀面磨损　　　图 3-20　前后刀面同时磨损

在切削铸钢件和锻件等外皮粗糙的工件时，常在主切削刃靠近工件外皮处以及副切削刃靠近刀尖处的后面上磨出较深的沟纹，这种磨损称为边界磨损。

2. 刀具磨损的原因

总的来说，刀具磨损的原因有两方面：一是相对运动引起的机械磨损；二是切削热引起的热效应磨损。

刀具正常磨损的具体原因有以下几个方面：磨粒磨损、黏结磨损、扩散磨损、相变磨损和化学磨损等。

在不同的工件材料、刀具材料和切削条件下，磨损原因和磨损强度是不同的。

（1）磨粒磨损。磨粒磨损又称为硬质点磨损，主要是由于工件材料中的杂质、硬质点（如碳化物、氮化物和氧化物等）和积屑瘤碎片等，在刀具表面上划出一条条沟纹造成的磨损。工具钢（包括高速钢）刀具的这类磨损比较显著。硬质合金刀具由于具有很高的硬度，这类磨损相对较小。

刀具在各种切削速度下都存在硬质点磨损，但它是低速刀具（如拉刀、板牙、丝锥等）磨损的主要原因。

（2）黏结磨损。黏结磨损是在加工塑性材料时，在足够大的压力和一定的切削温度作用下，在切屑与前刀面、已加工表面和后刀面的摩擦表面上产生黏结（冷焊）现象时，又因相对运动造成黏结点撕裂而被对方带走形成的磨损。

黏结磨损程度取决于切削温度、刀具和工件材料的亲和力、刀具和工件材料硬度比、刀具表面形状与组织等因素。因此有必要降低切削温度，降低刀具表面粗糙度，改善润滑条件。

（3）扩散磨损。扩散磨损是在高温作用下，由于刀具与工件接触面间活动能量增大的合金元素相互扩散置换，引起刀具的化学成分改变，使刀具材料性能降低而造成的。扩散速度随切削温度的升高而增加，而且越增越烈。

扩散磨损是中高速切削时，硬质合金刀具磨损的主要原因，它往往和黏结磨损同时发生。硬质合金产生扩散的温度大约在 800～1 000 ℃，在生产中采用细颗粒硬质合金或在硬质合金中添加碳化钽（如 YW）等就能减小扩散磨损。

（4）相变磨损。相变磨损是刀具温度超过刀具材料金相组织变化的相变温度造成的，工具钢刀具在高温下属此类磨损。一般高速钢刀具的相变温度为 600～700 ℃。

（5）化学磨损。化学磨损是在一定的温度下，刀具材料与某些周围介质（如空气中的氧，切削液的各种添加剂、硫、氯等）起化学作用，在刀具表面上形成一层硬度较低的化合物，而被切屑带走，加速刀具的磨损，化学磨损主要发生于较高的切削速度条件下。

3. 刀具磨损过程及磨钝标准

刀具磨损达到一定程度就不能继续使用，否则会降低工件的尺寸精度和加工表面质量。刀具究竟磨损到什么程度就不能再被使用了呢？这就需要有一个衡量刀具磨损的标准。

（1）刀具的磨损过程。如图 3-21 所示，刀具的磨损过程分为三个阶段，即初期磨损、正常磨损和急剧磨损 3 个阶段。其中，初期磨损阶段磨损较快，磨损速度与刀具的刃磨质量直接相关，研磨过的刀具，初始磨损量较小；正常磨损阶段的时间较长，是刀具工作的有效期，刀具的磨损量随时间的增加也会缓慢而均匀地增加；急剧磨损阶段，由于刀具磨损急剧加速，很快变钝，此时刀具如继续工作，则不但不能保证加工质量，而且刀具材料消耗增加，很不经济，甚至引起刀具损坏，加工中应在此阶段到来之前及时换刀。

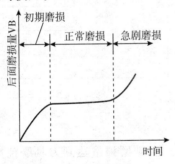

图 3-21　刀具磨损过程

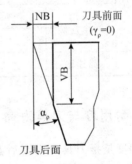

图 3-22　刀具磨钝标准

（2）刀具的磨钝标准。刀具磨损到一定的极限就不能继续使用，这个磨损极限就称为刀具的磨钝标准。

国际标准 ISO 统一规定，以 1/2 背吃刀量处后面上测量的磨损带宽度 VB 作为刀具的磨钝标准；对于自动化生产中使用的精加工刀具，常以沿工件径向的刀具磨损尺寸作为衡量刀具的磨钝标准，称为刀具的径向磨损量 NB，如图 3-22 所示。

加工条件不同时所规定的磨钝标准不相同。例如，粗加工的磨钝标准值较大，精

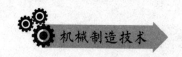

加工的磨钝标准值较小；切削难加工材料以及工艺系统刚性较低时的磨钝标准较小；由于高速钢具有较高的强度，其磨钝标准值高于相应加工条件的硬质合金刀具。常用车刀的磨钝标准见表3-6。

表 3-6　常用车刀的磨钝标准

车刀类型	刀具材料	加工材料	加工性质	后刀面最大磨损限度 VB/mm
外圆车刀、端面车刀、镗刀	高速钢	碳钢、合金钢、铸钢、有色金属	粗车	1.5～2.0
			精车	1.0
		灰铸铁、可锻铸铁	粗车	2.0～3.0
			半精车	1.5～2.0
		耐热钢、不锈钢	粗、精车	1.0
	硬质合金	碳钢、合金钢	粗车	1.0～1.4
			精车	0.4～0.6
		铸铁	粗车	0.8～1.0
			精车	0.6～0.8
		耐热钢、不锈钢	粗、精车	0.8～1.0
		钛合金	精、半精车	0.4～0.5
		淬硬钢	精车	0.8～1.0
切槽刀与切断刀	高速钢	钢、铸铁	—	0.8～1.0
		灰铸铁		1.5～2.0
	硬质合金	钢、铸钢		0.4～0.6
		灰铸铁		0.6～0.8
成形车刀	高速钢	碳钢		0.4～0.5

4. 刀具耐用度与刀具寿命

刀具耐用度是指刀具由刃磨后开始切削，一直到磨损量达到刀具磨钝标准所经历的总切削时间。刀具的耐用度用 T 表示，单位为分钟，常用刀具的耐用度如表3-7所示。它与切削用量关系密切，一般说来，切削速度 V_c 对刀具耐用度的影响最大，进给量 f 次之，背吃刀量 a_p 最小。这与三者对切削温度的影响顺序完全一致，反映出切削温度对刀具耐用度有着重要的影响。

刀具寿命是表示一把新刀从投入切削开始，到刀具报废为止总的实际切削时间。因此刀具寿命等于这把刀的刃磨次数（包括新刀开刃）乘以刀具的耐用度。

表 3-7 常用刀具的耐用度参考值 (min)

刀具类型	刀具耐用度 T	刀具类型	刀具耐用度 T
车刀、刨刀、镗刀	60	仿形车刀	120～180
硬质合金可转位车刀	30～45	组合钻床刀具	200～300
钻头	80～120	多轴铣床刀具	400～800
硬质合金面铣刀	90～180	组合机床、自动机、自动线刀具	240～480
切齿刀具	200～300		

刀具耐用度是一个表征刀具材料切削性能优劣的综合指标。在相同的切削条件下，耐用度越高，表明刀具材料的耐磨性越好。

工件材料、刀具材料、刀具几何参数、切削用量是影响刀具耐用度的主要因素。在切削用量中，切削速度对 T 的影响最大，其次是进给量，背吃刀量影响最小。要提高生产率首先应选大的 a_p，然后由加工条件和加工要求选择允许最大的 f，最后根据 T 选取合理的 v_c。

（六）切削液

在金属切削加工过程中，合理选用切削液可以改善切屑、工件与刀具间的摩擦状况，降低切削力和切削温度，减小工件变形，提高加工精度和表面质量，延长刀具使用寿命。

1. 切削液的作用

（1）冷却作用。切削液浇注到切削区域后，通过传导、对流和汽化等方式，带走大量的切削热，使切削温度降低。

（2）润滑作用。切削液渗透到切屑、工件与刀具表面之间，形成润滑性能较好的油膜，降低切削力及切削温度。

（3）清洗与排屑作用。清洗作用是利用一定流量和压力的切削液将粘附在机床、夹具、工件和刀具上的细小切屑或磨粒细粉带走，以防其对机床、工件及刀具造成损害。

（4）防锈作用。防锈作用是在切削液中添加防锈剂后，使切削液在金属表面形成保护膜，保护工件、刀具及机床、夹具等不受周围介质的腐蚀。

2. 切削液的种类

金属切削加工中常用的切削液主要有水溶液、乳化液、切削油和极压切削油。

（1）水溶液。水溶液主要成分是水，冷却性能好，润滑性能差；实际使用中常加入添加剂，使其保持良好的冷却性能，同时具有良好的防锈性能和一定的润滑性能。

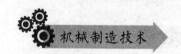

（2）切削油。切削油主要成分是矿物油，少数采用动、植物油或复合油，在实际使用中加入添加剂以提高其润滑和防锈性能，润滑效果好。

（3）乳化液。乳化液是用水和矿物油、乳化剂等配制而成，呈乳白色，具有良好的冷却性能和一定的润滑性能。

（4）极压切削油和极压乳化液。极压切削油和极压乳化液是在切削由、乳化液中加入极压添加剂配制而成，它在高温下不破坏润滑膜，具有良好的润滑效果。

3. 切削液的选用

切削液的使用效果除取决于切削液的性能外，还与刀具材料和加工要求、工件材料、加工方法等因素有关，应综合考虑，合理选用。

（1）根据刀具材料、加工要求选用。高速钢刀具耐热性差，粗加工时，切削用量大，产生的切削热量多，容易导致刀具磨损，应选用以冷却为主的切削液；精加工时，主要是获得较好的表面质量，可选用以润滑性好的切削液。硬质合金刀具耐热性好，一般不用切削液，如必要也可用低浓度乳化液或水溶液，但应持续充分地浇注，不宜断续浇注，以免处于高温状态的硬质合金刀片在突然遇到切削液时，产生较大的内应力而出现裂纹。

（2）根据工件材料选用。加工钢等塑性材料时，需用切削液；加工铸铁等脆性材料时，一般不用切削液；对于高强度钢、高温合金等，加工时应选用极压切削油或极压乳化液；对于铜、铝及铝合金，为了得到较好的表面质量和精度，可采用 $10\% \sim 20\%$ 乳化液、煤油或煤油与矿物油的混合液；切削铜时，不宜采用含硫的切削液。

（3）根据加工性质选用。钻孔、攻丝、铰孔、拉削等加工，其排屑方式为半封闭或封闭状态，刀具的导向、校正部分摩擦严重，在对硬度高、强度大、韧性大、冷作硬化趋势严重等难切削加工材料加工时尤为突出，宜选用乳化液、极压乳化液和极压切削液；成形刀具、齿轮刀具等要求保持形状、尺寸精度，应采用润滑性好的极压切削液或切削油；磨削加工温度很高，且细小的磨屑会破坏工件表面质量，要求切削液具有较好的冷却和清洗性能，常用水溶液或普通乳化液；磨削不锈钢、高温合金宜用润滑性能较好的水溶液或极压切削液。

4. 切削液的使用

要正确合理地选用和使用切削液，才能使用切削液的作用得到充分发挥。切削液的使用方法有很多，常见的方法主要有浇注法、喷雾冷却法和高压冷却法等。

（1）浇注法。浇注法是直接将具有一定流量和压力的切削液浇注到切削区域上，在实际中多用此法。

（2）喷雾冷却法。采用喷雾冷却装置，利用压缩空气使切削液雾化并高速喷向切削区，使微小的液滴接触切屑、刀具和工件产生汽化，带走大量的切削热，降低切削温度。

（3）高压冷却法。在加工深孔时，使用工作压力约为 $1\sim10$ MPa，流量约为 $50\sim150$ L/min 的高压切削液，将碎断的切屑冲离切削区域随液流带出孔外，同时起到冷却和润滑作用。

五、工件材料的切削加工性

在切削加工中，有些材料容易切削，有些材料却很难切削。判断材料切削加工的难易程度、改善和提高切削加工性对提高生产率和加工质量有重要意义。

工件材料切削加工性是指在一定切削条件下，对工件材料进行切削加工的难易程度。材料加工的难易，不仅取决于材料本身，还取决于具体的切削条件。

良好的切削加工性一般包括：在相同的切削条件下刀具具有较高的耐用度；在相同的切削条件下，切削力、切削功率较小，切削温度较低；加工时，容易获得良好的表面质量；容易控制切屑的形状，容易断屑。材料切削加工性的好坏，对于顺利完成切削加工任务，保证工件的加工质量意义重大。

（一）评定切削加工性的主要指标

1. 刀具耐用度指标

（1）绝对指标。在相同切削条件下加工不同材料时，刀具的耐用度较长；或在保证相同刀具耐用度的前提下，切削这种工件材料所允许的切削速度较高的材料，其加工性较好。刀具的耐用度较短或较小的材料，加工性较差。

（2）相对指标。以切削 45 钢（$\sigma_b = 0.637$ GPa，$170\sim229$ HBS）时的 v_{60} 为基准，写作 $(v_{60})_J$，其他被切削的工件材料的 v_{60} 与之相比的数值，记作 K_v，这个比值 K_v 称为相对加工性，即

$$K_v = \frac{v_{60}}{(v_{60})_J}$$

根据 K_v 的大小可方便地判断出材料加工的难易程度。K_v 越大，材料加工性越好。当 $K_v > 1$ 时，该材料比 45 钢易切削；反之，该材料比 45 钢难切削。一般把 $K_v \leqslant 0.5$ 的材料称为难加工材料，例如，高锰钢和不锈钢等。

2. 切削力或切削温度指标

在粗加工或机床动力不足时，常用切削力或切削温度指标来评定材料的切削加工性。即相同的切削条件下，切削力大、切削温度高的材料，其切削加工性就差；反之，其切削加工性就好。对于某些导热性差的难加工材料，也常以切削温度指标来衡量。

3. 已加工表面质量指标

精加工时，用已加工表面粗糙度值来评定材料的切削加工性。对有特殊要求的零件，

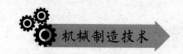

以已加工表面变质层深度、残余应力和加工硬化等指标来衡量材料的切削加工性。凡是容易获得好的已加工表面质量的材料，其切削加工性较好，反之则切削加工性较差。

4. 断屑的难易程度指标

在自动机床、组合机床和自动线上进行切削加工时，或者对如深孔钻削、盲孔钻削等断屑性能要求很高的工序，采用这种衡量指标。凡是切屑容易折断的材料，其切削加工性就好；反之，切削加工性较差。

（二）影响材料切削加工性的因素

材料的物理力学性能、化学成分、金相组织是影响材料切削加工性的主要因素。

1. 材料的物理力学性能

就材料的物理力学性能而言，材料的强度、硬度越高，切削时抗力越大，切削温度越高，刀具磨损越快，切削加工性越差；强度相同，塑性、韧性越好的材料，切削变形越大，切削力越大，切削温度越高，并且不易断屑，故切削加工性越差。材料的线膨胀系数越大，导热系数越小，加工性也越差。

2. 化学成分

就材料化学成分而言，增加钢的含碳量，强度、硬度提高，塑性、韧性下降。显然，低碳钢切削时变形大，不易获得高的表面质量；高碳钢切削抗力太大，切削困难；中碳钢介于两者之间，有较好的切削加工性。增加合金元素会改变钢的切削加工性，例如，锰、硅、镍、铬都能提高钢的强度和硬度。石墨的含量、形状、大小影响着灰铸铁的切削加工性，促进石墨化的元素能改善铸铁的切削加工性，例如，碳、硅、铝、铜、镍等；阻碍石墨化的元素能降低铸铁的切削加工性，例如锰、磷、硫、铬、钒等。

3. 金相组织

就材料金相组织而言，钢中的珠光体有较好的切削加工性，铁素体和渗碳体则较差；托氏体和索氏体组织在精加工时能获得质量较好的加工表面，但必须适当降低切削速度；奥氏体和马氏体切削加工性很差。

（三）难加工材料的切削加工性

难加工材料种类繁多，高锰钢、不锈钢是常用的难加工材料。高锰钢加工硬化严重，造成切削困难；导热性差，切削温度高，刀具易磨损；韧性大，塑性好，变形严重，不易断屑。

不锈钢中由于铬、镍含量较大，强度、韧性较好，加工硬化严重，易粘刀，断屑困难；切屑与前刀面接触长度较短，刀尖附近应力较大，易崩刃；导热性差，切削温度高，刀具耐用度低。

不难看出，这些材料性能相差甚大，因此加工特点也不相同。只要从材料特性去把握它的切削特点，就能通过改变切削条件，来解决它们的切削问题。

（四）改善材料切削加工性

1. 调整材料的化学成分

在不影响工件的使用性能的前提下，在钢中适当添加一些化学元素，如 S、Pb 等，能使钢的切削加工性得到改善，可获得易切钢。易切钢的良好切削加工性主要表现在：切削力小、容易断屑，且刀具耐用度高，加工表面质量好。另外，在铸铁中适量增加石墨成分，也能改善其切削加工性。这些方法常用在大批量生产中。

2. 进行适当的热处理

一般来说，将工件材料进行适当的热处理是改善材料切削加工性的主要措施。

对于性质很软、塑性很高的低碳钢，加工时不易断屑、容易硬化。往往采用正火的办法，提高其强度和硬度，从而改善其切削加工性。对于硬度很高的高碳工具钢，加工时刀具极易磨损。可以采用球化退火的办法，降低其硬度，从而改善其切削加工性。

3. 采用新技术

采用新的切削加工技术也是解决某些难加工材料切削的有效措施。

这些新的加工技术是加热切削、低温切削、振动切削等。例如，对耐热合金、淬硬钢、不锈钢等难加工材料进行加热切削，通过切削区中材料温度的增高，降低材料的抗剪切强度，减小接触面间的摩擦系数，可减小切削力。另外，加热切削能减小冲击振动，使切削过程平稳，从而提高了刀具的使用寿命。

第二节　车 削 加 工

一、车削基础知识

（一）车削的概念及用途

车削加工是机械加工方法中应用最广泛的方法之一，主要用于回转体零件上回转面的加工，如各轴类、盘套类零件上的内外圆柱面、圆锥面、台阶面和各种成形回转面等。采用特殊的装置或技术后，利用车削还可以加工非圆零件表面，如凸轮、端面

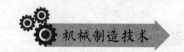

螺纹等；借助于标准或专用夹具，在车床上还可完成非回转零件上的回转表面的加工。在金属切削机床中占有比例最大，为机床总数的 20％～35％。车削加工的主要工艺类型如图 3-23 所示。

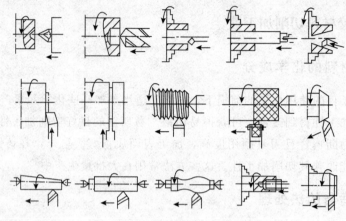

图 3-23　车削加工的主要工艺类型

车削加工是在由车床、车刀、车床夹具和工件共同构成的车削工艺系统中完成的。根据所用机床精度不同，所用刀具材料及其结构参数不同以及所采用工艺参数不同，能达到的加工精度和表面粗糙度不同，因此车削一般可以分为粗车、半精车和精车等。如在普通精度的卧式车床上，加工外圆柱表面可达 IT6～IT7 级精度，表面粗糙度 Ra 达 $1.6～0.8$ μm；在精密和高精密机床上，利用合适的工具和合理的工艺参数，还可完成对高精度零件的超精加工。车削加工经济精度和表面粗糙度如表 3-8 所示。

表 3-8　车削加工经济精度和表面粗糙度

加工类型	加工性质	经济精度（IT）	表面粗糙度 $Ra/\mu m$
车外圆	粗车	11～13	12.5～50
	半精车	9～10	3.2～6.3
	精车	6～7	0.8～1.6
	金刚石车	5～6	0.02～0.8
车平面	粗车	10～11	5～10
	半精车	9	2.5～10
	精车	7～8	0.63～1.25

（二）车削的加工运动

车削加工时，以主轴带动工件的旋转做主运动，以刀具的运动为进给运动。车削螺纹表面时，需要机床实现复合运动——螺旋运动。

（三）车削用量选择

车削用量选择原则是：在保证加工精度的前提下，尽可能提高生产率。一般先选择尽可能大的背吃刀量，其次选择进给量，最后选择合适的切削速度。

1. 背吃刀量 a_p

粗车时，由于加工余量较多，此时不要求过高的表面粗糙度。在考虑机床动力、工件和机床刚性许可的情况下，尽可能取较大的背吃刀量，以减少走刀次数，提高效率。此时一般背吃刀量就等于粗车余量；若余量太大，则第一刀背吃刀量应占粗车余量的 2/3 左右，第二刀切除余下的 1/3。

精车时，背吃刀量就等于精车余量；半精车一般取 $1\sim3$ mm；精车一般取 $0.2\sim0.5$ mm。

2. 进给量 f

背吃刀量选定后，就可进行进给量的选择。进给量的选择会直接影响到切削效率和工件表面粗糙度，太大可能会引起机床零件的损坏、刀片碎裂、工件弯曲、表面粗糙等问题；太小会造成走刀时间过长，切削效率低。

粗车时由于工件表面粗糙度要求不高，所以可在机床、工件、刀具等条件允许情况下尽量选择较大值，这样可缩短走刀时间，提高生产率。一般可选 $0.3\sim1.5$ mm/r。

精车时，应考虑工件的表面粗糙度，因此应选小些。一般可选 $0.1\sim0.3$ mm/r。

3. 切削速度 v_c

当背吃刀量和进给量选好后，切削速度尽量取得大些。应当做到既能发挥车刀的切削能力，又能发挥车床的潜力，并且保证加工表面的质量，降低成本。但切削速度的选择必须考虑以下因素。

（1）车刀材料。使用硬质合金车刀可比使用高速钢车刀的切削速度高。

（2）工件材料。切削强度和硬度较高的工件时，因产生的热量和切削力均较大，车刀易磨损，所以切削速度应选择低些。脆性材料虽然强度不高，但车削时形成崩碎切削，热量集中在刀刃附近，不易散热，因此切削速度也应取小一些。

（3）工件表面粗糙度。表面粗糙度要求高的工件，如用硬质合金车刀车削，切削速度应取得高些；如用高速钢车刀车削，切削速度应取低些。

（4）背吃刀量和进给量。背吃刀量和进给量增大时，切削时产生的切削热和切削力较大，因此应适当降低切削速度。反之，切削速度可适当提高。

（5）切削液。切削时加注切削液，可降低切削区域的温度，并起润滑作用，因此切削速度可适当提高。

表 3-9 为硬质合金外圆车刀切削用量推荐表。

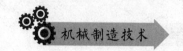

表 3-9　硬质合金外圆车刀切削用量推荐表

工件材料	热处理状态	$\alpha_p = 0.3 \sim 2$ mm $f = 0.08 \sim 0.3$ mm/r v_c/（m/min）	$\alpha_p = 2 \sim 6$ mm $f = 0.3 \sim 0.6$ mm/r v_c/（m/min）	$\alpha_p = 6 \sim 10$ mm $f = 0.6 \sim 1$ mm/r v_c/（m/min）
低碳钢 易切钢	热轧	140～180	100～120	70～90
中碳钢	热轧	130～160	90～110	60～80
	调质	100～120	70～90	50～70
合金结构钢	热轧	100～130	70～90	50～70
	调质	80～110	50～70	40～60
工具钢	退火	90～120	60～80	50～70
不锈钢	—	70～80	60～70	50～60
灰铸铁	HB<190	80～110	60～80	50～70
	HB=190～225	90～120	50～70	40～60
铜及铜合金	—	200～250	120～180	90～120
铝及铝合金	—	300～600	200～400	150～300

注：切削钢与铸铁时 T≈60～90min。

（四）车削的工艺特点

（1）加工精度比较高，而且易于保证各加工面之间的位置精度。这是因为车削加工过程连续进行，切削力变化小，切削过程平稳，所以加工精度高。此外，在车床上经一次装夹能加工出外圆面、内圆面、台阶面和端面，依靠机床的精度就能够保证这些表面之间的位置精度。

（2）生产率高、应用范围广泛。除了车削断续表面之外，一般情况下在加工过程中车刀与工件始终接触，基本无冲击现象，可采用很高的切削速度以及很大的背吃刀量和进给量，所以生产率较高。而且车削加工适应多种材料、多种表面、多种尺寸和多种精度，应用范围广泛。

（3）适于有色金属零件的精加工。有色金属零件表面粗糙度 Ra 值要求较小时，不宜采用磨削加工，需要用车削或铣削等，用金刚石车刀进行精细车时，可达较高质量。

（4）刀具简单、生产成本较低。

二、车床

（一）车床类型

车床的种类很多，按其结构和用途的不同，主要有卧式车床、立式车床、转塔车床、单轴自动车床、多轴自动车床和半自动车床、仿形车床、多刀车床和专门化车床

（如凸轮车床、曲轴车床、铲齿车床等）等。此外，在大批量生产中，还有各种各样的专用车床。

立式车床（图 3-24）的主轴处于垂直位置，在立式车床上，工件安装和调整均较为方便，机床精度保持性也好，因此加工大直径零件比较适合采用立式车床。

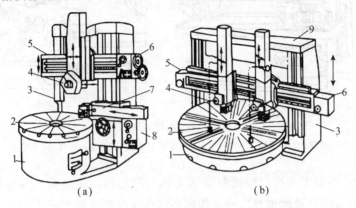

图 3-24 立式车床

（a）单柱立式车床；（b）双柱立式车床

1-底座；2-工作台；3-立柱；4-垂直刀架；5-横梁；6-垂直刀架进给箱；

7-侧刀架；8-侧刀架进给箱；9-顶梁

转塔车床（图 3-25）上多工位的转塔刀架上可以安装多把刀具，通过转塔转位可使不同刀具依次对零件进行不同内容的加工，因此可在成批加工形状复杂的零件时获得较高生产率。由于转塔车床上没有尾座和丝杠，所以只能采用丝锥、板牙等刀具进行螺纹的加工。此类车床还有回轮式，如图 3-26 所示。

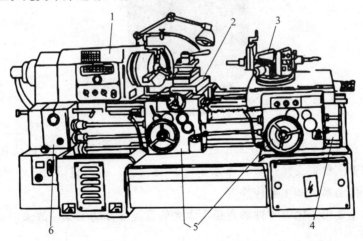

图 3-25 转塔车床

1-主轴箱；2-前刀架；3-转塔刀架；4-床身；5-溜板箱；6-进给箱

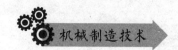

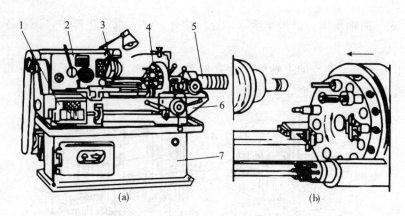

图 3-26 回轮车床

1-进给箱；2-主轴箱；3-夹料夹头；4-回转刀架；5-挡块轴；6-床身；7-底座

经调整后，不需工人操作便能自动地完成一定的切削加工循环（包括工作行程和空行程），并且可以自动地重复这种工作循环的车床称为自动车床。

使用自动车床能大大地减轻工人的劳动强度，提高加工精度和劳动生产率。自动车床适用于加工大批量、形状复杂的工件。

图 3-27 所示为单轴纵切自动车床，其自动循环是由凸轮控制的。

图 3-27 单轴纵切自动车床

卧式车床在通用车床中应用最普遍、工艺范围最广。卧式车床自动化程度、加工效率不高，加工质量也受操作者技术水平的影响较大。本节将以卧式车床为例介绍车床结构组成、传动系统和主要构件等。

卧式车床主要用于轴类零件和直径不太大的盘类零件的加工，故采用卧式布局。

（二）CA6140 卧式车床结构及组成

普通卧式车床的组成基本相同，下面以 CA6140 为例说明。CA6140 是卧式车床中应用较广的一种类型，其结构主要由 7 大部分组成，如图 3-28 所示。

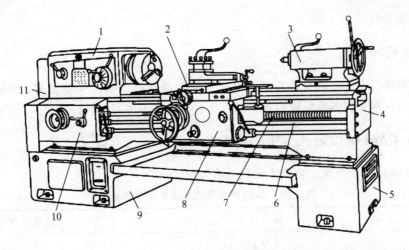

图 3-28 卧式车床的外形

1-主轴箱；2-刀架；3-尾座；4-床身；5-右床腿；6-光杠；7-丝杠；8-溜板箱；9-左床腿；10-进给

1. 床身

床身是用于支承和连接车床上其他各部件并带有精确导轨的基础件。溜板箱和尾座可沿导轨移动。床身由床脚支承，并用地脚螺栓固定在地基上。

2. 主轴箱

主轴箱是装有主轴部件及其变速机构的箱形部件，安装于床身左上端。速度变换靠调整变速手柄位置来实现。主轴端部可安装卡盘，用于装夹工件，也可插入顶尖。

3. 进给箱

进给箱是装有进给变换机构的箱形部件，安装于床身的左下方前侧，箱内变速机构可帮助光杠、丝杠获得不同的运动速度。

4. 溜板箱

溜板箱是装有操纵车床进给运动机构的箱形部件，安装在床身前侧拖板的下方，与拖板相连。它带动拖板、刀架完成纵横进给运动、螺旋运动。

5. 刀架部件

刀架部件为一个多层结构。刀架安装在拖板上，刀具安装在刀架上，拖板安装在床身的导轨上，可带刀架一起沿导轨纵向移动，刀架也可在拖板上横向移动。

6. 尾座

尾座是安装在床身的右端尾座导轨上，可沿导轨纵向移动调整位置。它用于支承

工件和安装刀具。

7. 光杠和丝杠

光杠和丝杠安装在床身的中部，是把进给运动从进给箱传到溜板箱，带动刀架运动。丝杠只是在车削各种螺纹时起作用。光杠和丝杠不能同时进行工作。

（三）CA6140 型卧式车床的技术参数

CA6140 型卧式车床主要技术参数见表 3-10。

表 3-10　CA6140 型卧式车床主要技术参数

名　称		技术参数
工作最大直径	床身上/mm	400
	刀架上/mm	210
顶尖间最大距离/mm		650、900、1 400、1 900
加工螺纹范围	公制螺纹/mm	1～12（20 种）
	英制螺纹/tpi	2～24（20 种）
	模数螺纹/mm	0.25～3（11 种）
	径节螺纹/DP	7～96（24 种）
主轴	通孔直径/mm	48
	孔锥度	莫氏 6#
	正转转速级数及转速范围	24 级　10～1 400 r/min
	反转转速级数转速范围	12 级　14～1 580 r/min
进给量	纵向级数及范围	64 级　0.028～6.33 mm/r
	横向级数	64 级　0.014～3.16 mm/r
溜板行程	纵向/mm	650、900、1 400、1 900
	横向/mm	320
刀架	最大行程/mm	140
	最大回转角	±90°
	刀杆截面/mm×mm	25×25
尾座	顶尖套最大移动量/mm	150
	横向最大移动量/mm	±10
	顶尖套锥度	莫氏 5#
电动机功率	主电动机/kW	7.5
	总功率/kW	7.84

三、车刀

（一）车刀类型

车刀按结构分，有整体式车刀、焊接式车刀、机夹重磨式车刀和可转位式车刀等，如图 3-29 所示。

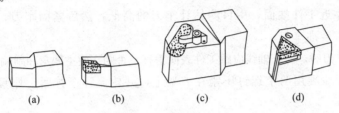

图 3-29　车刀的种类

（a）整体式车刀；（b）焊接式车刀；（c）机夹重磨车刀；（d）可转位式车刀

车刀按用途分，有外圆车刀、镗孔车刀、端面车刀、螺纹车刀、切断刀和成形车刀等，如图 3-30 所示。

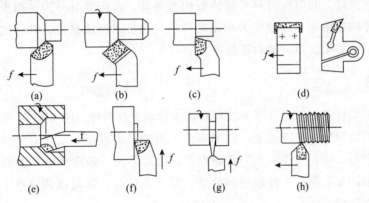

图 3-30　常用车刀种类

（a）直头外圆车刀；（b）弯头外圆车刀；（c）90°外圆车刀；（d）宽刃外圆车刀；
（e）内孔车刀；（f）端面车刀；（g）切断车刀；（h）螺纹车刀

（二）车刀的安装

车刀安装是否正确，直接影响切削的顺利进行和工件的加工质量。即使刃磨了合理的刀具角度，如果不正确安装，也会改变了车刀的实际工件角度。所以在安装车刀时，必须注意以下几点。

（1）车刀安装在刀架上，其伸出长度不宜太长，在不影响观察的前提下，应尽量伸出短些。否则切削时刀杆刚性相对减弱，容易产生振动，使车出来的工件表面粗糙，严重时会损坏车刀。车刀伸出长度一般以不超过刀杆厚度的 1～1.5 倍为宜。车刀下面

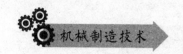

的垫片要平整，垫片应跟刀架对齐，而且垫片的片数应尽量少，以防止产生振动。

（2）车刀刀尖应装得跟工件中心线一样高。装得太高，会使车刀的实际后角减小，从面增大与工件之间的摩擦；装得太低，会使车刀的实际前角减小，切削不顺利。

要使车刀刀尖对准工件中心，可用下列方法。

①根据车床主轴中心高，用钢尺测量装刀，这种方法较为简单。

②将刀具的刀尖靠近尾座的顶尖，根据尾座顶尖的高低把车刀装准。

③把车刀靠近工件端面，用目测估计车刀的高低，然后紧固车刀，试车端面。再根据端面的中心装准车刀。

（3）安装车刀时，刀杆轴线应跟工件表面垂直，否则会使主偏角和副偏角发生变化。

（4）车刀至少要用两个螺钉压紧在刀架上，并轮流逐个拧紧。拧紧时不得用力过大而使螺钉损坏。

四、车床工装

（一）车床常用附件

用以装夹工件（和引导刀具）的装置称为夹具。车床夹具分为通用夹具和专用夹具两类。车床的通用夹具一般作为车床附件供应，且已经规格化。常见的车床附件有卡盘、顶尖、中心架、跟刀架和花盘等。

1. 卡盘

卡盘有三爪自定心卡盘（图3-31）和四爪单动卡盘两种（图3-32）。三爪自定心卡盘的三个卡爪均匀分布在圆周上，能同步沿卡盘的径向移动，实现对工件的夹紧或松开，能自动定心，装夹工件一般不需要校正，使用方便。四爪单动卡盘的四个卡爪沿圆周均匀分布，每个卡爪单独沿径向移动，装夹工件时，需通过调节各卡爪的位置对工件的位置进行校正。

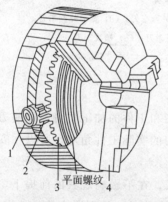

图3-31 三爪自定心卡盘
1-方孔；2-小圆锥齿轮；3-大圆锥齿轮；4-卡爪

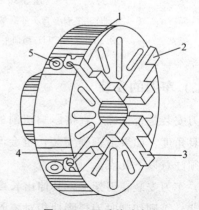

图3-32 四爪单动卡盘
1、2、3、4-卡爪；5-丝杠

2. 顶尖

顶尖的作用是定中心，承受工件的质量与切削时的切削力。顶尖分前顶尖和后顶尖。

前顶尖是安装在主轴上的顶尖，随主轴和工件一起回转。因此与工件中心孔无相对运动，不产生摩擦。后顶尖是插入尾座套筒锥孔中的顶尖，分固定顶尖（图3-33）和回转顶尖（图3-34）两种。固定顶尖定心好、刚度高，切削时不易产生振动，但与工件中心孔有相对运动，容易发热和磨损。回转顶尖可克服发热和磨损的缺点，但定心精度稍差，刚度也稍低。

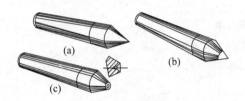

图 3-33　固定顶尖
（a）顶尖；（b）硬质合金顶尖；（c）反顶尖

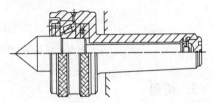

图 3-34　回转顶尖

3. 中心架

中心架如图3-35所示。在车削刚度较低的细长轴，或是不能穿过车床主轴孔的粗长工件，以及孔与外圆同轴度要求较高的较长工件时，往往采用中心架来增强刚度、保证同轴度。

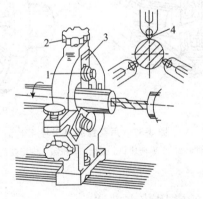

图 3-35　中心架
1-固定螺母；2-调节螺钉；3-支承爪；4-支承辊

4. 跟刀架

跟刀架如图3-36所示。使用时，一般固定在车床床鞍上，车削时跟随在车刀后面移动，承受作用在工件上的切削力。跟刀架多用于无台阶的细长光轴加工。跟刀架常

用的有两爪跟刀架和三爪跟刀架两种。

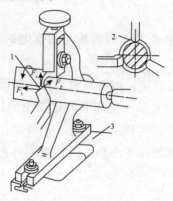

图 3-36　跟刀架

1-刀具对工件的作用力；2-硬质合金支承块；3-床鞍

5. 花盘

　　花盘是一材质为铸铁的大圆盘，安装在车床主轴上，盘面平整，上面有若干呈辐射状分布的长短不一的通槽，用于安装各种螺钉，以紧固工件。花盘（和角铁）主要用来装夹用其他方法不便装夹的形状不规则的工件。若工件质量不均衡，必须在花盘上加装平衡铁予以平衡。花盘及其附件如图 3-37 所示。

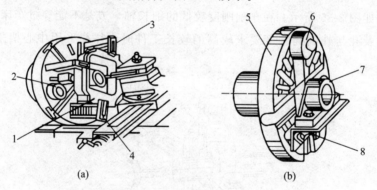

(a)　　　　　　　　　　　(b)

图 3-37　用花盘装夹工件

1、7-工件；2、6-平衡块；3-螺栓；4-压板；5-花盘；8-弯板

（二）工件在车床上的常用装夹方法

1. 用卡盘装夹

　　三爪自定心卡盘常用于装夹中小型圆柱形、正三边形或正六边形工件。由于能自动定心，一般不需要校正，但在装夹较长的工件时，工件上离卡盘夹持部分较远处的回转中心不一定与车床主轴轴线重合，这时必须对工件位置进行校正。粗加工时，可

用划针校正毛坯表面（图 3-38）；精加工时，用百分表校正工件外圆（图 3-39）。

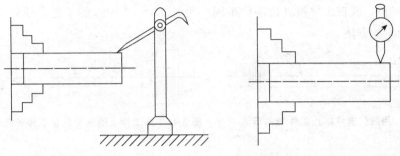

图 3-38　用划针校正轴类工件　　　图 3-39　用百分表校正轴类工件

　　三爪自定心卡盘的夹紧力较小。一些如四边形等非圆柱形工件，不能在三爪自定心卡盘上装夹，或要求定位精度较高、夹紧力要求较大的工件，可使用四爪单动卡盘装夹。由于校正工件位置麻烦、费时，所以用四爪单动卡盘装夹只适用于单件、小批量生产。

2. 用两顶尖装夹

　　用两顶尖和鸡心夹头装夹工件的方法适用于轴类工件的装夹，特别是在多工序加工中，重复定位精度要求较高的场合。工件两端应预制有中心孔。

　　由于顶尖工作部位细小，支承面较小，不宜承受大的切削力，所以主要用于精加工。

　　图 3-40 所示为用两顶尖及鸡心夹头装夹工件的结构示意图。

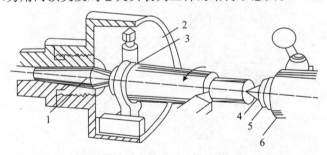

图 3-40　所示为用两顶尖及鸡心夹头装夹工件

1-前顶尖；2-拨盘；3-鸡心夹头；4-尾顶尖；5-尾座套筒；6-尾座

3. 一夹一顶装夹

　　工件一端用卡盘夹持，另一端用后顶尖支承的方法俗称一夹一顶装夹。这种装夹方法安全、可靠，能承受较大的轴向切削力，适用于采用较大切削用量的粗加工，以及粗大笨重的轴类工件的装夹。但对相互位置精度要求较高的工件，调头车削时，校正较困难。

为防止在轴向切削力作用下，工件发生蹿动，可以采用在卡盘内装一个轴向限位支承（图 3-41），或在工件被夹持部位车削一个长 10～20 mm 的工艺台阶作为限位支承（图 3-42）的方法。

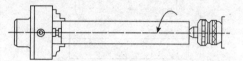

图 3-41　用限位支承防止工件轴向蹿动

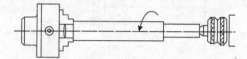

图 3-42　用工件上的台阶防止工件轴向蹿动

4. 用中心架、跟刀架辅助支承

在加工特别细长的轴类零件（如光杠、丝杠和其他有台阶的长轴等）时，常使用中心架或跟刀架作为辅助支承，以提高工件的刚度，防止工件在加工中弯曲变形。

（1）中心架多用于带台阶的细长轴的外圆加工，使用时固定于床身的适当位置。

（2）中心架还可以用于较长轴的端部加工，如车端平面、钻孔或车孔等。

（3）跟刀架多用于无台阶的细长轴的外圆加工，在车削细长轴时宜选用三爪跟刀架。

5. 用心轴装夹

当工件内、外圆表面间有较高的位置精度要求，且不能将内、外圆表面在同一次装夹中加工时，常采用先精加工内圆表面，再以其为定位基准面，用心轴装夹后精加工外圆的工艺方法。图 3-43 所示为用心轴装夹工件的示意图。

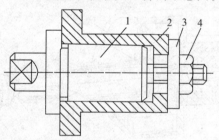

图 3-43　工件用心轴装夹

1-心轴；2-工件；3-开口垫圈；4-螺母

心轴的定位圆柱表面具有很高的尺寸精度，心轴两端加工有中心孔，定位圆柱表面对两中心孔公共轴线有很高的位置精度（同轴度或圆跳动误差很小）。工件内圆柱表面精加工尺寸精度越高，则加工后内、外圆表面间的位置精度越高。

6. 用花盘、角铁装夹

使用花盘（和角铁）装夹，用其他方法不便装夹的形状不规则工件时，通常这类工件都有一个较大的平面，用作在花盘或角铁上确定位置的基准面。

角铁也称弯板，由铸铁制成，通常有两个相互垂直的工作表面，上有长短不一的通槽，用于连接螺栓的通过。

用花盘或角铁装夹工件，通常需要在花盘上适当位置安装平衡块，并予以仔细平衡，以保证安全生产和防止切削加工时产生振动。

第三节 铣削加工

一、铣削基础知识

（一）铣削概念及加工范围

铣削加工是利用多刃回旋体刀具在铣床上对工件表面进行加工的一种切削加工方法。加工时，工件用螺栓、压板或夹具安装在工作台上，铣刀安装在主轴的前刀杆上或直接安装在主轴上。铣刀的旋转运动为主运动，工件相对于刀具的直线运动为进给运动。它可以加工水平面、垂直面、斜面、沟槽、成形表面、螺纹和齿形等，也可以用来切断材料、钻孔、铰孔、镗孔。因此，铣削加工的工艺范围相当广泛，也是平面加工的主要方法之一。铣削加工的典型表面如图 3-44 所示。

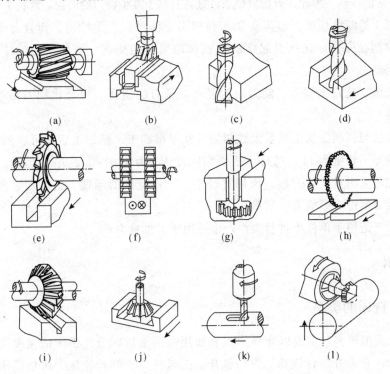

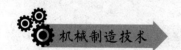

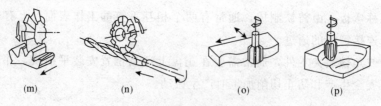

图 3-44 铣削加工的典型表面

(a) 铣平面；(b) 铣平面；(c) 铣平面；(d) 铣沟槽；(e) 铣沟槽；

(f) 铣台阶；(g) 铣 T 形槽；(h) 切断；(i) 铣成形沟槽；(j) 铣成形沟槽；(k) 铣键槽；

(l) 铣键槽；(m) 铣齿槽；(n) 铣螺旋槽；(o) 铣一般成形曲面；(p) 铣一般成形曲面

（二）铣削的工艺特点

与其他平面加工方法相比较，铣削主要有以下工艺特点。

（1）铣刀是典型的多刃刀具，加工过程有几个刀齿同时参加切削，总的切削宽度较大；每个刀齿的切削是间断轮流的，切削过程是连续的；铣削时的主运动是铣刀的旋转，有利于进行高速切削，故铣削的生产率高于刨削加工。

（2）铣削加工范围广。可以加工刨削无法加工或难以加工的表面。例如可铣削周围封闭的凹平面、圆弧形沟槽、具有分度要求的小平面和沟槽等。

（3）铣削过程中，就每个刀齿而言是依次参加切削。刀齿在离开工件的一段时间内，可以得到一定的冷却。因此，刀齿散热条件好，有利于减少铣刀的磨损，延长了使用寿命。

（4）由于是断续切削，刀齿在切入和切出工件时会产生冲击，而且每个刀齿的切削厚度也时刻在变化，这就引起切削面积和切削力的变化。因此，铣削过程不平稳，容易产生振动。

（5）铣床、铣刀比刨床、刨刀结构复杂，铣刀的制造与刃磨比刨刀困难，铣削成本比刨削高。

（6）铣削与刨削的加工质量大致相当，经过粗加工、精加工后都可达到中等精度。通常铣削的加工精度为 IT7～IT9，表面粗糙度 Ra 为 $1.6～3.2~\mu m$。但是，在加工大平面时，铣削无明显接刀刀痕，而用直径小于工件宽度的端铣刀铣削时，各次走刀间有明显的接刀痕迹，影响表面质量。

铣削加工适用于单件小批量生产，也适用于大批量生产。

二、铣床

（一）铣床的类型

铣床的类型很多，主要以布局形式和适用范围加以区分。铣床的主要类型有卧式升降台铣床、立式升降台铣床、龙门铣床、工具铣床、圆台铣床、仿形铣床和各种专门化铣床。

1. 卧式铣床

卧式铣床（图 3-45 所示）的主轴是水平安装的。卧式升降台铣床、万能升降台铣床和万能回转头铣床都属于卧式铣床。卧式升降台铣床主要用于铣平面、沟槽和多齿零件等。万能升降台铣床由于比卧式升降台铣床多一个在水平面内可调整±45°范围内角度的转盘，所以它除完成与卧式升降台铣床同样的工作外，还可以让工作台斜向进给加工螺旋槽。万能回转头铣床除具备一个水平主轴外，还有一个可在一定空间内进行任意调整的主轴，其工作台和升降台分别可在三个方向运动，而且还可以在两个互相垂直的平面内回转，因此有更广泛的工艺范围，但机床结构复杂，刚性较差。

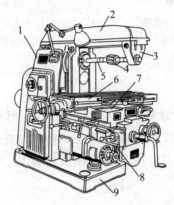

图 3-45 X6132 型万能升降台铣床外形
1-床身；2-悬梁；3-挂架；4-铣刀；5-铣刀轴；6-工作台；7-滑座；8-升降台；9-底座

2. 立式铣床

立式铣床的主轴是垂直安装的。立铣头取代了卧铣的主轴悬梁、刀杆及其支承部分，且可在垂直面内调整角度。立式铣床适用于单件和成批生产中的平面、沟槽、台阶等表面的加工；还可加工斜面。若与分度头、圆形工作台等配合，还可加工齿轮、凸轮及铰刀、钻头等的螺旋面，在模具加工中，立式铣床最适合加工模具型腔和凸模成形表面。

立式升降台铣床的外形如图 3-47 所示。

3. 龙门铣床

龙门铣床是一种大型高效能的铣床，如图 3-48 所示。它是龙门式结构布局，具有较高的刚度和抗振性。在龙门铣床的横梁和立柱上均安装有铣削头，每个铣削头都是一个独立部件，其中包括单独的驱动电机、变速机构、传动机构、操纵机构和主轴部件等。在龙门铣床上可利用多把铣刀同时加工几个表面，生产率很高。龙门铣床广泛应用于成批、大量生产中大中型工件的平面、沟槽加工。

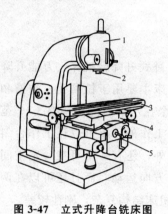

图 3-47　立式升降台铣床图

1-铣头；2-主轴；3-工作台；4-床鞍；5-升降台

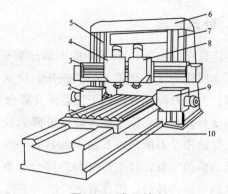

图 3-48　龙门铣床

1-工作台；2、9-水平铣头；3-横梁；4、8-垂直铣头；
5、7-立柱；6-顶梁；10-床身

4. 万能工具铣床

万能工具铣床（图 3-49）常配备有可倾斜工作台、回转工作台、平口钳、分度头、立铣头和插销头等附件。万能工具铣床除能完成卧式与立式铣床的加工内容外，还有更多的万能性，因此适用于工具、刀具和各种模具加工，也可用于仪器、仪表等行业加工形状复杂的零件。

5. 圆台铣床

圆台铣床的圆工作台可装夹多个工件作连续的旋转，使工件的切削时间与装卸等辅助时间重合，获得较高的生产率。圆台铣床又可分为单轴和双轴两种形式，图 3-50所示为双轴圆台铣床。它的两个主轴可分别安装粗铣和半精铣的端铣刀，同时进行粗铣和半精铣，使生产率更高。圆台铣床适用于加工成批大量生产中、小零件的平面。

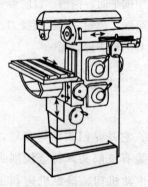

图 3-49　万能工具铣床

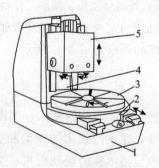

图 3-50　双轴圆台铣床

1-床身；2-滑座；3-工作台；4-滑鞍；5-主轴箱

（二）X6132 万能升降台铣床的组成与布局

1. X6132 万能升降台铣床组成

万能升降台卧式铣床应用非常广泛，以 X6132 型万能升降台铣床为代表，该机床结构合理、刚性好、变速范围大、操作比较方便。

X6132 型万能升降台铣床主要由悬梁、主轴、工作台、回转盘、床鞍和升降台等部件组成。结构布局如图 3-45 所示。

机床的床身安放在底座上，床身内装有主传动系统和孔盘变速操纵机构，可方便地选择十八种不同转速；床身顶部有燕尾形导轨，供横梁调整滑动；机床的空心主轴的前端带有 7∶24 锥孔，装有两个端面键，用于安装刀杆并传递扭矩；机床升降台安装于床身前面的垂直导轨上，用于支承床鞍、工作台和回转盘，并带动它们一起上下移动；升降台内装有进给电机和进给变速机构；机床的床鞍可作横向移动，回转盘处于床鞍和工作台之间，它可使工作台在水平面上回转一定角度；带有 T 形槽的工作台用于安装工件和夹具，并可作纵向移动。

2. X6132 万能升降台铣床技术参数

X6132 万能升降台铣床技术参数见表 3-11。

表 3-11 X6132 万能升降台铣床技术参数

名 称		技 术 参 数
工作台尺寸（宽×长）		320 mm×1 250 mm
主轴	转速级数	18
	转速范围/（r/min）	30～1 500
	锥孔锥度	7∶24
工作台最大行程	纵向/mm	800
	横向/mm	300
	垂直/mm	400
进给量（21 级）	纵向/（mm/min）	10～1 000
	横向/（mm/min）	10～1 000
	垂直/（mm/min）	3.3～333
快速进给量	纵向与横向/（mm/min）	2 300
	垂直/（mm/min）	766.6
电动机功率	主电动机	7.5 kW，1 450 r/min

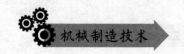

三、铣刀

（一）铣刀种类

铣刀是金属切削刀具中种类最多的刀具之一，根据加工对象不同，铣刀有许多不同的类型。

（1）按铣刀的结构形式分类，铣刀可分为整体式铣刀、焊接式铣刀、镶齿（装配）式铣刀和可转位铣刀四类。

（2）按铣刀的形状和用途分类，铣刀可分为加工平面类铣刀、加工沟槽用铣刀和加工成型面用铣刀三类。

（3）按铣刀的安装方式分类，铣刀可分为带孔铣刀和带柄铣刀两类。

（4）按铣刀的加工性质分类，铣刀可分为粗齿铣刀和细齿铣刀两类。

（5）按铣刀的齿背形式分类，铣刀可分为尖齿铣刀和铲齿铣刀两类。

（二）常见铣刀及选择

1. 圆柱形铣刀

如图 3-51 所示，圆柱形铣刀一般都是用高速钢制成整体的，螺旋形切削刃分布在圆柱表面上，没有副切削刃，螺旋形的刀齿切削时是逐渐切入和脱离工件的，所以切削过程较平稳。圆柱形铣刀主要用于卧式铣床上加工宽度小于铣刀长度的狭长平面。

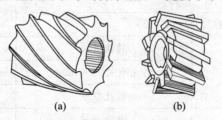

（a）　　　　　　　（b）

图 3-51　圆柱铣刀

（a）整体式；（b）镶齿式

根据加工要求不同，圆柱铣刀有粗齿、细齿之分。粗齿圆柱形铣刀具有刀齿数少、刀齿强度高、容屑空间大、重磨次数多等特点，适用于粗加工。细齿圆柱形铣刀齿数多、工作平稳，适用于精加工。铣刀外径较大时，常制成镶齿的。

2. 立铣刀

立铣刀一般由 3～4 个刀齿组成，其结构如图 3-52 所示。圆柱面上的切削刃是主切削刃，端面上分布着副切削刃，工作时只能沿着刀具的径向进给，不能沿着刀具的轴向作进给运动，因为立铣刀的端面切削刃没有贯通到刀具中心。立铣刀主要用于铣削凹槽、台阶和小平面。

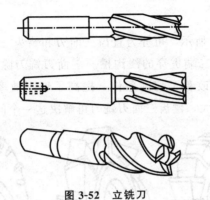

图 3-52 立铣刀

直径较小的立铣刀，一般制成带柄形式。$\varphi2\sim\varphi71$ mm 的立铣刀为直柄；$\varphi6\sim\varphi63$ mm 的立铣刀为莫氏推柄；$\varphi25\sim80$ mm 的立铣刀为带有螺孔的 7：24 锥柄，螺孔用来拉紧刀具。直径大于 $\varphi40\sim\varphi160$ mm 的立铣刀可做成套式结构。

3. 面铣刀

面铣刀如图 3-53 所示，主切削刃分布在圆柱或圆锥表面上，端面切削刃为副切削刃，铣刀的轴线垂直于被加工表面。按刀齿材料可分为高速钢和硬质合金两大类，多制成套式镶齿结构，刀体材料为 40Cr。

高速钢面铣刀按国家标准规定，直径 $d=80\sim250$ mm，螺旋角 $\beta=10°$，刀齿数 $Z=10\sim26$。

硬质合金面铣刀与高速钢铣刀相比，铣削速度较高、加工表面质量也较好，并可加工带有硬皮和淬硬层的工件，故得到广泛应用。硬质合金面铣刀按刀片和刀齿的安装方式不同，可分为整体式、机夹一焊接式和可转位式三种。

面铣刀主要用在立式铣床或卧式铣床上加工台阶面和平面，特别适合较大平面的加工，主偏角为 90°的面铣刀可铣底部较宽的台阶面。用面铣刀加工平面，同时参加切削的刀齿较多，又有副切削刃的修光作用，使加工表面粗糙度值小，因此可以用较大的切削用量，生产率较高，应用广泛。

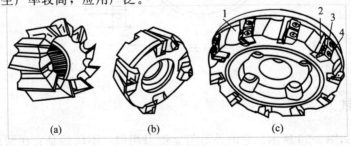

(a)   (b)   (c)

图 3-53 面铣刀

（a）整体式面铣刀；（b）镶焊接式硬质合金而铣刀；（c）机夹式可转位面铣刀

1-刀体；2-楔块；3-刀垫；4-刀片

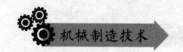

4. 三面刃铣刀

三面刃铣刀如图 3-54 所示，可分为直齿三面刃和错齿三面刃。它主要用在卧式铣床上加工台阶面和一端或二端贯穿的浅沟槽。三面刃铣刀除圆周具有主切削刃外，两侧面也有副切削刃，从而改善了切削条件，提高了切削效率，减小了表面粗糙度值。但重磨后宽度尺寸变化较大，镶齿三面刃铣刀可解决这一个问题。

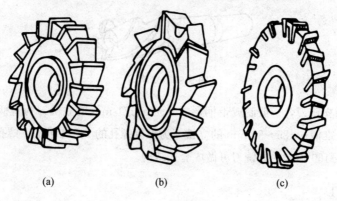

(a)　　　　　　　　　(b)　　　　　　　　　(c)

图 3-54　三面刃铣刀

（a）直齿；（b）交错齿；（c）镶齿

5. 锯片铣刀

锯片铣刀如图 3-55 所示，锯片铣刀本身很薄，只在圆周上有刀齿，用于切断工件和铣窄槽。为了避免夹刀，其厚度由边缘向中心减薄，使两侧形成副偏角。

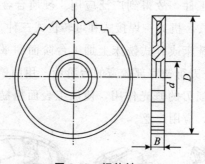

图 3-55　锯片铣刀

6. 键槽铣刀

键槽铣刀如图 3-56 所示。它的外形与立铣刀相似，不同的是它在圆周上只有两个螺旋刀齿，其端面刀齿的刀刃延伸至中心，既象立铣刀，又像钻头。因此在铣两端不通的键槽时，可以作适量的轴向进给。它主要用于加工圆头封闭键槽，使用它加工时，要作多次垂直进给和纵向进给才能完成键槽加工。

国家标准规定，直柄键槽铣刀直径 $d = 2 \sim 22$ mm，锥柄键精铣刀直径 $d = 14 \sim 50$ mm。键槽铣刀直径的偏差有 $e8$ 和 $d8$ 两种。键槽铣刀的圆周切削刃仅在靠近端面的一小段长度内发生磨损，重磨时只需刃磨端面切削刃，因此重磨后铣刀直径不变。

图 3-56　键槽铣刀

7. 角度铣刀

角度铣刀如图 3-57 所示。它主要用于加工带角度的沟槽和斜面。图 3-57（a）为单角铣刀，圆锥切削刃为主切削刃，端面切削刃为副切削刃。图 3-57（b）为双角铣刀，两圆锥面上的切削刃均为主切削刃。它又分为对称双角铣刀和不对称双角铣刀。

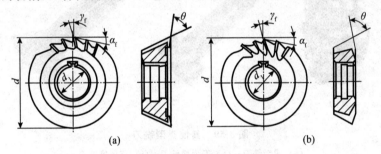

(a)　　　　　　　　　　　　　(b)

图 3-57　角度铣刀

（a）单角铣刀；（b）双角铣刀

国家标准规定，单角铣刀直径 $d = 40 \sim 100$ mm，两刀刃间夹角 $\theta = 18° \sim 90°$。不对称双角铣刀直径 $d = 40 \sim 100$ mm，两刀刃间夹角 $\theta = 50° \sim 100°$。对称双角铣刀直径 $d = 50 \sim 100$ mm，两刀刃间夹角 $\theta = 18° \sim 19°$

8. 模具铣刀

模具铣刀如图 3-58 所示，主要用于加工模具型腔或凸模成形表面。在模具制造中广泛应用。它是由立铣刀演变而成。高速钢模具铣刀主要分为圆锥形立铣刀（直径 $d = 6 \sim 20$ mm，半锥角 $\alpha/2 = 3°$、$5°$、$7°$ 和 $10°$）、圆柱形球头立铣刀（直径 $d = 4 \sim 63$ mm）和圆锥形球头立铣刀（直径 $d = 6 \sim 20$ mm，半锥角 $\alpha/2 = 3°$、$5°$、$7°$ 和 $10°$）。

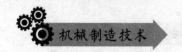
一般可按工件形状和尺寸来选择。

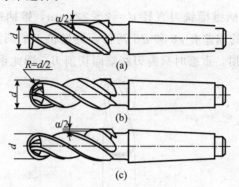

图 3-58　高速钢模具铣刀

（a）圆锥形立铣刀；（b）圆柱形球头立铣刀；（c）圆锥形球头立铣刀

9. 其他铣刀

除以上几类铣刀外，其他还有成形铣刀、T 形槽铣刀、燕尾槽铣刀、仿形铣用的指形铣刀等多种形式，如图 3-59 所示，主要应用于一些特殊表面加工。

图 3-59　其他类型铣刀

（a）成型铣刀；（b）T 形槽铣刀；（c）燕尾槽铣刀

（三）卧式铣床上刀具安装

在卧式铣床上安装圆柱铣刀、三面刃铣刀、特种铣刀等带孔的铣刀，首先用带锥柄的刀杆安装在铣床的主轴上。刀杆的直径与铣刀的孔径应相同，尺寸已标准化，常用的直径有 22 mm、27 mm、32 mm、40 mm 和 50 mm5 种。图 3-60 所示为这种刀杆的结构和应用情况。刀杆的锥柄与卧式主轴锥孔相符，锥度 7∶24，锥柄端部有螺纹孔可以通过拉杆将刀杆紧固在主轴锥孔中，另一端具有外螺纹，铣刀和固定环装入刀杆后用螺母夹紧。铣刀杆是直径较小的杆件，容易弯曲，铣刀杆弯曲将会使铣刀产生不均匀铣削，因此铣刀杆平时应垂直吊置。固定环两端面的平行度要求很高，否则当螺母将刀杆上的固定环压紧时会使刀杆弯曲。

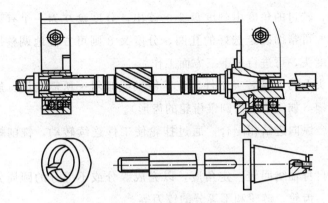

图 3-60　铣刀杆的结构与应用

四、铣床工装

在铣床上加工工件时，工件的安装方式主要有三种。一是直接将工件用螺栓、压板安装于铣床工作台，并用百分表、划针等工具找正，大型工件常采用此安装方式。二是采用平口钳、V 形架、分度头等通用夹具安装工件。形状简单的中、小型工件可用平口虎钳装夹；加工轴类工件上有对中性要求的加工表面时，采用 V 形架装夹工件；对需要分度的工件，可用分度头装夹。三是用专用夹具装夹工件。铣床附件除常用的螺栓、压板等基本工具外，主要有平口钳、万能分度头、回转工作台和立铣头等。

（一）平口钳

平口钳的钳口本身精度及其与底座底面的位置精度较高，底座下面的定向键方便于平口钳在工作台上的定位，因此结构简单，夹紧可靠，如图 3-61 所示。平口钳有固定式和回转式两种，回转式平口钳的钳身可绕底座心轴回转 360°。

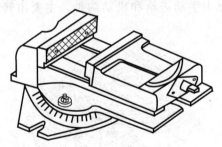

图 3-61　平口钳

（二）万能分度头

如图 3-62 所示为 FW250 型万能分度头的外形。分度头通过基座 11 安装于铣床工作台，回转体 5 支承于底座并可回转 -6°～+95°，主轴 2 的前端可装顶尖或卡盘以便于装夹工件，摇动手柄 7 可通过分度头内传动带动主轴旋转，脱开内部的蜗杆机构，也

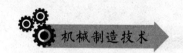

可直接转动主轴，转过的角度由刻度盘 3 上读出，分度盘 9 为一个有许多均布同心圆孔的圆盘，插销 6 可帮助确定选好的孔圈，分度叉 8 则可方便地调整所需角度。利用安装于铣床的分度头，可进行如下三方面工作。

（1）用分度头上的卡盘装夹工件，使工件轴线倾斜一所需角度，加工有一定倾斜角度的平面或沟槽（如铣削直齿圆锥齿轮的齿形）。

（2）与工作台纵向进给相配合，通过挂轮使工件连续转动，铣削螺旋沟槽、螺旋齿轮等。

（3）使工件自身轴线回转一定角度，以完成等分或不等分的圆周分度工作，如铣削方头、六角头、齿轮、链轮和不等分的铰刀等。

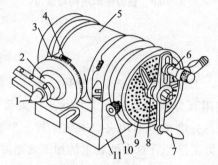

图 3-62　万能分度头

1-顶尖；2-主轴；3-刻度盘；4-游标；5-回转体；6-插销；

7-手柄；8-分度叉；9-分度盘；10-锁紧螺母；11-基座

（三）回转工作台

回转工作台安装在铣床工作台上（图 3-63），用来装夹工件，以铣削工件上的圆弧表面或沿圆周分度。它分为手动进给和机动两种，主要由转台、离合器手柄、手轮、传动轴和底座等组成。

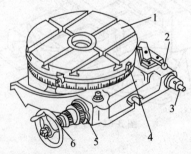

图 3-63　回转工作台

1-转台；2-离合器手柄；3-传动轴；4-挡铁；5-偏心环；6-手轮

手动时可将手柄放在中间位置，使内部的离合器与锥齿轮脱开；摇动手轮，通过内部蜗杆带动蜗轮和转台一起转动。当需要机动时，则可将手柄推向两端位置（工作台顺时针转或逆时针转），使离合器与圆锥齿轮啮合，再将传动轴与铣床的传动装置联接，由铣床的传动装置来驱动转台旋转。调整挡铁的位置，可使转盘自动停止在所需要的位置上。

回转工作台除了能带动安装其上的工件旋转外，还可完成分度工作。如利用它加工工件上圆弧形周边、圆弧形槽、多边形工件和有分度要求的槽或孔等。

（四）立铣头

立铣头（图 3-64）可装于卧式铣床，并能在垂直平面内顺时针或逆时针回转 90°，起到立铣作用而扩大铣床工艺范围。

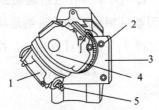

图 3-64　立铣头

1-主轴壳体；2-螺钉；3-底座；4-壳体；5-铣刀

五、铣削用量及选择

（一）铣削用量

如图 3-65 所示，铣削用量有以下几个方面。

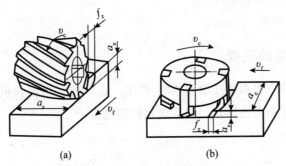

图 3-65　铣削用量

（a）圆周铣削；（b）端铣

1. 背吃刀量 a_p

在通过切削刃基点并垂直于工作平面的方向上测量的吃刀量。端铣时，a_p 为切削层深度；圆周铣削时，a_p 为被加工表面的宽度。

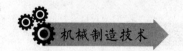

2. 侧吃刀量 $α_e$

在平行于工作平面并垂直于切削刃基点的进给运动方向上测量的吃刀量。端铣时，$α_e$ 为被加工表面的宽度；圆周铣削时，$α_e$ 为切削层深度。

3. 进给参数

每齿进给量 f_z：指铣刀每转过一个齿相对工件在进给运动方向上的位移量，单位 mm/z。

进给量 f：指铣刀每转过一转相对工件在进给运动方向上的位移量，单位 mm/r。

进给速度 v_f：指铣刀切削刃基点相对工件的进给运动的瞬时速度，单位 mm/min。

通常应根据具体加工条件选择 f_z，然后计算出 f，按 v_f 调整机床，三者关系为

$$v_f = fn = f_z Zn$$

式中　n—铣刀旋转速度，r/min；

　　　Z—铣刀齿数。

4. 铣削速度 v_c

铣削速度 v_c 指铣刀切削刃基点相对工件的主运动的瞬时速度，可按下式计算

$$v_c = \frac{\pi dn}{1\,000}$$

式中　v_c—铣削速度，单位 m/min 或 m/s；

　　　d—铣刀直径，单位 mm；

　　　n—铣刀旋转速度，r/min。

（二）铣削用量的选择

铣削用量的选择应当根据工件的加工精度，铣刀的耐用度和机床的刚性，首先选定铣削深度，其次是每齿进给量，最后确定铣削速度。

1. 粗加工

因粗加工余量较大，精度要求不高，此时应当根据工艺系统刚性及刀具耐用度来选择铣削用量。一般选取较大的背吃刀量和侧吃刀量，使一次进给尽可能多的切除毛坯余量。在刀具性能允许条件下应以较大的每齿进给量进行切削，以提高生产率。

2. 半精加工

此时工件的加工余量一般在 0.5～2 mm，并且无硬皮，加工时主要降低表面粗糙度值，因此应选择较小的每齿进给量，而取较大的切削速度。

3. 精加工

这时加工余量很小，应当着重考虑刀具的磨损对加工精度的影响，因此宜选择较小的每齿进给量和铣刀较大的铣削速度进行铣削。

铣削用量选择参见表 3-12 和表 3-13。

表 3-12　粗铣每齿进给量 f_z 的推荐值

刀具		材料	推荐进给量/（mm/z）
高速钢	圆柱铣刀	钢	0.10～0.50
		铸铁	0.12～0.20
	端铣刀	钢	0.04～0.06
		铸铁	0.15～0.20
	三面刃铣刀	钢	0.04～0.06
		铸铁	0.15～0.25
硬质合金铣刀		钢	0.10～0.20
		铸铁	0.15～0.30

表 3-13　铣削速度 v_c 的推荐值

工件材料	铣削速度/（m/min）		说明
	高速钢铣刀	硬质合金铣刀	
20	20～45	150～190	1. 粗铣时取小值，精铣时取大值。 2. 工件材料强度和硬度高取小值，反之取大值。 3. 刀具材料耐热性好取大值，耐热性差取小值
45	20～35	120～150	
40Cr	15～25	60～90	
HT150	14～22	70～100	
黄铜	30～60	120～200	
铝合金	112～300	400～600	
不锈钢	16～25	50～100	

六、铣削方式

（一）周铣

周铣是指利用分布在铣刀圆柱面上的刀刃进行铣削的方法，图 3-66（b）所示。

周铣常用的圆柱铣刀一般都是用高速钢整体制造，也可镶焊硬质合金刀片，直线或螺旋线切削刃分布在圆周表面上，没有副切削刃。螺旋形的刀齿切削时是逐渐切入和脱离工件的，因此切削过程较平稳。周铣主要用于卧式铣床铣削宽度小于铣刀长度

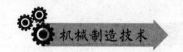

的狭长平面。

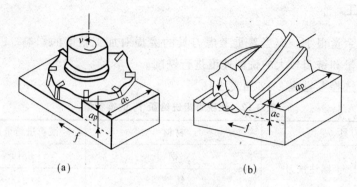

图 3-66 端铣与周铣

（a）端铣；（b）周铣

周铣又分逆铣和顺铣。铣刀的旋转方向与工件进给方向相同时的铣削叫顺铣；铣刀的旋转方向与工件进给方向相反时的铣削叫逆铣，如图 3-67（a）所示。顺铣时，因工作台丝杠和螺母间的传动间隙，会啃伤工件，损坏刀具，所以一般情况下都采用逆铣。

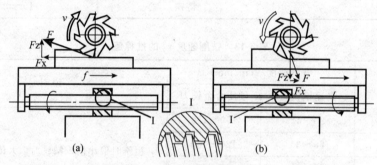

图 3-67 逆铣与顺铣

（a）逆铣；（b）顺铣

逆铣时，每齿的切削厚度是从零增大到最大值，在铣刀刀齿接触工件的初期，因刀齿刃口有圆弧存在，故刀齿先在已加工表面滑行一段距离后才真正切入工件，产生挤压和摩擦，使这段表面产生冷硬层。由于已加工表面冷硬层与刀齿后刀面的强烈摩擦，所以加速了刀具磨损，影响已加工表面质量。同时，刀齿开始切入工件时，垂直铣削分力向下，当瞬时接触角大于一定数值后，该力向上，易引起机床振动。

顺铣时，每齿的切削厚度由最大减小到零，因此没有逆铣时的上述缺点。铣刀作用在工件上的垂直分力将工件压向工作台及导轨，减少了因工作台与导轨之间的间隙而引起的振动。

若工作台进给丝杠与固定螺母间存在间隙，会使工件台窜动，造成工作台运动不平稳，容易引起啃刀，打刀甚至损坏机床。在没有调整好丝杠轴向间隙或水平分力较大时，严禁用顺铣。逆铣时，切削力水平分力与进给方向相反，间隙始终在进给方向的前方，工作台不会窜动，所以生产中常采用逆铣。此外，加工有硬皮的铸件、锻件毛坯或工件硬度较高时，也应采用逆铣。精加工时，铣削力较小，为提高加工面质量和刀具耐用度，减少工作台的振动，常采用顺铣。

（二）端铣

用端铣刀的端面齿进行铣削的方式，称为端铣。如图 3-66（a）所示。

铣削面积比较大的平面时，通常采用镶齿端铣刀在立铣上或在卧铣上进行。由于端铣刀铣削时，切削厚度变化小，同时进行切削的刀齿较多，而且刀杆短、刚性好，所以切削较平稳。端铣刀的端面刃承担着主要的切削工作，端面刃有副切削刃的修光作用，因此表面粗糙度值较小、效率高。

铣削加工时，根据铣刀与工件相对位置的不同，端铣分为对称铣和不对称铣两种。不对称铣又分为不对称逆铣和不对称顺铣。

1. 对称铣

如图 3-68（a）所示，铣刀轴线位于铣削弧长的对称中心位置，铣刀每个刀齿切入和切离工件时切削厚度相等，称为对称铣。对称铣削具有最大的平均切削厚度，可避免铣刀切入时对工件表面的滑行、挤压，铣刀耐用度高。对称铣适用于工件宽度接近端铣刀的直径，且铣刀刀齿较多的情况。

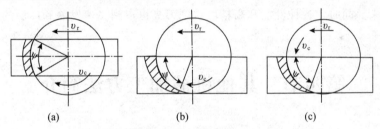

图 3-68　端铣方式

（a）对称铣；（b）不对称逆铣；（c）不对称顺铣

2. 不对称逆铣

如图 3-68（b）所示，当铣刀轴线偏置于铣削弧长的对称位置，且逆铣部分大于顺铣部分的铣削方式，称为不对称逆铣。不对称逆铣切削平稳，切入时切削厚度小，减小了冲击，从而使刀具耐用度和加工表面质量得到提高。不对称逆铣适合于加工碳钢和低合金钢和较窄的工件。

3. 不对称顺铣

如图 3-68（c）所示，其特征与不对称逆铣正好相反。这种切削方式一般很少采用，但用于铣削不锈钢和耐热合金钢时，可减少硬质合金刀具剥落磨损。

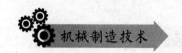

上述的周铣和端铣，是由于在铣削过程中采用不同类型的铣刀而产生的不同铣削方式。两种铣削方式相比，端铣具有铣削较平稳，加工质量和刀具耐用度均较高的特点，且端铣用的端铣刀易镶硬质合金刀齿，可采用大的切削用量，实现高速切削，生产效率高。但端铣适应性差，主要用于平面铣削。周铣的铣削性能虽然不如端铣，但周铣能用多种铣刀铣平面、沟槽、齿形和成形表面等，适应范围广，因此生产中应用较多。

（三）铣削技术发展简介

铣削技术主要朝两个方向发展：一是强力铣削，主要以提高生产率为目的；二是精密铣削，主要以提高加工精度为目的。

由于铣削效率比磨削高，特别是对大平面和长宽都较大的导轨面，采用精密铣削代替磨削将大大提高生产率。因此，"以铣代磨"成了平面和导轨加工的一种趋势。

高速铣削是近几年发展起来的先进切削方式。它不仅可以提高加工效率，同时也可改善加工质量。高速铣削时主轴转速可达每分钟一万转以上，因此对刀具及机床的要求较高。

随着铣削技术不断的发展，铣削加工设备也在不断的发展，数控铣床除了用于加工平面和曲面轮廓外，还可以加工复杂型面的工件，如样板、模具、螺旋槽等。同时可以进行钻、扩、铰、镗孔加工。在数控铣床的基础上，加工中心、柔性制造单元也迅速发展起来。同时，各种性能和高精度铣削刀具也得到飞速发展和广泛的应用。

第四节　其他机械加工方法简介

一、钻削加工

大多数的机械零件上都存在内孔表面。根据孔与其他零件的相对连接关系的不同，孔有配合孔与非配合孔之分；根据孔几何特征的差异，孔有通孔、盲孔、阶梯孔和锥孔等区别；按其形状的不同，孔还有圆孔和非圆孔等不同。

由于孔在各零件中的作用不同，孔的形状、结构、精度和技术要求也不同。为此，生产中也有多种不同的孔加工方法与之适应，可对实体材料直接进行孔加工，也能对已有孔进行扩大尺寸及提高质量的加工。与外圆表面相比，由于受孔径的限制，所以加工内孔表面时刀具速度、刚度不易提高。孔的半封闭式切削又大大增加了排屑、冷却及观察、控制的难度，因此孔加工难度远大于外圆表面的加工，而且随着孔的长径比加大，孔的加工难度越大。

（一）钻削加工范围和特点

1. 钻削加工范围

钻削是指利用钻床和钻头在实体工件上加工出孔的加工方法，主要用来加工工件形状复杂、没有对称回转轴线的工件上的孔，如箱体、机架等零件上的孔。钻削除钻孔、扩孔和铰孔外，还可以进行攻螺纹、锪孔、刮平面等，如图 3-69 所示。

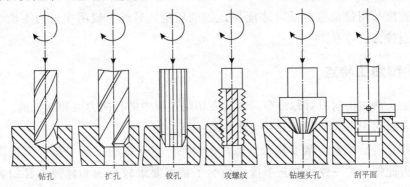

钻孔　　扩孔　　铰孔　　攻螺纹　　钻埋头孔　　刮平面

图 3-69　钻床加工范围

钻削以钻头的旋转做主运动，钻头向工件的轴向移动做进给运动。按孔的直径、深度的不同，生产中有各种不同结构的钻头，其中麻花钻最为常用。由于麻花钻存在的结构问题，采用麻花钻钻孔时，轴向力很大，定心能力较差，孔易引偏；加工中摩擦严重，加之冷却润滑不便，表面较为粗糙。所以麻花钻钻孔的精度不高，一般为 IT11～IT12，表面粗糙度 Ra 达 25～12.5 μm，生产效率也不高。钻孔主要用于 $\varphi 80$ mm 以下孔径的粗加工。如加工精度、粗糙度要求不高的螺钉孔、油孔或对精度、粗糙度要求较高的孔做预加工。生产中为提高孔的加工精度、生产效率和降低生产成本，广泛使用钻模、多轴钻或组合机床进行孔的加工。

当孔的深径比（孔深与孔径之比）达到 5 及以上时为深孔。深孔加工难度较大，主要表现在刀具刚性差、导向难、排屑难、冷却润滑难等几方面。有效地解决以上加工问题，是保证深孔加工质量的关键。一般对深径比在 5～20 的普通深孔，在车床或钻床上用加长麻花钻加工；对深径比达 20 以上的深孔，在深孔钻床上用深孔钻加工；当孔径较大，孔加工要求较高时，可在深孔钻床上加工。

当工件上已有预孔（如铸孔、锻孔或已加工孔）时，可采用扩孔钻进行孔径扩大的加工，称扩孔。扩孔也属钻削范围，但精度、质量在钻孔基础上均有所提高，一般扩孔精度达 IT9－IT10，表面粗糙度 Ra 达 6.3～3.2 μm，因此扩孔除可用于较高精度的孔的预加工外，还可使一些要求不高的孔达到加工要求。加工孔径一般不超过 $\varphi 100$ mm。

铰削是对中小直径的已有孔进行精度、质量提高的一种常用加工方法。铰削时，采用的切削速度较低，加工余量较小（粗铰时一般为 0.15～0.35 mm，精铰一般为 0.05～0.15 mm），校准部分长，铰削过程中虽挤压变形较大，但对孔壁有修光熨压作用，因此铰削通过对孔壁薄层余量的去除使孔的加工精度、表面质量得到提高。一般铰孔加工精度可达 IT7～IT8，表面粗糙度 Ra 达 1.6～0.4 μm，但铰孔对位置精度的保证不够理想。

铰孔既可用于加工圆柱孔，也可用于加工圆锥孔；既可加工通孔，也可加工盲孔。铰孔前，被加工孔应先经过钻削或钻、扩孔加工。铰削余量应合理，既不能过大也不能过小，速度与用量也应合适，才能保证铰削质量。另外，铰削中铰刀不能倒转，铰孔后应先退铰刀后停车。

2. 钻削加工特点

（1）钻头两主切削刃对称分布，因此在切削过程中的径向力可相互抵消。

（2）金属切削率高，背吃刀量是孔径的一半。

（3）钻孔质量较差，精度较低。但可通过钻—扩—铰的工艺手段，来提高孔的加工精度，因此钻—扩—铰的工艺手段也成为了精度要求较高的非淬硬小孔的典型加工路线。

（4）利用夹具还可以加工有相互位置精度要求的孔系。

（二）孔加工方法

钻孔加工有两种方式：一种是钻头旋转，例如在钻床、铣床上钻孔；另一种是工件旋转，例如在车床上钻孔。钻孔方式如图 3-70 所示。

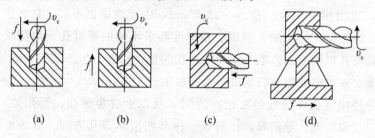

图 3-70　钻孔方式

（a）钻床钻孔；（b）立铣床钻孔；（c）车床钻孔；（d）铣镗床钻孔

1. 钻孔

用钻头在实体材料上加工孔的方法称为钻孔，钻孔是最常用的孔加工方法之一。钻孔直径一般小于 80 mm。钻孔属于粗加工，其尺寸公差等级为 IT11～IT12，表面粗糙度 Ra 为 25～12.5 mm。

常用的钻孔刀具有麻花钻、中心钻、深孔钻等。其中最常用的是麻花钻，其直径规格为 φ0.1 mm～φ100 mm，较为常用的是 φ3 mm～φ50 mm。标准麻花钻结构如

图 3-71 所示，由工作部分、颈部及柄部三部分组成工作部分分切削部分和导向部分，由两个前刀面、两个后刀面、两个副后刀面、两个主切削刃、两个副切削刃、一个横刃组成，钻芯直径朝柄部方向递增；柄部为夹持部分，有直柄和锥柄两种结构；颈部用于磨柄部时砂轮的退刀以及打相应标识。

钻孔时，麻花钻具有刚度差、导向性差和轴向力大的特点，且钻孔又属于半封闭式切削，切屑只能沿钻头的螺旋槽从孔口排出，致使切屑与孔壁剧烈摩擦，一方面划伤和拉毛已加工的孔壁，一方面产生大量的切削热，半封闭切削又使切削液难以进入切削区域。因此，钻孔的切削条件极差，导致钻孔精度及表面质量差。

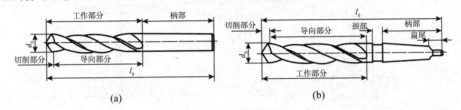

图 3-71 标准麻花钻结构

（a）直柄麻花钻；（b）锥柄麻花钻

钻孔的金属切除率大、切削效率高。钻孔主要用于加工质量要求不高的孔，例如螺纹底孔、油孔等。

2. 扩孔

扩孔是利用扩孔刀具对已有孔进行加工，以扩大孔径或提高孔的加工质量的加工方法。扩孔所用机床与钻孔相同，可用扩孔钻扩孔，也可用直径较大的麻花钻扩孔。扩孔钻的直径规格为 $\varphi 10 \sim \varphi 100$ mm，其中常用的是 $\varphi 15 \sim \varphi 50$ mm。直径小于 $\varphi 15$ mm 的一般不扩孔。

扩孔是孔的半精加工方法，一般加工精度为 IT9～IT10，表面粗糙度 Ra 可控制在 $6.3 \sim 3.2$ μm。

扩孔钻与麻花钻结构相似。与麻花钻对比，扩孔钻齿数多（3～4 个齿）、导向性好，切削比较稳定；扩孔钻没有横刃、切削条件好；扩孔钻加工余量较小，容屑槽可以做得浅些，钻芯可以做得粗些，刀体强度和刚性较好。

用扩孔钻扩孔时，必须选择合适的预钻孔直径和切削用量。一般预钻孔直径为扩孔直径的 0.9 倍，进给量为钻孔的 1.5～2 倍，切削速度为钻孔的 1/2。

对孔的质量要求不高时，常用麻花钻扩孔。用麻花钻扩孔时切削用量的选择可参考用扩孔钻扩孔时的切削用量。由于麻花钻螺旋槽较大，扩孔余量可相对较大，扩孔前的钻头直径为孔径的 0.5～0.7 倍。钻出底孔后，再用扩孔钻进行扩孔，可较好地保证孔的精度和控制表面粗糙度，且生产率比直接用大钻头一次钻出时还要高。

3. 铰孔

用铰刀在工件孔壁上切除微量金属层,以提高尺寸精度和降低表面粗糙度的方法称为铰孔。铰孔是对于直径较小的孔的精加工方法,在生产中应用很广。

铰孔可加工圆柱孔和圆锥孔,可以在机床上进行(机铰),也可以手工进行(手铰),如图 3-72 所示。铰孔余量一般为:粗铰余量取为 0.35～0.15 mm,精铰取为 0.15～0.05 mm。铰孔所用机床与钻孔相同。

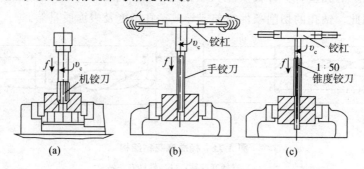

图 3-72　铰孔方法

(a) 机铰圆柱孔;(b) 手铰圆柱孔;(c) 手铰圆锥孔

铰削可提高孔的尺寸精度和降低表面粗糙度数值。一般铰孔的尺寸公差可达到 IT9～IT7 级,表面粗糙度 Ra 可达 3.2～0.8 μm,甚至更小。

铰孔的精度和表面粗糙度主要不取决于机床的精度,而取决于铰刀的精度、安装方式以及加工余量、切削用量和切削液等条件。因此,铰孔时应采用较低的切速,较大的进给量和使用合适的切削液;机铰时铰刀与机床最好用浮动连接方式,铰孔之前最好用同类材料试铰一下,以确保铰孔质量。

对应手铰和机铰,铰刀一般分为手用铰刀及机用铰刀两种,如图 3-73 所示。

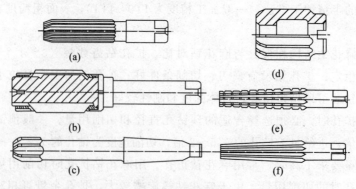

图 3-73　铰刀

(a) 手用圆柱铰刀;(b) 外径可调式圆柱铰刀;(c) 机用铰刀

(d) 硬质合金铰刀;(e) 锥度粗铰刀;(f) 锥度精铰刀

手用铰刀柄部为直柄，工作部分较长，导向作用较好。手用铰刀又分为整体式和外径可调式两种。机用铰刀可分为带柄的和套式的。铰刀不仅可加工圆形孔，也可用锥度铰刀加工锥孔。与磨孔和镗孔相比，铰孔生产率高，容易保证孔的精度；但铰孔不能校正孔轴线的位置误差，孔的位置精度应由前工序保证。铰孔不宜加工阶梯孔和盲孔。

4. 锪孔

用锪钻（或经改制的钻头）在孔口加工出一定形状的孔或表面的加工方法称为锪孔。锪孔一般在钻床上进行。锪孔的目的是保证孔端面与孔中心线的垂直度，以便与孔连接的零件位置正确、连接可靠。常见的锪孔形式有锪柱形沉头孔、锪锥形沉头孔、锪孔口端面或凸台，如图 3-74 所示。

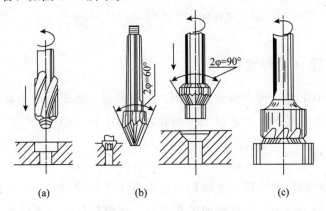

图 3-74　标准锪钻锪孔
（a）锪柱形沉头孔；（b）锪锥形沉头孔；（c）锪孔口端面或凸台

锪钻的前端常带有导向柱，用已加工孔导向，一般适用于批量生产。

（三）钻床

钻床根据其结构布局可分为台式钻床、立式钻床、摇臂钻床和深孔钻床等，机加工中应用较多的是立式钻床和摇臂钻床。

钻床上可完成钻孔、扩孔、铰孔、攻丝、钻沉头孔、锪平面等，刀具作旋转主运动同时沿轴向移动作进给运动。

1. 立式钻床

立式钻床简称立钻，适合钻中小型工件上的孔，通过移动工件位置使被加工孔中心与主轴中心对中，操作不便，生产率不高，适于单件小批量生产中加工中小型零件。最大钻孔直径有 $\varphi 25$ mm、$\varphi 35$ mm、$\varphi 40$ mm、$\varphi 50$ mm 等几种规格。它有自动进给机构，主轴转速和进给量有较大变动范围，能进行钻孔、锪孔、铰孔和攻丝等。常用立

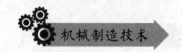

式站床如图 3-75（a）所示。

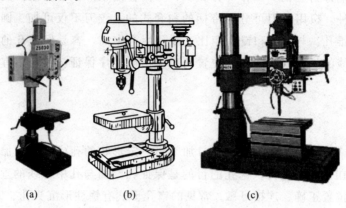

(a)   (b)   (c)

图 3-75 常用立式钻床

（a）立式钻床；（b）台式钻床；（c）摇臂钻床

2. 台式钻床（简称台钻）

台式钻床实质上是一种小型立式钻床，小巧灵活，适于单件小批量生产。一般用来加工小型工件上直径不大于 $\varphi 12$ mm 的孔，如图 3-75（b）所示。

3. 摇臂钻床

摇臂可绕立柱回转和升降，主轴箱可在摇臂上作水平移动。工件固定不动，可方便地移动主轴，使主轴中心对准被加工孔中心。摇臂钻床适于单件小批生产中加工大而重的零件。最大钻孔直径为 $\varphi 50$ mm，主轴转速和进给量变动范围大，能进行钻孔、锪孔、铰孔和攻丝等，如图 3-75（c）所示。

二、镗削加工

镗刀旋转作主运动，工件或镗刀作进给运动的切削加工方法称为镗削加工。镗削加工主要在铣镗床、镗床上进行，是孔常用的加工方法之一。

镗削加工刀具结构简单，通用性好，可通过改变切削用量实现粗加工、半精加工和精加工，粗镗的尺寸公差等级为 IT11～IT12，表面粗糙度 Ra 为 $25\sim12.5$ μm；半精镗为 IT9～IT10，Ra 为 $6.3\sim3.2$ μm；精镗为 IT7～IT8，Ra 为 $1.6\sim0.8$ μm。

（一）镗削加工范围及特点

1. 镗削加工范围

镗削加工是在镗床上用镗刀对工件上较大的孔进行半精加工、精加工的方法。

镗削加工能获得较高的加工精度，一般可达 IT7～IT8，较高的表面粗糙度，Ra

— 192 —

一般为 $1.6 \sim 0.8 \mu m$。但要保证工件获得高的加工质量，除与所用加工设备密切相关外，还对工人技术水平要求较高，加工中调整机床、刀具时间较长，因此镗削加工生产率不高，但镗削加工灵活性较大，适应性强。

在生产中，镗削加工一般用于加工机座、箱体、支架和非回转体等外形复杂的大型零件上的较大直径孔，尤其是有较高位置精度要求的孔与孔系；对外圆、端面、平面也可采用镗削进行加工，且加工尺寸可大可小；当配备各种附件、专用镗杆和相应装置后，镗削还可以用于加工螺纹孔、孔内沟槽、端面、内外球面，锥孔等。镗削工艺范围如图 3-76 所示。

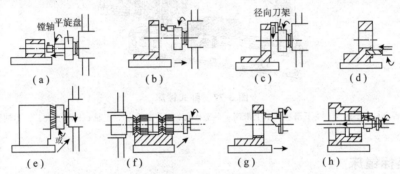

图 3-76　镗削工艺范围

(a) 镗小孔；(b) 镗大孔；(c) 镗端面；(d) 钻孔

(e) 铣平面；(f) 铣组合面；(g) 铣螺纹；(h) 镗深孔螺纹

当利用高精度镗床及具有锋利刃口的金钢石镗刀，采用较高的切削速度和较小的进给量进行镗削时，可获得更高的加工精度及表面质量，称之为精镗或金刚镗。精镗一般用于对有色金属等软材料进行孔的精加工。

2. 镗削加工特点

镗削加工特点有如下几个特点。

(1) 镗削加工灵活性大，适应性强。

(2) 镗削加工操作技术要求高。

(3) 镗刀结构简单，刃磨方便，成本低。

(4) 镗孔可修正上一工序所产生的孔轴线位置误差，保证孔的位置精度。

镗削主要用于加工尺寸大、精度要求较高的孔，特别适合于加工分布在不同位置上，孔距精度、相互位置精度要求较高的孔系。

（二）镗床

根据结构、布局和用途不同，镗床主要有卧式镗床、立式镗床、坐标镗床、金刚镗床、落地镗床和深孔镗床等。

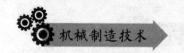

1. 卧式镗床

卧式镗床如图 3-77 所示，其主轴水平布置，可做轴向进给；主轴箱可沿立柱导轨垂直移动；工作台可旋转以及纵向、横向进给。除镗孔外，卧式镗床还可钻、扩、铰孔，车、攻螺纹，车、铣端面等，又称万能镗床。

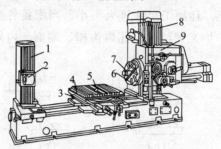

图 3-77　卧式镗床

1-后立柱；2-尾架；3-下滑座；4-上滑座；5-工作台；6-平旋盘；7-主轴；8-前立柱；9-主轴箱

2. 坐标镗床

坐标镗床是具有精密坐标定位装置的镗床，是一种高精度的机床，有良好的刚性和抗振性。它主要用在尺寸精度和位置精度都要求很高的孔和孔系的加工中，如钻模、镗模和量具上的精密孔的加工；还可钻孔、扩孔、铰孔、锪端面、切槽、铣削等。

坐标镗床有立式和卧式之分，如图 3-78 所示。立式坐标镗床还有单柱和双柱两种形式。

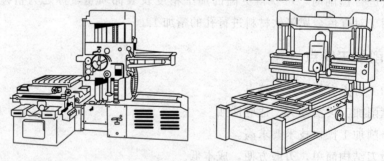

图 3-78　坐标镗床

3. 金刚镗床

金刚镗床是一种高速精密镗床，如图 3-79 所示。主要特点是切削速度高，背吃刀量及进给量小，加工精度可达 IT5～IT6，Ra 达 $0.8～0.2~\mu m$。金刚镗床的主轴短而粗，刚度高，主轴端部设有消振器，因此主轴运转平稳而精确，能加工出低表面粗糙度和高精度孔。

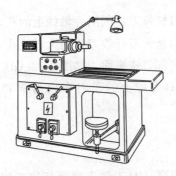

图 3-79 金刚镗床

　　金刚镗床广泛地用于汽车、拖拉机制造中，常用于镗削发动机气缸、油泵壳体、连杆、活塞等零件上的精密孔。

（三）镗削方法

　　卧式铣镗床的进给运动不仅可由工作台来实现，也可由主轴和平旋盘来实现，可进行多种类型表面的加工。在卧式镗铣床上镗孔，主要有两种方式：一种是刀具旋转，工件作进给运动，如图 3-80 所示；另一种是刀具旋转并作进给运动，如图 3-81 所示。

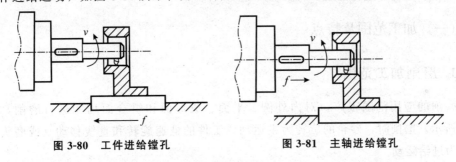

图 3-80　工件进给镗孔　　　　　　图 3-81　主轴进给镗孔

　　卧式铣镗床常用加工方法如图 3-82 所示。

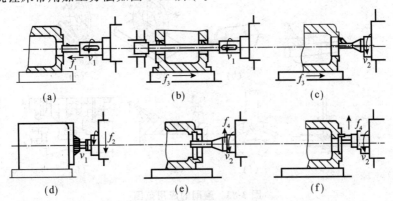

图 3-82　卧式镗床典型加工方法

　　（1）利用装在镗轴上的悬伸刀杆镗刀镗孔，如图 3-82（a）所示。

（2）利用后立柱支承长刀杆镗刀镗削同一轴线上的孔，如图 3-82（b）所示。

（3）利用装在平旋盘上的悬伸刀杆镗刀镗削大直径孔，如图 3-82（c）所示。

（4）利用装在镗轴上的端铣刀铣平面，如图 3-82（d）所示。

（5）利用装在平旋盘刀具溜板上的车刀车内沟槽和端面，如图 3-82（e）和图 3-82（f）所示。

三、磨削加工

用高速回转的砂轮或其他磨具对工件表面进行加工的方法称为磨削加工。磨削加工大多数在磨床上进行。磨削加工可分为外圆磨削、内圆磨削、无心磨削和平面磨削等几种主要类型。此外还有对凸轮、螺纹、齿轮等零件进行加工的专用磨床。

磨削加工应用广泛，精磨时精度可达 IT5～IT7 级，Ra 可达 $0.8 \sim 0.04$ μm；可磨削普通材料，又可磨高硬度难加工材料，适应范围广；加工工艺范围泛，可加工外圆、内孔、平面、螺纹、齿形等，不仅用于精加工，也可用于粗加工。

磨削加工是在磨床上使用砂轮与工件作相对运动，对工件进行的一种多刀多刃的高速切削方法，它主要应用于零件的精加工，尤其对难切削的高硬度材料，如淬硬钢、硬质合金、陶瓷等进行加工。

（一）加工范围及特点

1. 磨削加工范围

磨削的应用范围很广，对内外圆、平面、成形面和组合面均能进行磨削，如图 3-83 所示。磨削时，砂轮的旋转为主运动，工件的低速旋转和直线移动（或磨头的移动）为进给运动。

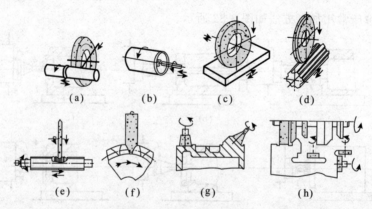

图 3-83　磨削的应用范围

(a) 磨外圆；(b) 磨内孔；(c) 磨平面；(d) 磨花键；

(e) 磨螺纹；(f) 磨齿轮；(g) 磨导轨面；(h) 组合磨导轨面

2. 磨削加工的特点

与其他加工方法相比,磨床加工有如下工艺特点。

(1) 磨削加工精度高。由于去除余量少,一般磨削可获得 IT5~IT7 级精度,表面粗糙度值低,磨削中参加工作磨粒数多,各磨粒切去切屑少,因此可获得较小表面粗糙度值 Ra 为 1.6~0.2 μm。若采用精磨、超精磨等,将获得更低表面粗糙度值。

(2) 磨削加工范围广。磨削加工可适应各种表面,如内、外圆表面、圆锥面、平面、齿轮齿面、螺旋面及各种成型面;同时,磨削加工可适应多种工件材料,尤其是采用其他普通刀具难切削的高硬高强材料,如淬硬钢、硬质合金和高速钢等。不仅用于精加工,也可用于粗加工。

(3) 砂轮具有一定的自锐性。磨粒硬而脆,它可在磨削力作用下破碎、脱落、更新切削刃,保持刀具锋利,并在高温下仍不失去切削性能。

(4) 磨削温度高。由于磨削速度高,砂轮与工件之间发生剧烈的摩擦,产生大量的热量,且砂轮的导热性差,不易散热,以至磨削区域的温度可高达 1 000 ℃以上,会使工件表面产生退火或烧伤。因此磨削时必须加注大量的切削液降温。

(二) 磨床

用磨料磨具(砂轮、砂带、油石和研磨料)作为工具进行切削加工的机床统称磨床。磨床的种类很多,按用途和工艺方法的不同,大致可以分为外圆磨床、内圆磨床、平面磨床、刀具刃磨床和专门化磨床。本节主要介绍外圆磨床和平面磨床。

1. 外圆磨床

外圆磨床在磨床中应用最普遍、工艺范围最广。它能磨削圆柱面、圆锥面、轴肩端面、球面和特殊形状的外表面。图 3-84 为 M1432A 型万能外圆磨床的外形和布局图,机床由床身、头架、砂轮架、工作台、内圆磨装置和尾座等部分组成。

床身 1 是磨床的基础支承件,工作台 8、砂轮架 4、头架 2、尾座 5 等部件均安装于此,同时保证工作时部件间有准确的相对位置关系。床身内为液压油的油池。

头架 2 用于安装工件并带动工件旋转作圆周进给。它由壳体、头架主轴组件、传动装置与底座等组成。主轴带轮上有卸荷机构,以保证加工精度。

砂轮架 4 用于安装砂轮并使其高速旋转。砂轮架可在水平面内一定角度范围(±30°)内调整,以适于磨削短锥的需要。砂轮架由壳体、砂轮组件、传动装置和滑鞍组成。主轴组件的精度直接影响到工件加工质量,因此应具有较好的回转精度、刚度、抗振性及耐磨性。

工作台 8 由上、下两层组成。上下工作台可在水平面内相对回转一个角度(±10°),用于磨削小锥度的长锥面。头架 2 和尾座 5 均装于工作台上,并随工作台作纵向往复运动。

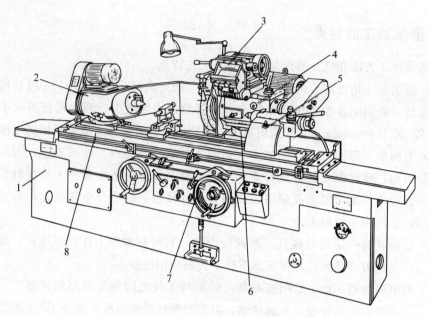

图 3-84   M1432A 型万能外圆磨床

1-床身；2-头架；3-内圆磨具；4-砂轮架；5-尾座；6-滑鞍；7-横向进给手轮；8-工作台

内磨装置 3 由支架和内圆磨具两部分组成。内磨支架用于安装内圆磨具，支架在砂轮架上以铰链联结方式安装于砂轮架前上方，使用时翻下，不用时翻向上方。内圆磨具是磨内孔用的砂轮主轴部件，安装于支架孔中，为了方便更换，一般做成独立部件，通常一台机床备用几套尺寸与极限工作转速不同的内圆磨具。

尾座 5 主要是和头架 2 配合用于顶夹工件。尾座套筒的退回可手动或液动。

M1432A 型万能外圆磨床，主要用于磨削圆柱形或圆锥形的内外圆表面，还可以磨削阶梯轴的轴肩和端平面等，如图 3-85 所示。该机床工艺范围较宽，但磨削效率不高，适用于单件小批生产，常用于工具车间和机修车间。

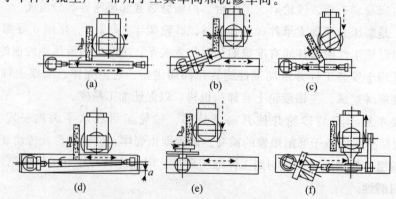

图 3-85   万能外圆磨床的用途

（a）磨外圆柱面；（b）磨短外圆锥面；（c）磨短外圆锥面；（d）磨长外圆锥面；（e）磨端平面；（f）磨圆锥孔

2. 平面磨床

平面磨床包括卧轴矩台平面磨床、立轴矩台平面磨床、卧轴圆台平面磨床和立轴圆台平面磨床等，其工艺范围如图 3-86 所示。

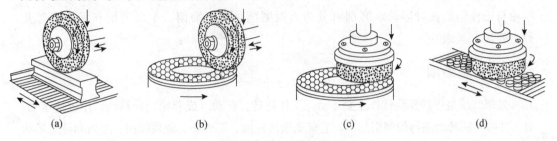

(a)　　　　　　　　(b)　　　　　　　　(c)　　　　　　　　(d)

图 3-86　平面磨削工艺范围

(a) 卧轴矩台平面磨床磨削；(b) 卧轴圆台平面磨床磨削

(c) 立轴圆台平面磨床磨削；(d) 立轴矩台平面磨床磨削

（1）卧轴矩台平面磨床。图 3-87 为卧轴矩台平面磨床的外形，它由砂轮架 1、滑鞍 2、立柱 3、工作台 4 和床身 5 等主要部件组成。

砂轮架中的主轴（砂轮）常由电机直接带动旋转完成主运动。砂轮架 1 可沿滑鞍的燕尾导轨做周期横向进给运动（可手动或液动）。滑鞍和砂轮架可一起沿立柱的导轨做周期的垂直切入运动（手动）。工作台沿床身导轨做纵向往复运动（液动）。卧轴矩台平面磨床也有采用十字导轨式布局的，工作台装于床鞍，除做纵向往复运动外，还随床鞍一起沿床身导轨做周期的横向进给运动，砂轮架只做垂直进给运动。为减轻工人劳动强度和辅助时间，有些机床具有快速升降功能，用以实现砂轮架的快速机动调位运动。

（2）立轴圆台平面磨床。图 3-88 为立轴圆台平面磨床外形，由砂轮架 1、立柱 2、床身 3、工作台 4 和床鞍 5 等主要部件组成。

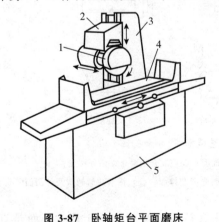

图 3-87　卧轴矩台平面磨床

1-砂轮架；2-滑鞍；3-立柱；4-工作台；5-床身

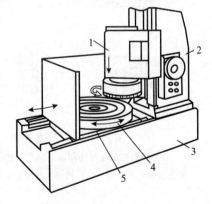

图 3-88　立轴圆台平面磨床

1-砂轮架；2-立柱；3-床身；4-工作台；5-床鞍

砂轮架中的主轴也由电机直接驱动，砂轮架可沿立柱的导轨做周期的垂直切入运动，

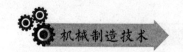

圆工作台旋转做周期进给运动，同时还可沿床身导轨做纵向移动，以便于工件的装卸。

（三）磨削加工方法及应用

磨削加工的适应性很广，几乎能对各种形状的表面进行加工。按工件表面形状和砂轮与工件间的相对运动，磨削可分为外圆磨削、内圆磨削、平面磨削和无心磨等几种主要加工类型。

1. 外圆磨削

外圆磨削是以砂轮旋转作主要运动，工件旋转、移动（或砂轮径向移动）作进给运动，对工件的外回转面进行的磨削加工，它能磨削圆柱面、圆锥面、轴肩端面、球面和特殊形状的外表面，如图 3-89 所示。按不同的进给方向，又有纵磨法和横磨法之分。

（1）纵磨法。采用纵磨法磨外圆时，以工件随工作台的纵向移动作进给运动，如图 3-89（a）所示，每次单行程或往复行程终了时，砂轮做周期性的横向切入进给，逐步磨出工件径向的全部余量。纵磨法每次的切入量少，磨削力小，散热条件好，且能以光磨的次数来提高工件的磨削精度和表面质量，是目前生产中使用最广泛的一种外圆磨削方法。

（2）横磨法。采用横磨法磨外圆时，砂轮宽度大于工件磨削表面宽度，以砂轮缓慢连续（或不连续）地沿工件径向移动做进给运动，工件则不需要纵向进给，如图 3-89（d）所示，直到达到工件要求的尺寸为止。横磨法可在一次行程中完成磨削过程，加工效率高。常用于成形磨削，如图 3-89（e）和图 3-89（g）所示。横磨法中砂轮与工件接触面积大，磨削力大，因此要求磨床刚性好，动力足够；同时，磨削热集中，需要充分的冷却，以免影响磨削表面质量。

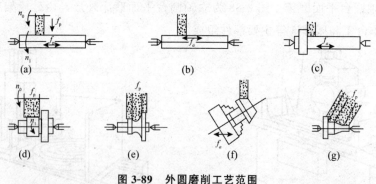

图 3-89　外圆磨削工艺范围

（a）纵磨法磨光滑外圆面；（b）纵磨法磨光滑外圆锥面；（c）混合法磨带端面外圆面；
（d）横磨法磨短外圆面；（e）横磨法磨成形面；（f）纵磨法磨光滑圆锥面；（g）横磨法磨轴肩及外圆面

（3）无心外圆磨削。无心磨外圆时，工件不用夹持于卡盘或支承于顶尖，而是直接放于砂轮与导轮之间的托板上，以外圆柱面自身定位，如图 3-90 所示。磨削时，砂轮旋转为主运动，导轮旋转带动工件旋转和工件轴向移动（因导轮与工件轴线倾斜一

个 a 角度，旋转时将产生一个轴向分速度）为进给运动，对工件进行磨削。

无心磨外圆也有贯穿磨法和切入磨法贯穿磨法使用于不带台阶的光轴零件，加工时工件由机床前面送至托板，工件自动轴向移动磨削后从机床后面出来，如图 3-90（a）和图 3-90（b）所示；切入磨法可用于带台阶的轴加工，加工时先将工件支承在托板和导轮上，再由砂轮作横向切入磨削工件，如图 3-90（c）所示。

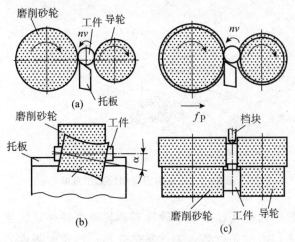

图 3-90　无心外圆磨削

（a）、（b）贯穿磨法；（c）切入磨法

无心外圆磨是一种生产率很高的精加工方法，且易于实现生产自动化，但机床调整费时，主要用于大批量生产。由于无心磨以外圆表面自身作定位基准，所以不能提高零件位置精度。当零件加工表面与其他表面有较高的同轴要求或加工表面不连续（如有长键槽）时，不宜采用无心外圆磨削。

2. 内圆磨削

（1）普通内圆磨削。普通内圆磨削的主运动仍为砂轮的旋转，工件旋转为圆周进给运动，砂轮（或工件）的纵向移动为纵向进给。同时，砂轮作横向进给，可对零件的通孔、盲孔和孔口端面进行磨削，如图 3-91 所示。内圆磨削也有纵磨法与切入法之分。

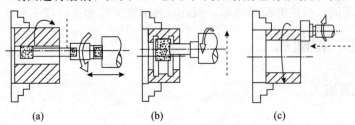

图 3-91　内圆磨削工艺范围

（a）纵磨法磨内孔；（b）切入法磨内孔；（c）磨端面

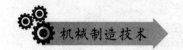

（2）无心内圆磨削

无心内圆磨削时，工件同样不用夹持于卡盘，而直接支承于滚轮 1 和导轮 4 上，压紧轮 2 使工件紧靠 1、4 两轮，如图 3-92 所示。磨削时，工件由导轮带动旋转作圆周进给，砂轮高速旋转为主运动，同时作纵向进给和周期性横切入进给。磨削后，为便于装卸工件，压紧轮向外摆开。无心内圆磨削适合于大批量加工薄壁类零件，如轴承套圈等。

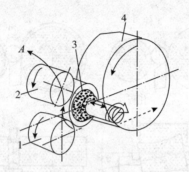

图 3-92　无心内圆磨削的工作原理

与外圆磨削相比，因受孔径限制，砂轮和砂轮轴直径小，转速高，砂轮与工件接触面积大，发热量大，冷却条件差，工件易热变形，砂轮轴刚度差，易振动、易弯曲变形，因此在类似工艺条件下内圆磨的质量会低于外圆磨。生产中常采用减少横向进给量，增加光磨次数等措施来提高内孔磨削质量。

（3）平面磨削。平面磨削的主运动虽是砂轮的旋转，但根据砂轮是利用圆周面还是利用端面对工件进行磨削，有不同的磨削形式。另外，根据工件是随工作台作纵向往复运动还是随转台作圆周进给，也有不同的磨削形式，如图 3-86 所示。砂轮沿轴向作横向进给，并周期性地沿垂直于工件磨削表面方向作进给，直至达到规定的尺寸要求。

图 3-86（a）和图 3-86（b）为利用砂轮圆周面磨削工件，砂轮工件接触面积小，磨削力小，排屑好，工件受热变形小，砂轮磨损均匀，加工精度高；但砂轮因悬臂而刚性差，不利于采用大用量，因此生产率低。图 3-86（c）和图 3-86（d）为利用砂轮端面磨削工件，砂轮工件接触面积大，主轴轴向受力，刚性好，可采用较大用量，生产率高。但磨削力大，生热多，冷却、排屑条件差，工件受热变形大，而且砂轮端面各点因线速度不同，砂轮磨损不均匀，因此这种磨削方法加工精度不高。

四、刨、插、拉削加工

（一）刨削加工

1. 刨削加工范围和特点

刨削是指在刨床上利用刨刀与工件在水平方向上的相对直线往复运动和工作台或刀架的间歇进给运动实现的切削加工。刨削时，主运动是刨刀（或工件）的直线往复移动，而工作台上的工件（或刨刀）的间歇移动为进给运动。

刨削主要用于水平平面、垂直平面、斜面、T形槽、V形槽、燕尾槽等表面的加工，其应用范围如图 3-93 所示。若采用成形刨刀、仿形装置等辅助装置，它还能加工曲面齿轮、齿条等成形表面。

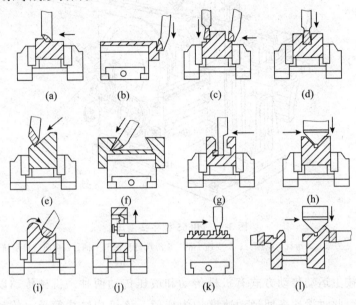

图 3-93　刨削的应用

（a）刨平面；（b）刨垂直面；（c）刨台阶面；（d）刨直角沟槽；（e）刨斜面；（f）刨燕尾形工件；

（g）刨 T 型槽；（h）刨 V 型面；（i）刨曲面；（j）刨孔内键槽；（k）刨齿条；（l）刨复合表面

与其他加工方法相比，刨削加工有如下特点：刨床结构简单，调整操作方便；刨刀形状简单，易制造、刃磨、安装；刨削适应性较好，但生产率不高（回程不切削，切出、切入时的冲击限制了用量的提高），但在加工狭长的平面时，有较高的生产率；刨削加工精度中等，一般刨削加工精度可达 IT7～IT9，表面粗糙度 Ra 为 12.5～3.2 μm。在龙门刨床上，由于其刚性好、冲击小，因此可达到较高的精度和平面度，表面粗糙度 Ra 为 3.2～0.4 μm，平面度可达 0.02/100 mm。刨削主要适合于单件、小批生产及修配的场合。

2. 刨床

刨床类机床的主运动是刀具或工件所作的直线往复运动（刨床又被称为直线运动机床）。刨削中刀具向工件（或工件向刀具）前进时切削，返回时不切削并抬刀以减轻刀具损伤和避免划伤工件加工表面，与主运动垂直的进给运动由刀具或工件的间歇移动完成。刨床类机床主要有牛头刨床和龙门刨床两种类型。

（1）牛头刨床。牛头刨床因其滑枕刀架形似"牛头"而得名，是刨床中应用最广泛的一种，主要适宜于加工不超过 1 000 mm 的中小型零件。其主参数是最大刨削长度。

图 3-94 为 B665 牛头刨床外形，它由刀架、转盘、滑枕、床身、横梁和工作台组

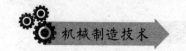

成。主运动由刀具完成，间歇进给由工作台带动工件完成。

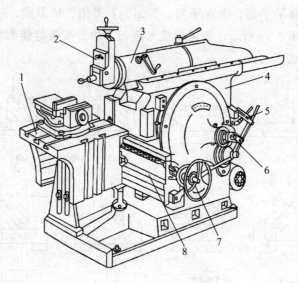

图 3-94   B665 型牛头刨床

1-工作台；2-刀架；3-滑枕；4-床身；5-变速手柄；6-滑枕行程调节手柄；7-横向进给手轮；8-横梁

牛头刨床按主运动传动方式有机械传动和液压传动两种。机械传动以采用曲柄摇杆机构最常见，此时滑枕来回运动速度均为变值。该机构结构简单、传动可靠、维修方便、应用很广。液压传动时，滑枕来回运动为定值，可实现六级调速，运动平稳，但结构复杂、成本高，一般用于大规格牛头刨床。

（2）龙门刨床。图 3-95 为龙门刨床外形，它由左右侧刀架、横梁、立柱、顶梁、垂直刀架、工作台和床身组成。龙门刨床的主运动是由工作台沿床身导轨作直线往复运动完成；进给运动由横梁上刀架横向或垂直移动（及快移）完成；横梁可沿立柱升降，以适应不同高度工件的需要。立柱上左、右侧刀架可沿垂直方向作自动进给或快移；各刀架的自动进给运动是在工作台完成一次往复运动后，由刀架沿水平或垂直方向移动一定距离，直至逐渐刨削出完整表面。龙门刨床主要应用于大型或重型零件上各种平面、沟槽和各种导轨面的加工，也可在工作台上一次装夹数个中小型零件进行多件加工。

3. 刨刀

刨刀（图 3-96）根据用途可分为纵切、横切、切槽、切断和成形刨刀等。刨刀的结构基本上与车刀类似，但刨刀工作时为断续切削，受冲击载荷。因此，在同样的切削截面下，刀杆断面尺寸较车刀大 1.25～1.5 倍，并采用较大的负刃倾角（－10°～－20°），以提高切削刃抗冲击载荷的性能。为了避免刨刀刀杆在切削力作用下产生弯曲变形，从而使刃啃入工件，通常使用弯头刨刀。重型机器制造中常采用焊接-机械夹固式刨刀，即将刀片焊接在小刀头上，然后夹固在刀杆上，以利于刀具的焊接、刃磨和装卸。在刨削大平面时，可采用滚切刨刀，其切削部分为碗形刀头。圆形切削刃在切

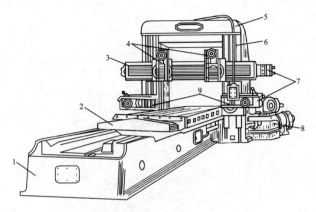

图 3-95　龙门刨床

1-床身；2-工作台；3-横梁；4-垂直刀架；5-顶梁；6-立柱；7-进给箱；8-减速箱；9-侧刀架

削力的作用下连续旋转，因此刀具磨损均匀，寿命很高。

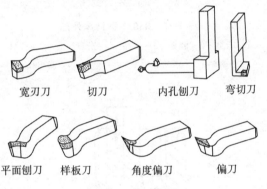

宽刃刀　　切刀　　内孔刨刀　弯切刀

平面刨刀　样板刀　角度偏刀　　偏刀

图 3-96　刨刀类型

（二）插削加工

1. 插削加工范围

插削加工是在插床（图 3-97）上进行的，是插刀在竖直方向上相对工件作往复直线运动加工沟槽和型孔的机械加工方式。

插削也可看成是一种"立式"的刨削加工，与刨削类似，但插刀装夹在插床滑枕下部的刀杆上，工件装夹在能分度的圆工作台上，插刀可以伸入工件的孔中作竖向往复运动，向下是工作行程，向上是回程（图 3-98）。安装在插床工作台上的工件在插刀每次回程后作间歇的进给运动。

插削主要用于单件小批生产中加工零件的内、外槽及异形孔，如孔内键槽、内花键槽、棘轮齿、齿条、方孔、长方孔、多边形孔等，尤其是能加工一些不通孔或有障碍台阶的内花键槽，也可以插削某些零件的外表面，如图 3-99 所示。

插削孔内槽的方法如图 3-99（b）所示。插削前在工件端面上划出槽加工线，以便

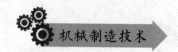

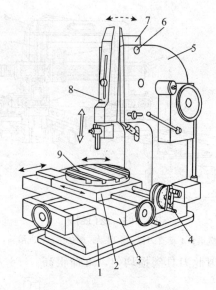

图 3-97   B5032 型插床外形

1—床身   2—溜板   3—床鞍   4—分度装置   5—立柱

6—销轴   7—滑枕导轨座   8—滑枕   9—圆工作台

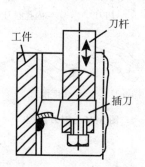

图 3-98   插削示意图

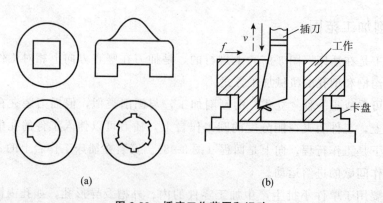

(a)   (b)

图 3-99   插床工作范围和运动

对刀和加工。然后将工件用三爪卡盘或压板、垫铁装夹在工作台上，并使工件的转动
中心与工作台的转动中心重合。其中横向进给是为了切至规定的槽深，纵向进给则为

了切至规定的槽宽。

插削加工的工艺有如下几个特点。

（1）受工件内表面的限制，插刀刀杆刚性差，其插削精度不如刨削，表面粗糙度 Ra 为 $6.3\sim1.6\ \mu m$。

（2）插削是自上而下进行的，插刀的切入处在工件的上端，所以插削便于观察和测量。且切削力是垂直于工件台面的，工件所需夹紧力较小。

（3）插床能加工不同方向的斜面，插床的滑枕可以在纵垂直面内倾斜，刀架可以在横垂直面内倾斜，而且有些插床的工作台还能倾斜一定的角度。

（4）插削的工件不能太高，否则插削加工不够稳定。

2. 插床

插床实质上是立式刨床，它与牛头刨床的主要区别在于插床的滑枕是直立的，图 3-97 所示为 B5032 型插床的外形图。它主要由滑枕、床身、变速箱、进给箱、分度盘、工作台移动手轮、底座和工作台等组成。

插削时，插刀装夹在滑枕的刀架上，滑枕可沿着床身导轨在垂直方向作往复直线主运动。工件装夹在工作台上，工作台由下滑板、上滑板和圆形工作台三部分组成。下滑板带动上滑板和圆形工作台沿着床身的水平导轨作横向进给运动；上滑板带动圆形工作台沿着下滑板的导轨作纵向进给运动；圆形工作台带动工件回转完成圆周进给运动或进行分度。圆形工作台在上述各方向的进给运动是在滑枕空行程结束后的短时间内进行的。圆形工作台的分度是用分度装置来实现的。

滑枕除能沿床身垂直导轨作直线往复运动外，还可以在垂直平面内倾斜一定的角度（一般≤10°），以便插削斜面或斜槽。

（三）拉削加工

1. 拉削加工范围及特点

拉削加工是在拉床上用拉刀作为刀具的切削加工。拉削是一种高效率的精加工方法。利用拉刀可拉削各种形状的通孔和键槽，如圆孔、矩形孔、多边形孔、键槽、内齿轮等，如图 3-100 所示。此外，在大批量生产中，还广泛用于加工平面、半圆弧面和组合表面等。

拉削圆孔时，由于受拉刀制造条件和强度等限制，被拉孔的直径通常为 $8\sim125\ mm$，孔的长度一般不超过孔径的 $2.5\sim3$ 倍。拉削前孔不需要精确的预加工，钻削或粗镗后即可拉削。拉孔时，工件一般不需夹紧，只以工件的端面支撑。因此，工件孔的轴线与端面之间应有一定的垂直度要求。此外，因拉刀呈浮动安装，并且由工件预制孔定位，所以拉削不能校正原孔的位置度。

拉削时，主运动是拉刀被刀具夹头夹持后所做的直线运动，没有进给运动。

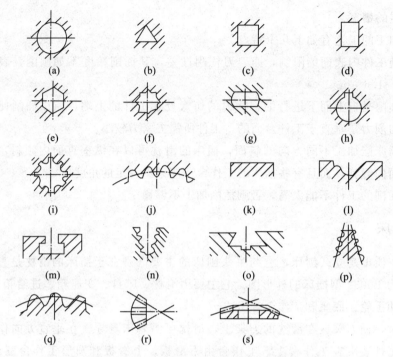

图 3-100　拉削加工的典型工件截面形状

（a）圆孔；（b）三角形；（c）正方形；（d）长方形；（e）六角形；（f）多角形；

（g）鼓形孔；（h）键槽；（i）花键槽；（j）内齿轮；（k）平面；（l）成形平面；（m）T形槽；

（n）榫槽；（o）燕尾槽；（p）叶片榫齿；（q）圆柱齿轮；（r）直齿锥齿轮；（s）螺旋锥齿轮

2. 拉削加工特点

在拉削过程中，只有拉刀直线移动做主运动，进给运动依靠拉刀上的带齿升量的多个刀齿分层或分块去除工件上余量来完成。拉削的特点如下。

（1）拉削的加工范围广。拉削可以加工各种截面形状的内孔表面和一定形状的外表面。拉削的孔径一般为 8～125 mm，长径比一般不超过 2.5～3。拉削不能加工台阶孔和盲孔，形状复杂零件上的孔也不宜加工（如箱体上的孔）。

（2）生产率高。拉削时，拉刀同时工作齿数多，切削刃长，且可在一次工作行程中能完成工件的粗、精加工，机动时间短，获得的效率高。

（3）加工质量好。拉刀为定尺寸刀具，并有校准齿进行校准、修光；拉削速度低（$v_c = 2 \sim 8$ m/min），不会产生积屑瘤；拉床采用液压系统，传动平稳，工作过程稳定。因此，拉削加工精度可达 IT7～IT8 级，表面粗糙度 Ra 达 1.6～0.4 μm。

（4）拉刀耐用度高，使用寿命长。拉削时，切削速度低，切削厚度小，刀齿负荷轻，一次工作过程中，各刀齿一次性工作，工作时间短，拉刀磨损慢。拉刀刀齿磨损后，可重磨且有校准齿作备磨齿，因此拉刀使用寿命长。

（5）拉削容屑、排屑和散热较困难。拉削属封闭式切削，若切屑堵塞容屑空间，不仅会恶化工件表面质量，损坏刀齿，严重时还会拉断拉刀。切屑的妥善处理对拉刀的工作安全非常重要，如在刀齿上磨分屑槽可帮助切屑卷曲，有利于容屑。

（6）拉刀制造复杂、成本高。拉刀齿数多，刃形复杂，刀具细长制造难，刃磨不便。一把拉刀只适应于加工一种规格尺寸的型孔、槽或型面，拉刀制造成本高。

综上，拉削加工主要适用于大批量生产和成批生产。

五、齿形加工

齿轮传动具有传递运动准确、传动平稳、承载大、载荷分布均匀、结构紧凑、可靠耐用效率高等特点，成为应用最为广泛的一种传动形式，广泛用于各种机械及仪表中。齿轮零件是齿轮传动当中主要传动零件。随着现代科学技术和工业水平的不断提高，对齿轮制造质量的要求越来越高，齿轮的需求量也日益增加，使得齿轮加工机床成为机械制造业中不可缺少的重要加工设备。

（一）齿形加工方法

齿轮的加工方法有无屑加工和切削加工两类。无屑加工有铸造、热轧、冷挤、注塑和粉末冶金等方法。无屑加工具有生产率高、耗材少、成本低等优点，但因受材料性质和制造工艺等方面的影响，加工精度不高。因此无屑加工的齿轮主要用于农业及矿山机械。对于有较高传动精度要求的齿轮来说，主要还是通过切削加工来获得所需的制造质量。

齿轮齿形的加工方法很多，按表面成形原理有仿形法和展成法之分。仿形法是利用刀具齿形切出齿轮的齿槽齿面；展成法（或称为范成法）是让刀具、工件模拟一对齿轮（或齿轮与齿条）作啮合（展成）运动，运动过程中，由刀具齿形包络出工件齿形。按所用装备不同，齿形加工又有铣齿、滚齿、插齿、刨齿、磨齿、剃齿和珩齿等多种方法（其中铣齿为仿形法，其余均为展成法）。

1. 铣齿

采用盘形齿轮铣刀或指状齿轮铣刀依次对装于分度头上工件的各齿槽进行铣削的方法称为铣齿（图 3-101 所示）。

这两种齿轮铣刀均为成形铣刀，盘形刀适用于加工模数小于 8 的齿轮；指状刀适于加工大模数。$m=8\sim40$ mm 的直齿、斜齿轮，特别是人字齿轮铣齿时，齿形靠铣刀刃形保证。生产中对同模数的齿轮设计有一套（8 把或 15 把）铣刀，$m=1\sim8$ mm，每个模数有 8 把刀具；$m=9\sim16$ mm，每个模数有 15 把刀具，加工齿数范围如表 3-14 所示。每把铣刀适应该模数一定齿数范围内齿形加工，其齿形按该齿数范围内的最小齿数设计，加工其他齿数时会产生一定的误差，故铣齿加工精度不高，一般用于单件、小批量生产。

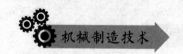

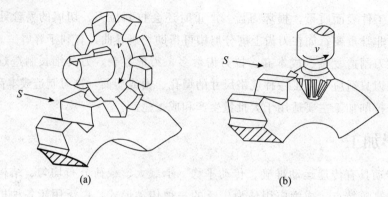

(a)   (b)

图 3-101　铣齿加工

（a）用盘状模数铣刀铣齿；（b）用指状模数铣刀铣齿

表 3-14　齿轮铣刀的刀号

刀号	齿数		刀号	齿数	
	8 件	15 件		8 件	15 件
1	12～13	12	5	26～34	26～29
$1_{1/2}$		13	$5_{1/2}$		30～34
2	14～16	14	6	35～54	35～41
$2_{1/2}$		15～16	$6_{1/2}$		42～54
3	3～88	3～86	7	55～134	55～79
$3_{1/2}$		19～20	$7_{1/2}$		80～134
4	21～25	21～22	8	≥135	≥135
$4_{1/2}$		23～25			

　　仿形法铣齿所用的设备为铣床。工件夹紧在分度头与尾架之间的心轴上，如图 3-102 所示。铣削时，铣刀装在铣床刀轴上做旋转运动以形成齿形，工件随铣床工件台做直线移动——轴向进给运动，以切削齿宽。当加工完一个齿槽后，使分度头转过一定的角度，再切削另一个齿槽，直至切完所有齿槽。此外，还须通过工作台升降做径向进刀，调整切齿深度，达到齿高。当加工模数小于 1 时，可一次铣出，对于大模数齿轮则可多次铣出。

2. 滚齿

　　滚齿是用滚刀在滚齿机上加工齿形，滚齿过程中，刀具与工件模拟一对交错轴螺旋齿轮的啮合传动（图 3-103）。滚刀实质为一个螺旋角很大（近似 90°）、齿数很少（单头或数头）的圆柱斜齿轮，可将其视为一个蜗杆（称滚刀的基本蜗杆）。为使该蜗杆满足切削要求，在其上开槽（可直槽或螺旋槽）形成了各切削齿，又将各齿的齿背铲削成阿基米德螺旋线形成刀齿的后角，便构成滚刀。滚齿的适应性好，一把滚刀可

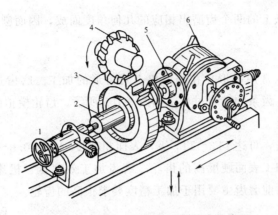

图 3-102 在铣床上用分度头铣削齿轮齿形
1-尾架；2-心轴；3-工件；4-盘状模数铣刀；5-卡箍；6-分度头

加工同模数、齿形角，不同齿数的齿轮；滚齿生产率高，切削中无空程，多刃连续切削；滚齿加工的齿轮齿距偏差很小，按滚刀精度不同，可滚切 IT10—IT6 级精度的齿轮；但滚齿齿形粗糙度较大。滚齿加工主要用于直齿和斜齿圆柱及蜗轮的加工，不能加工内齿轮和多联齿轮。

3. 插齿

插齿是用插齿刀在插齿机上加工齿形。插齿过程中，刀具、工件模拟一对直齿圆柱齿轮的啮合过程（图 3-104）。插齿刀模拟一个齿轮，为使其能获切削后角，插齿刀实际由一组截面变位齿轮（变位系数不等，由正至负）叠合而成；插齿刀的前刀面也可磨制出切削前角，再将其齿形作必要的修正（加大压力角）便成插齿刀。

插齿加工齿形精度高于滚齿，一般为 IT7～IT9，齿面的粗糙度也小（Ra 可达 $1.6\,\mu m$），而且插齿适用范围广，不仅可加工外齿轮，还可加工滚齿所不能的内齿轮、双联或多联齿轮、齿条、扇形齿轮。但插齿运动精度、齿向精度均低于滚齿，生产率也因有空行程而低于滚齿。

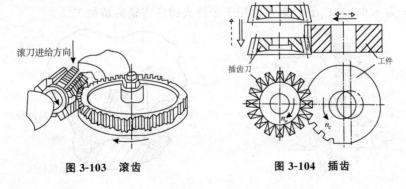

图 3-103 滚齿 **图 3-104 插齿**

4. 刨齿

刨齿是用齿条刨刀对齿形进行加工，刨刀与工件为模拟一对齿轮、齿条的啮合过

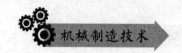

程。刨刀只是由齿条上的两个齿磨出相应的几何角度而成，因而刨齿没有齿形误差。

5. 磨齿

磨齿是用砂轮（常用碟形）在磨齿机上对齿形的加工。磨齿过程中，砂轮、工件也为模拟一对齿轮、齿条的啮合过程，如图 3-105 所示。齿轮模拟的为齿条上的两个半齿，因此无齿形误差。

磨齿加工精度高，可达 IT3～IT7 级，表面粗糙度 Ra 为 $0.8～0.2\ \mu m$，且修正误差的能力强，还可加工表面硬度高的齿轮。磨齿加工效率低，机床结构复杂，调整困难，加工成本高，目前磨齿主要用于加工精度要求很高的齿轮。

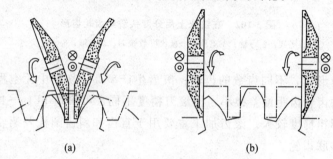

图 3-105 展成法磨齿原理

(a) 20°磨削法；（b）0°磨削法

6. 剃齿

剃齿是由剃齿刀带动工件自由转动，并模拟一对螺旋齿轮作双面无侧隙啮合的过程，如图 3-106 所示。剃齿刀与工件的轴线交错成一定角度。剃齿刀可视为开了许多槽形成切削刃，剃齿旋转中相对于被剃齿轮齿面产生滑移分速度，开槽后形成的切削刃剃除齿面极薄余量。剃齿加工效率很高，加工成本低；对齿形误差和基节误差的修正能力强（但齿向修正的能力差），有利于提高齿轮的齿形精度、加工精度、粗糙度取决于剃齿刀。若剃齿刀本身精度高、刀磨质量好，则能使加工出的齿轮达到 IT6～IT7 级精度，Ra 为 $1.6～0.4\ \mu m$。剃齿常用于未淬火圆柱齿轮的精加工。

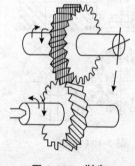

图 3-106 剃齿

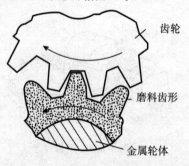

齿轮

磨料齿形

金属轮体

图 3-107 珩齿

7. 珩齿

珩齿（图 3-107）是一种用于淬硬齿面的齿轮精加工方法。珩齿时，珩磨轮与工件的关系同于剃齿。与剃齿刀不同，珩磨轮是一个用金刚砂磨料加入环氧树脂等材料作结合剂浇铸或热压而成的塑料齿轮。珩齿时，利用珩磨轮齿面众多的磨粒，以一定压力和相对滑动速度对齿形磨削。

珩磨时速度低，工件齿面不会产生烧伤、裂纹，表面质量好；珩磨轮齿形简单，易获得高精度齿形；珩齿生产率高，一般为磨齿、研齿的 $10\sim20$ 倍；刀具耐用度高，珩磨轮每修正一次，可加工齿轮 $60\sim80$ 件；珩磨轮弹性大、加工余量小（不超过 0.025 mm）、磨料细，故珩磨修正误差的能力差。珩齿一般用于减小齿轮热处理后表面粗糙度值，Ra 可从 1.6 μm 减小到 0.4 μm 以下。

（二）齿形加工方法的选择

1. 齿形加工方法选择

从以上分析可知，用仿形法加工齿轮，所用的刀具、机床和夹具均比较简单，成本低，但加工精度低、辅助时间长、生产效率低；用展成法加工齿轮，加工精度高，生产效率高，是齿形加工的主要方法，但需专门的刀具和机床，设备费用高，成本高。

展成法是齿形加工的主要方法，各种加工方法的加工设备、加工原理、加工精度也各不相同。表 3-15 所示为各齿形加工方法的比较。

表 3-15　各齿形加工方法的比较

方法	加工形式	刀具	机床	精度	生产率	适用范围
仿形法	成形铣齿	模数铣刀	铣床	IT9 以下	低	单件及齿轮修配
	拉齿	齿轮拉刀	拉床	IT7～IT9	高	大量生产，内齿轮
展成法	滚齿	齿轮滚刀	滚齿机	IT6～IT10	高	通用性大，外啮合圆柱齿轮，蜗轮
	插齿	插齿刀	插齿机	IT7～IT9	高	内外齿轮，多联，扇形齿轮，齿条
	剃齿	剃齿刀	剃齿机	IT6～IT7	高	滚（插）后，淬火前精加工
	冷挤齿	挤轮	挤齿机	IT7～IT8	高	淬硬前精加工代替剃齿
	珩齿	珩磨轮	珩齿机	IT7	中	剃齿和高频淬火后精加工
	磨齿	砂轮	磨齿机	IT3～IT7	低	淬硬后精密加工

2. 滚齿、插齿工艺比较

（1）滚齿、插齿的加工精度都比较高，均为 7～8 级。插齿的分齿精度略低于滚齿，而滚齿的齿形精度略低于插齿。

（2）插齿后齿面的粗糙度值略小于滚齿。

（3）滚齿的生产率一般高于插齿。因为滚齿为连续切削，插齿有空刀行程，且插齿刀为往复运动，所以速度的提高受到限制。

（4）一定模数和压力角的齿轮滚刀和插齿刀可对相同模数和压力角的不同齿数的圆柱齿轮进行加工，但螺旋插齿刀与被切螺旋齿轮还必须螺旋角相等，旋向相反。蜗轮滚刀的有关参数必须与同被切蜗轮相啮合的蜗杆完全一致。

（5）插齿除能加工一般的外啮合直齿齿轮外，特别适合于加工齿圈轴向距离较小的多联齿轮、内齿轮、齿条和扇形齿轮等。对于外啮合的斜齿轮，虽通过靠模可以加工，但远不及滚齿方便，且插齿不能加工蜗轮。滚齿适合于加工直齿圆柱齿轮、螺旋齿圆柱齿轮和蜗轮，但通常不宜加工内齿轮、扇形齿轮和相距很近的多联齿轮。当更改滚刀齿形后，滚齿加工还可以用于花键轴键槽、链轮齿形的加工。

（6）滚齿和插齿在单件小批及大批大量生产中均广泛应用。

（三）齿轮加工机床

1. 滚齿机

如图 3-108 所示为 Y3150E 型滚齿机的外形图。机床由床身、立柱、刀具滑板、滚刀架、后立柱和工作台等部件组成。立柱 2 固定在床身上，刀具滑板 3 带动滚刀架可沿立柱导轨做垂直进给运动和快速移动；装夹滚刀的滚刀杆 4 装在滚刀架 5 的主轴上，滚刀架连同滚刀一起可沿刀具滑板的弧形

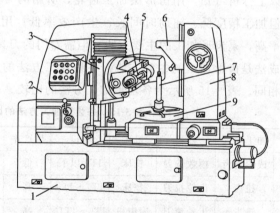

图 3-108　Y3150E 型滚齿机外形图

1-床身；2-立柱；3-刀具滑板；4-滚刀杆；5-滚刀架；
6-后支架；7-工件心轴；8-后立柱；9-工作台

导轨在 240°范围内调整装夹角度。工件装夹在工作台 9 的心轴 7 上或直接装夹在工作台上，随同工作台一起做旋转运动。工作台和后立柱装在同一滑板上，并沿床身的水平导轨做水平调整移动，以调整工件的径向位置或做手动径向进给运动。后立柱上的后支架 6 可通过轴套或顶尖支承工件心轴的上端，以增加滚切工作的平稳性。

Y3150E 机床的主要技术参数为：最大加工工件直径 500 mm，最大加工工件宽度 250 mm，最大加工模数 8 mm，最小齿数 5 k（k 为滚刀头数）；允许安装的滚刀最大直径 160 mm，最大滚刀长度 160 mm；主电机功率 4kW。

2. 插齿机

插齿机主要用于加工直齿圆柱齿轮，尤其适用于加工在滚齿机上不能滚切的内齿轮和多联齿轮。

如图 3-109 所示为 Y5132 型插齿机的外观图，它由刀架座、立柱、刀轴、工作台、床身、工作台溜板等部分组成。

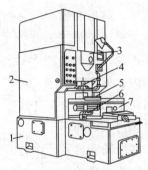

图 3-109　Y5132 插齿机

1-床身；2-立柱；3-刀架；4-主轴；5-工作台；6-挡块支架；7-工作台溜板

（四）齿轮加工刀具

1. 滚齿刀

齿轮滚刀是利用一对螺旋齿轮啮合原理工作的，如图 3-110 所示。滚刀相当于小齿轮，工件相当于大齿轮。

滚刀的基本结构是一个螺旋齿轮（图 3-111），但只有一个或两个齿，因此其螺旋角很大，螺旋升角就很小，使滚刀的外貌不象齿轮，而呈蜗杆状。滚刀的头数即是螺旋齿轮的齿数。为

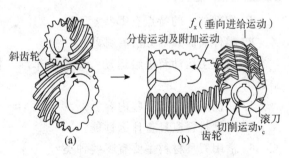

图 3-110　滚刀加工齿轮相当于一对交错轴
斜齿轮啮合

（a）交错轴斜齿轮副；（b）滚齿运动

了形成切削刃和前、后刀面，在其圆周上等分地开有若干垂直于蜗杆螺旋线方向或平行于滚刀轴线方向的容屑槽，经过铲背使刀齿形成正确的齿形和后角，再加上淬火和刃磨前面，就形成了一把齿轮滚刀。

基本蜗杆有渐开线蜗杆、阿基米德蜗杆和法向直廓蜗杆。渐开线蜗杆制造困难，生产中很少使用；阿基米德蜗杆与渐开线蜗杆非常近似，只是它的轴向截面内的齿形是直线，这种蜗杆滚刀便于制造、刃磨和测量，应用较为广泛；法向直廓滚刀的理论误差略大，加工精度较低，生产中采用不多，一般只用粗加工、大模数和多头滚刀。

模数为 1～10 的标准齿轮滚刀多为高速钢整体制造。大模数的标准齿轮滚刀为了

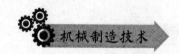

节约材料和便于热处理，一般可用镶齿式。这种滚刀切削性能好，耐用度高。目前硬质合金齿轮滚刀也得到了较广泛的应用，它不仅可采用较高的切削速度，还可以直接滚切淬火齿轮。

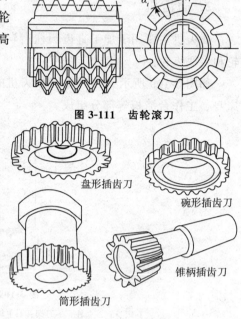

图 3-111　齿轮滚刀

2. 插齿刀

插齿刀按外形分为盘形、碗形、筒形和锥柄4种（图3-112）。盘形插齿刀主要用于加工内、外啮合的直齿、斜齿和人字齿轮。碗形插齿刀主要加工带台肩的和多联的内、外啮合的直齿轮，它与盘形插齿刀的区别在于工作时夹紧用的螺母可容纳在插齿刀的刀体内，因而不妨碍加工。筒形插齿刀用于加工内齿轮和模数小的外齿轮，靠内孔的螺纹旋紧在插齿机的主轴上。锥柄插齿刀主要用于加工内啮合的直齿和斜齿齿轮。

盘形插齿刀

碗形插齿刀

锥柄插齿刀

筒形插齿刀

图 3-112　插齿刀的类型

🔧 思考练习

1. 切削加工的特点有哪些？

2. 零件表面成形方法有哪些？

3. 何谓主运动及进给运动？试说明车削、铣削、刨削、磨削、钻削的主运动和进给运动。

4. 切削用量包括哪些内容？

5. 刀具材料应具备什么性能？

6. 常用刀具材料主要有哪些种类？

7. 刀具的切削部分由哪几部分组成？

8. 刀具磨损形式有哪几种？

9. 何谓刀具耐用度和刀具寿命？二者有何区别？

10. 刀具的五个基本角度分别在什么平面内测量？

11. 刀具标注角度参考系建立的条件是什么？

12. 简述切屑的种类及特征。

13. 简述切削用量对切削力及切削温度的影响。

14. 简述刀具角度对切削力及切削温度的影响。

15. 简述切削液的作用及分类。

16. 刀具的磨损形式有哪几种？

17. 什么是刀具的耐用度？

18. 解释下列机床型号的含义：CK7520、XK5040、C6140、X6132、Z3040

19. 积屑瘤对加工性能有何影响？如何控制？

20. 切削用量在粗、精加工时应如何选择？

21. 简述车削加工的切削运动、加工范围及车削加工精度。

22. 简述车削的加工特点。

23. CA6140 型卧式车床主要有哪几部分组成？并简述各部分的作用。

24. 车床的运动形式是怎样的？

25. 卧式车床主要附件有哪些？并说明其应用场合。

26. 卧式车床的工件装夹方式有哪些？

27. 三爪自定心卡盘和四爪卡盘在操作上有何区别？

28. 车刀按用途与结构来分有哪些类型，它们的应用场合如何？

29. 查找资料，说明常用硬质合金焊接刀片的使用范围。

30. 车刀安装时应注意哪些问题？

31. 简述铣削加工的切削运动、加工范围、加工精度及加工特点。

32. 试比较顺铣和逆铣。

33. X6132 型万能升降台铣床主要由哪几部分组成？并简述各部分的作用。

34. 铣床附件主要有哪些？

35. 铣刀有哪些类型？

36. 试罗列出能分别用于加工平面、沟槽、成形面的铣刀名称。

37. 铣削用量有哪些？进给参数三者之间有何关系？

38. 何为钻削？在钻床上可进行哪些钻削加工？其应用范围如何？

39. 钻孔为何只适合于小孔的加工？若直径为 $\varphi 40$ mm 左右的孔，可否直接选用 $\varphi 40$ mm 的钻头钻出，为什么？

40. 钻床主要有哪些类型？

41. 常见内孔加工方法有哪些？

42. 常见外圆加工方法有哪些？

43. 镗削的切削运动有哪些？其主要应用范围是什么？

44. 镗床主要有哪些类型？

45. 磨床是如何分类的？

46. 磨削加工的主要特点是什么？

47. 外圆磨削和平面磨削时，一般需要哪些运动？哪些是主运动？哪些是进给运动？

48. M1432A 磨床主要由哪几部分组成？各部分作用是什么？

49. 插削主要应用在哪些范围？

50. 拉削主要应用在哪些范围？有何特点？

51. 刨削主要应用在哪些范围？

52. 展成法齿轮加工主要有哪些方法？主要应用范围如何？

53. 滚齿与插齿有何异同点？

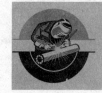

第四章 机械制造工艺

第一节 机械加工工艺基本知识

一、机械制造一般过程

在社会生产的各行各业和人民的日常生活中，都使用着各种各样的机器、机械、仪器和工具。它们的品种、数量和性能极大地影响着这些行业的生产能力、质量水平和经济效益等。这些机器、机械、仪器和工具统称为机械装备，它们的大部分构件都是一些具有一定形状和尺寸的金属零件。能够生产这些零件并将其装配成机械装备的工业，称之为机械制造工业。显然，机械制造工业的主要任务就是向国民经济的各行各业提供先进的机械装备。机械制造工业是国民经济发展的重要基础和有力支柱，其规模和水平是反映国家经济实力和科学技术水平的重要标志。

任何机械或部件都是由许多零件按照一定的设计要求制造和装配而成。机械制造一般过程如下。

金属材料 $\xrightarrow{\text{铸、锻、焊等}}$ 毛坯 $\xrightarrow[\text{热处理等}]{\text{机械加工}}$ $\xrightarrow{\text{装配}}$ 机器

在实际生产中，由于零件的结构形状、几何精度、技术条件和生产数量等要求不同，一个零件往往要经过一定的加工过程才能将其由毛坯变成成品零件。因此，机械加工工艺人员必须从工厂现有的生产条件和零件的生产数量出发，根据零件的具体要求，在保证"质量、效率、经济性"要求的前提下，对零件上的各加工表面选择适宜的加工方法，合理地安排加工顺序，科学地拟定加工工艺过程，才能获得合格的机械零件。

二、生产过程与工艺过程

（一）生产过程

生产过程是指将原材料转变为产品的全过程。机械制造工厂的产品可以是整台机

器、某一部件或是某一零件。生产过程包括产品设计、生产准备、制造和装配等一系列相互关联的劳动过程的总和。

(二) 工艺过程

工艺过程指的是在生产过程中，直接改变生产对象的形状、尺寸、相对位置和性质（力学性质、物理性能、化学性能），使其成为成品（或半成品）的过程。

那些在生产过程中与原材料改变为成品间接有关的过程，如生产准备、运输、保管、机床维修和工艺装备制造修理等，称之为辅助过程。

机械制造工艺过程又可分为毛坯制造工艺过程、机械加工工艺过程和机械装配工艺过程。

三、机械加工工艺过程组成

机械加工工艺过程是由一个或若干个顺序排列的工序组成的，而工序又可细分为安装、工位、工步和走刀。

(一) 工序

一个（一组）工人，在一台机床（或一个工作地）上对一个（或几个）工件进行加工所连续完成的那一部分工艺过程称为工序。工序是工艺过程的基本组成部分，划分工序的重要依据是设备（工作地）是否改变。

(二) 安装

工件在一次装夹中所完成的那部分工艺过程。工件在一道工序可能有一次或几次安装。

(三) 工位

工位是指为了完成一定的工序内容，一次装夹工件后，工件与夹具或设备的可动部分一起相对刀具或设备的固定部分所占据的每一个位置称为一个工位。为提高生产率、减少工件装夹次数，常采用回转工作台、回转夹具或移位夹具，使工件在一次装夹后能在机床上依次占据不同的加工位置进行多次加工。如图 4-1 所示是一个 4 工位钻孔加工的例子。

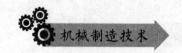

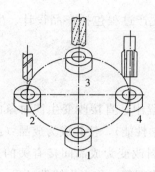

图 4-1 多工位钻孔
1—装卸工件；2—钻孔；3—扩孔；4—铰孔。

（四）工步

一次安装中，在不改变加工表面、切削刀具的情况下所完成的那部分工艺过程称为工步。工件在一次安装中，可以有一个工步也可以有多个工步。

加工表面可以是一个，也可以是复合刀具同时加工的几个。用同一刀具对零件上完全相同的几个表面顺次进行加工（如顺次钻法兰盘上的几个相同的孔），且切削用量不变的加工也视为一个工步。

（五）走刀

在一个工步中，被切削表面需要分几次切除多余的金属层，刀具每切除一层金属层，即称为一次走刀。一个工步可以有一次走刀或几次走刀。

四、生产纲领与生产类型

（一）生产纲领

企业在计划期内应当生产的产品数量和进度计划称为生产纲领。机器产品中某零件的年生产纲领应将备品及废品也记入在内，并可按下式计算

$$N = Qn\,(1+\alpha\%)\cdot(1+\beta\%)$$

式中　N—零件的年生产纲领（件／年）；

　　　Q—机器产品的年产量（台／年）；

　　　n—每台机器产品中包括的该零件数量（件／台）；

　　　$\alpha\%$—该零件的备品百分率；

　　　$\beta\%$—该零件的废品百分率。

一次投入或产出的同一产品（或零件）的数量称为生产批量。

（二）生产类型

根据零件的生产纲领或生产批量可以划分成几种不同的生产类型。所谓生产类型

即企业（或车间、工段、班组、工作地）生产专业化程度的分类。一般分为单件生产、成批生产和大量生产三种类型。

1. 单件生产

单件生产的基本特点是生产的产品品种繁多，产品只制造一个或几个，而且很少再重复生产。重型机器、非标准专用设备产品及设备修理、产品试制时的加工通常属于这种类型。

2. 成批生产

成批生产的基本特点是生产某几种产品，每种产品均有一定数量，各种产品是分期分批地轮番投产。机床、工程机械等许多标准通用产品的生产均属于这种种类型。

成批生产时，每批投入生产的同一产品的数量称为投产批量。根据批量的大小，成批生产还可以分为小批生产、中批生产和大批生产。小批生产的工艺特征接近单件生产，而大批生产的工艺特征接近大量生产，因此有经常把单件小批生产或大批大量生产作为同一类型讨论。

3. 大量生产

大量生产的基本特点是产量大品种少，大多数工作地长期的重复进行一种零件的某一工序的加工。轴承、自行车、缝纫机、汽车、拖拉机等产品的制造即属于这种类型。

不同产品具体生产类型的划分可以参考表 4-1。不能简单以加工工件的数量来确定加工工件的生产类型。不同质量的工件，其认定为不同生产类型的数量是有差别的，总的趋势是：质量大的工件，构成批量或大量生产的数量相对较小。

表 4-1 不同产品生产类型的划分

生产类型	同种零件生产纲领（件/年）		
	轻型机械产品 零件重＜100 kg	中型机械产品 零件重 100～200 kg	重型机械产品 零件重＞200 kg
单件生产	100 以下	20 以下	5 以下
小批生产	100～500	20～200	5～100
中批生产	500～5 000	200～500	100～300
大批生产	5 000～50 000	500～5 000	300～1 000
大量生产	50 000 以上	5 000 以上	1 000 以上

对不同生产类型，为获得最佳技术经济效果，其生产组织、车间布置、毛坯制造方法、工夹具使用，加工方法及对工人技术要求等各个方面均不相同，即具有不同的工艺特征（表 4-2）。例如，大批大量生产采用的高生产率的工艺及高效专用自动化设

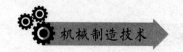

备，而单件小批生产则采用通用设备及工艺装备。

表 4-2 各种生产类型的工艺特征

特　征	类　型		
	单件生产	成批生产	大量生产
零件生产型式	事先不决定是否重复生产	周期地成批生产	长时间连续生产
毛坯制造方式及加工余量	铸件用木模手工造型，锻件用自由锻。毛坯精度低，加工余量大	部分铸件用金属模，部分锻件用模锻，加工余量中等	铸件广泛采用金属模机器造型，锻件广泛采用模锻，以及其他高生产率的毛坯制造方法，毛坯精度高，加工余量小
机床设备及布局	采用通用机床，按机群式布置	采用通用机床及部分高生产率专用机床，按零件类别分工段安排	广泛采用高生产率专用机床及自动机床，按流水线排列或采用自动线
夹具	多用通用夹具，很少用专用夹具，靠划线和试切法来保证尺寸精度	用专用夹具，部分靠划线和试切法来保证加工精度	广泛采用高生产率夹具，靠夹具及调整法来保证加工精度
刀具及量具	采用通用刀具及万能量具	采用专用刀具及万能量具	广泛采用高效专用刀具及量具
工人技术要求	熟练。	中等熟练。	对操作工人要求一般
工艺文件	只编制简单工艺过程卡	编制较详细的工艺卡	编制详细工艺卡或工序卡
发展趋势	箱体类复杂零件采用加工中心加工	采用成组技术，由数控机床或柔性制造系统等进行加工	在计算机控制的自动化制造系统中加工，并可能实现在线故障诊断、自动报警和加工误差自动补偿

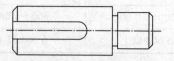

图 4-2 小轴

　　因此对于同一零件，由于生产类型不同，其工艺过程也不会相同。如图 4-2 所示小轴，其加工工艺对比见表 4-3。

表 4-3　不同生产类型加工工艺对比

（a）单件小批生产						（b）中批或大批生产					
加工简图	工序	安装	工位	工步	走刀	加工简图	工序	安装	工位	工步	走刀
	1 车各部成形	1	1	1	1		1 铣削端面钻中心孔	1	1 上下料		
				2	1				2 铣面	1	1
		2	1	1	1				3 钻中心孔	1	1
				2	1				1	1	2
		3	1	1	2		2 车大端	1	1	1	2
				2	1				1	1	2
		4	1	1	2		3 车小端	1	1	2	1
				2	1				1	1	
				3	1					3	1
	2 铣槽	1	1	1	1		4 铣槽	1	1	1	1

五、工件装夹方法及尺寸精度获得方法

（一）工件的装夹方法

在加工中，需要使工件相对于刀具和机床保持一个正确的位置。使工件在机床上或夹具中占据正确位置的过程称为定位。在工件定位后将其固定，使其在加工过程中保持定位位置不便的操作称为夹紧。装夹是定位与夹紧过程的总和。工件的装夹方法有以下两种。

1. 找正装夹法

找正装夹法是一种通过找正来进行定位，然后予以夹紧的装夹方法。工件的找正有以下两种方法。

（1）直接找正装夹。即用划针、直尺、千分尺等对工件被加工表面（毛坯表面或已加工表面）进行找正，以保证这些表面与机床运动和机床工作台支承面间有正确的相对位置关系的方法。如图 4-3 所示，在车床上用四爪卡盘装夹工件过程中，采用百分表进行内孔表面的找正。

（2）划线找正装夹。在工件定位之前先经划线工序，然后按工件上划出的线进行找正的方法。划线时要求：①使工件各表面都有足够的加工余量；②使工件加工表面与工件不加工表面保持正确的相对位置关系；③使工件找正定位准确迅速方便。如图4-4 所示在牛头刨床上按划线找正装夹。

找正装夹法主要用于单件、小批生产中加工尺寸大、工件形状复杂或加工精度要求很高的场合。

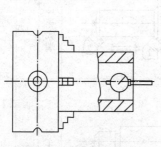

图 4-3　直接找正装夹

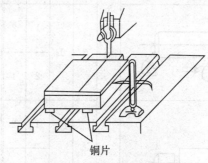

铜片

图 4-4　划线找正装夹

2. 专用夹具装夹

通过夹具上的定位元件与工件上的定位基面相接触或相配合，使工件能被方便迅速地定位，然后进行夹紧的方法。其装夹快捷、定位精度稳定，广泛用于成批生产和大量生产。如图 4-5 为钻削加工中用夹具对工件进行装夹的加工实例。钻头通过钻套 3 引导，在圆形的工件表面加工出孔。

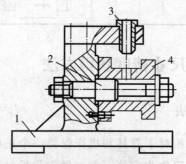

图 4-5　夹具装夹找正

1—夹具体；2—定位销；3—钻套；4—工件

（二）工件尺寸精度获得方法

1. 试切法

试切法是通过试切—测量—调整—再试切，反复进行，直至被加工尺寸达到要求为止的加工方法。该方法加工效率低，要求工人有较高技术水平，常用于单件小批生产中。

2. 调整法

调整法是先调整好刀具和工件在机床上的相对位置，并在一批零件的加工过程中保持这个位置不变，以保证工件被加工尺寸的方法。该方法主要用于成批生产和大量生产。

3. 定尺寸刀具法

定尺寸刀具法是用刀具的相应尺寸来保证工件被加工部位尺寸的方法。例如钻孔、铰孔、拉孔、攻丝和铣槽等。这种加工方法所得到的精度与刀具的制造精度关系很大。

4. 自动控制法

自动控制法是用测量装置、进给装置和控制系统组成一个自动加工的系统，使之在加工过程中的测量、补偿调整和切削加工自动完成以保证加工尺寸的方法。例如具有主动测量的自动机床加工和数控机床加工等。

六、机床夹具、定位原理及定位类型

夹具是一种装夹工件的工艺装备，广泛应用于机械制造过程的切削加工、热处理、装配、焊接和检测等工艺过程。

在金属切削机床上使用的夹具统称为机床夹具。在现代生产过程中，机床夹具是非常重要的工艺装备，直接影响着工件的加工精度、劳动生产率和制造成本等，因此机床夹具在制造以及生产技术装备中占有极其重要的地位。

（一）机床夹具的功能

在机床上用夹具装夹工件时，它的主要功能是实现工件定位和夹紧，使工件加工时相对于机床、刀具有正确的位置，以保证工件的加工精度；某些机床夹具还兼有导向或对刀功能，如钻床夹具中的钻套引导刀具进行孔加工，铣床夹具中的对刀装置，它能迅速地调整铣刀相对于夹具的正确加工位置。

（二）机床夹具的分类

1. 按夹具的通用特性分类

这是一种基本的分类方法，主要反映夹具在不同生产类型中的通用特性，也是选

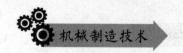

择夹具的主要依据。

（1）通用夹具。通用夹具是已经标准化的，一般作为通用机床的附件提供，使用时无需调整或稍加调整就能适应多种工件的装夹。如三爪自定心卡盘、机床用平口虎钳、万能分度头、磁力工作台等。这些夹具已作为机床附件由专门工厂制造供应，只需选购即可。这类夹具通用性强，广泛应用于单件小批量生产中。

（2）专用夹具。专用夹具专为某一工件的某道工序设计制造的夹具。专用夹具设计制造周期较长、成本较高，当产品变更时无法使用。专用夹具一般在批量生产中使用。使用专用夹具可起到以下主要作用：保证加工精度，提高劳动生产率，扩大机床的工艺范围，降低对工人的技术要求和减轻工人的劳动强度。

（3）可调夹具。可调夹具是的某些元件可调整或可更换，以适应多种工件加工的夹具。它还分为通用可调夹具和成组夹具两类。

（4）组合夹具。组合夹具是采用标准的组合夹具元件、部件，专为某一工件的某道工序组装的夹具。使用时可以按工件的工艺要求组装成所需的夹具，组合夹具用过之后可方便地拆开、清洗后存放，待组装新的夹具。因此，组合夹具具有缩短生产准备周期，减少专用夹具品种，减少存放夹具的库房面积等优点，很适合新产品试制或单件小批量生产。

2. 按夹具使用的机床分类

这是专用夹具设计所用的分类方法。如车床夹具、铣床夹具、钻床夹具、冲床夹具、齿轮机床夹具、数控机床夹具、自动机床夹具和其他机床夹具等。

3. 按夹紧的动力源分类

夹具按夹紧的动力源可分为手动夹具、气动夹具、液压夹具、气液增力夹具、电磁夹具和真空夹具等。

（三）机床夹具的基本组成部分

虽然各类机床夹具结构不同，但按其主要功能加以分析，机床夹具一般是由定位元件、夹紧装置、夹具体、其他装置或元件组成。

1. 定位元件

定位元件是夹具的主要功能元件之一。它的作用是使一批工件在夹具中占据正确的位置。

2. 夹紧装置

夹紧装置也是夹具的主要功能元件之一，它的作用是将工件压紧夹牢，保证工件在夹紧过程中不脱离已经占据的正确位置，保证工件在加工过程中受到外力（如切削力等）作用时不脱离已经占据的正确位置。

3. 夹具体

夹具体是夹具的基础件，通过它将夹具其他元件联接起来构成一个整体。

4. 其他装置或元件

除了定位元件、夹紧装置和夹具体之外，各种夹具根据需要还有一些其他装置或元件，如分度装置、对刀元件、连接元件、导向元件等。

（四）工件定位的基本原理

加工前必须使工件相对于刀具和机床的切削运动占有正确的位置，即工件必须定位。工件在夹具中定位的目的还是保证同一批工件在夹具中逐个装夹时都占有同一的正确加工位置。下面将讨论定位的基本原理。

工件的定位问题可以转化为在空间直角坐标系中决定刚体坐标位置的问题来讨论。一个刚体在空间可能具有的运动称为自由度。由运动学可知，刚体在空间可以有六种独立运动，即具有六个自由度。将刚体置于三维直角坐标系中，如图 4-6 （a）所示，这六个自由度是：沿 X 轴、Y 轴、Z 轴的平移运动，如图 4-6 （b）所示，分别用 $\vec{X}$、$\vec{Y}$、$\vec{Z}$ 表示；绕 X 轴、Y 轴、Z 轴的转动，如图 4-6 （c）所示，分别用 $\hat{X}$、$\hat{Y}$、$\hat{Z}$ 表示。若要消除刚体的自由度，就必须对刚体采取措施。六个自由度都被限制了的刚体，其空间位置即被确定。

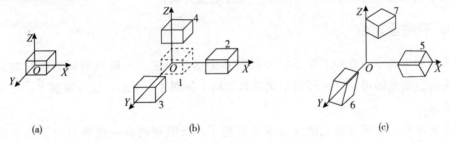

图 4-6 工件的六个自由度

在分析工件定位问题时，可以将具体的定位元件转化为定位支承点，一个支承点限制工件的一个自由度。用空间上合理分布的六个支承点限制工件的六个自由度，使工件在夹具中的位置完全确定，这就是常说的"六点定位原理"，或称"工件定位原理"。

图 4-7 表示了一个四棱柱在空间坐标系中的情形。如果在 XOY 平面上设置三个不共线的支承点（如图 4-7 中 1、2、3），工件靠在这三个支承点上，就限制了工件 $\hat{X}$、$\hat{Y}$、$\vec{X}$ 三个自由度；在 XOZ 平面上设置两个支承点 4、5（该两个支承点的连线平行于 XOY 平面），工件靠在这两个支承点上，可限制 $\hat{Z}$、$\vec{Y}$ 两个自由度；在 YOZ 平面上设置一个支承点 6，工件靠向它便限制了 $\vec{X}$ 自由度。由此可见，装夹工件时只要紧靠夹具上（或机床工作台上）的这六个支承点，它的六个自由度便被限制，工件便获得一个完全确定的位置。

对其他各种形状的工件也可作类似的分析。如图 4-8 （a）所示为圆环状工件定位的分析情况。端面紧靠支承点 1、2、3 可限制 $\hat{X}$、$\hat{Z}$、$\vec{Y}$ 三个自由度；内孔紧靠支承点 4、5 可限制 $\vec{X}$、$\vec{Z}$ 两个自由度；键槽侧面紧靠支承点 6 可限制 $\hat{Y}$ 自由度。

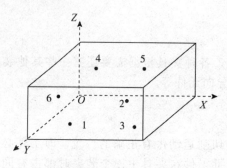

图 4-7　平面几何体的定位

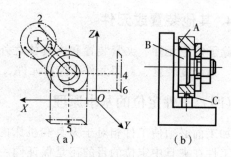

图 4-8　圆环工件的定位分析

（a）定位分析；（b）定位元件

（五）工件定位的几种类型

1. 完全定位

工件的六个自由度完全被限制，称为完全定位。当工件在 X、Y、Z 三个坐标方向均有尺寸或位置精度要求时，一般采用这种定位方式。

2. 不完全定位

根据加工要求，有些工件不需要限制其全部自由度，一般只限制那些对加工精度有影响的自由度即可，这样可以简化夹具结构。如图 4-9 所示，没有限制 $\vec{Y}$，也可满足加工要求。

由此可见，在保证加工精度要求的前提下，所限制的自由度数目少于六个就能满足定位要求，这种定位称为不完全定位。不完全定位是允许的。例如：磨削连杆顶面和底面时，可采用不完全定位方式，只需限制工件的三个自由度。

在考虑定位方案时，对于不必限制的自由度，一般不限制，否则会使夹具结构复杂；但在使用具体定位元件时，可能限制了不必限制的自由度，也不必人为地消除，否则，不但不能简化夹具结构，反而使夹具结构复杂化，增加设计困难，甚至无法实现。在实际使用中，为减小夹紧力，使加工更加稳定，也可限制某些不影响加工精度的自由度。

3. 欠定位

根据工件工序加工要求，应该限制的自由度没有限制，造成工件定位不足，这种定位称为欠定位。欠定位是不允许的。如图 4-10 所示。欠定位也可以表述为工件实际定位所限制的自由度数目少于工件在本工序加工所必须限制的自由度数，无法保证加工要求，在定位设计时，要注意避免。

4. 过定位

定位元件重复限制工件的同一个或几个自由度，这种重复限制工件自由度的定位称为过定位，如图 4-11 所示。过定位往往造成工件定位不确定，降低加工精度；或使工件或定位元件在工件夹紧后产生变形，甚至无法安装和加工。

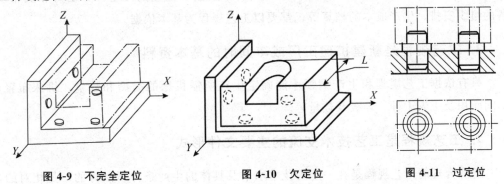

| 图 4-9 不完全定位 | 图 4-10 欠定位 | 图 4-11 过定位 |

在夹具设计中，有时可采用过定位方案，应作具体分析。但必须解决以下两个问题。

(1) 重复限制自由度的定位支承之间，不能使工件的安装发生干涉。

(2) 因过定位所引起的不良后果，在采取相应措施后，仍能保证加工要求。

消除或减小过定位引起的干涉，一般有以下两种方法。

(1) 提高定位基准之间及定位元件工作表面之间的位置精度。

(2) 改变定位元件的结构，使定位元件在重复限制自由度的部分不起定位作用。

例如，在滚齿机或插齿机上加工齿轮时，工件以端面和内孔作为定位基准时的过定位情况就是允许的。

第二节 机械加工工艺规程

工艺规程是规定产品或零部件制造工艺过程和操作方法等的工艺文件。零件机械加工工艺规程包括的内容有：工艺路线，各工序的具体加工内容、要求和说明，切削用量，时间定额及使用的机床设备与工艺装备等。其中，工艺路线是指产品或零部件在生产过程中，由毛坯准备到成品包装入库，经过企业各部门或工序的先后顺序。工艺装备（工装）是产品制造过程中所用的各种工具的总称，包括刀具、夹具、模具、量具、检具、辅具、钳工工具和工位器具等。

一、机械加工工艺规程的作用

1. 工艺规程是指导生产的主要技术文件

合理的工艺规程是在总结生产实践经验的基础上，依据工艺理论和必要的工艺实

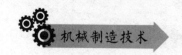

验而拟定的，是保证产品质量和生产经济性的指导性文件。生产中应严格的执行既定的工艺规程。

2. 工艺规程是生产准备和生产管理的基本依据

工夹量具的设计、制造或采购，原材料、半成品和毛坯的准备，劳动力和机床设备的组织安排，生产成本的核算等，都要以工艺规程为基本依据。

3. 工艺规程是新建扩建工厂或车间时的基本资料

只有依据工艺规程和生产纲领才能确定生产所需机床的类型和数量，机床布置，车间面积及工人工种、等级及数量等。

4. 工艺规程是工艺技术交流的主要文件形式

经济合理的工艺规程是在一定的技术水平及具体的生产条件下制订的，是相对的，是有时间、地点和条件的。随着生产的发展和技术的进步，生产种出现了新问题时，就要以新的工艺规程为依据组织生产。

工艺规程是机械制造企业最主要的技术文件之一。本章主要介绍工艺规程的编制方法和若干原则和规律。

二、机械加工工艺规程的格式

（一）机械加工工艺过程卡片

如表 4-4 所示，它是以工序为单位简要说明零、部件完整的工艺过程的一种工艺文件。卡片上一般应注明产品的名称与型号、零件的名称与图号，毛坯的种类与材料，工序的序号、名称和内容，完成各工序的车间，所用的机床、工艺装备和工时定额等。

表 4-4　机械加工工艺过程卡

(工厂名)		产品图号		零（部）件图号				第　页	
		产品名称		零（部）件名称				共　页	
机械加工工艺过程卡片		毛坯外形尺寸		每料可制件数			数量		
毛坯种类		材料牌号		重量			备注		
工序号	工序名称	工序内容		车间	工段	设备	工艺装备	工时/h	
								准终	单件

（续表）

（工厂名）	产品图号		零（部）件图号		第　页
	产品名称		零（部）件名称		共　页
更改内容					
编　制		校　核		批　准	会签（日期）

（二）机械加工工艺卡片

如表 4-5 所示，它是按产品或零、部件的某一工艺阶段编制的一种工艺文件。它以工序为单元，详细说明产品在某一工艺阶段中的工序号、工序名称、工序内容、工艺参数、操作要求以及采用的设备和工艺装备等。

表 4-5　机械加工工艺卡

（工厂名）		产品型号		零（部）件型号			第　页		
		产品名称		零（部）件名称			共　页		
机械加工工艺卡片		毛坯外形尺寸		每料可制件数		数量			
毛坯种类		材料牌号		重量		备注			
工序	安装	工步	工序内容	切削用量				工艺装备		工时/h	
				最大切深/mm	切速/(m/min)	转速/(r/min)	进给量/(mm/r)	设备名称	刀具夹具量具	准终	单件
更改内容											
编　制			校　核			批　准		会签（日期）			

（三）机械加工工序卡片

如表 4-6 所示，它是在工艺卡片的基础上，按每道工序所编制的一种工艺文件。卡片上详细的说明了工序的内容和进行步骤，绘有工序简图，注明了该工序的定位基准和工件的装夹方式、加工表面及其工序尺寸和公差、加工表面的粗糙度和技术要求、

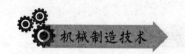

刀具的类型及其位置、进刀方向和切削用量等。

对自动、半自动机床或某些齿轮加工机床调整用的还有调整卡片；对检验工序还有检验工序卡片等其他类型的工艺规程格式。

另外，为成组加工技术应用的还有典型工艺过程卡片、典型工艺卡片和典型工序卡片。

表 4-6　机械加工工序卡

（工厂名）	产品名称及型号	零件名称	零件图号	工序名称	工序号	第　页
						共　页
机械加工工序卡片	车间	工段	材料名称	材料牌号	机械性能	
（工序图）	同时加工件数	每料件数	技术等级	单位时间/min	准终时间/min	
	设备名称	设备编号	夹具名称	夹具编号	冷却液	
	更改内容					

工步号	工步内容	计算数据			走刀次数	切削用量				工时定额			刀具及辅具			
		直径或长度	走刀长度	单边余量		切深/mm	进给量(mm/r)	转速(r/min)	切速(m/min)	基本时间	辅助时间	布置时间	工具号	名称	规格	编号	数量

编写		校核		批准		会签（日期）	

三、制订机械加工工艺规程的原则和步骤

（一）制订机械加工工艺规程的原则

机械加工工艺规程的制定原则是：在制定工艺规程时要充分考虑和采取措施保证产品质量，并能以最经济的方法获得要求的生产率和年生产纲领。同时还要考虑有良好的生产劳动条件和便于组织生产。

（二）制订机械加工工艺规程的步骤

械加工工艺规程的制定工作主要包括准备、工艺过程拟定、工序设计三个阶段。每一工作阶段包括的工作内容和步骤如图 4-12 所示。

即在准备阶段工作基础上，拟定以工序为单位的加工工艺过程，再对每工序的详细内容给予确定。由于该工作前后阶段的内容确定有相互影响和联系，所以对某些局部需要反复修改。最后对制定出的工艺规程还要进行综合分析评价，看是否满足生产率和生产节拍的要求，是否能做到机床负荷大致均衡，以及经济性如何等。如果这一分析评价内容不能通过，则需要重新制定工艺规程。也可预先同时编制出几个工艺规程进行分析对比。对最终确定的规程进行分析对比。对最终确定的规程内容需要填入工艺卡片，形成文件。

1. 工艺规程原始资料准备

（1）原始资料准备。为编制工艺规程，需准备下列资料。

①产品的零件图和装配图。

②产品验收的质量标准和交货状态。

③现有的生产条件和资料，包括毛坯的生产条件和协作关系，工艺装备及专用设备的制造能力，机械加工设备和工艺装备的条件，技术工人的等级水平等。

④国内外同类产品的有关技术资料。

⑤有关的文件与法规，如有关劳动保护、环保、节能等方面的文件和法规。

原始资料是编制工艺规程的主要依据和参考，应尽可能收集完整。

（2）计算产品的生产纲领，确定生产类型。

2. 分析零件图

零件图是制订工艺规程最主要的原始资料。要编制零件的工艺规程，首先要对零件全面了解。通过分析零件图和装配图，了解产品的性能、用途和工作条件等，明确零件的装配位置和作用，了解零件的主要技术要求，找出生产的关键技术问题。

（1）研究零件图。研究零件图包括以下三项内容。

①零件图的完整性和正确性。

图 4-12 机械加工工艺规程拟定步骤

1	准备各种必需的技术资料
2	零件工艺分析及服样工艺性审核
3	计算生产纲领、确定生产类型
4	确定毛坯种类、形状、尺及公差
1	确定各表面的加工方法和路线
2	选择各表面的定位基准
3	确定加工工作顺序
4	进行工序组合
5	插入热处理及辅咱工序、完整工艺过程
1	确定各工步加工余量
2	确定工序尺寸及公差
3	选择机床及工艺装备
4	确定切割用量
5	确定时间定额
对拟定出的工艺规程进行综合技术经济评价
填写工艺文件

233

②零件材料性能及材料切削加工性。

③零件的技术要求。

（2）零件的结构工艺性分析。零件结构工艺性是指所设计的零件在能够满足使用要求的前提下，制造的可行性和经济性。按制造方法的不同，零件结构工艺性还分为铸造工艺性、锻造工艺性、焊接工艺性、机械加工工艺性等。零件结构工艺性涉及面很广，具有综合性，必须全面综合地分析。

在制定零件机械加工工艺规程前，审核零件结构工艺性是很重要的一项工作。零件结构的加工工艺性对机械加工工艺过程影响很大，不同结构的两个零件尽管都能满足相同的使用要求，但它们的加工方法和制造成本可能有较大的差别。

在制订机加工工艺规程时，主要对零件的切削加工工艺性进行分析。

对零件结构切削加工工艺性有以下要求。

①设计结构要能够加工。如有足够的加工空间，刀具能够接近加工部位，留有必要的退刀槽和越程槽等。

②便于保证加工质量。如孔端表面最好与钻头钻入钻出方向垂直，精加工孔表面在圆周方向上要连续无间断，加工部位刚性要好等。

③尽量减少加工面积。如尽量使用形状简单的表面，对大的安装平面或长孔，通过合理合并或分拆零件减少加工面积等。

④要能提高生产效率。如结构中的几个加工面尽量安排在同一平面上或位于同一轴线，轴上作用相同的结构要素要尽量一致（如退刀槽）或加工方向要一致（如键槽），要便于多刀、多件加工或使用高生产率加工方法或刀具等。

⑤零件结构要便于安装夹紧，等等。

表 4-7 是零件结构工艺性的对比示例。

表 4-7 零件结构工艺性的对比示例

	结构工艺性不好	结构工艺性好	说　明
1	(a)	(b)	在结构（a）中，件2上的凹槽 a 不便于加工和测量。宜将凹槽 a 改在件 1 上，如结构（b）所示
2	(a)	(b)	键槽的尺寸，方位相同，则可在一次装夹中加工出全部键槽，提高了生产率

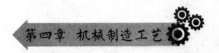

（续表）

	结构工艺性不好	结构工艺性好	说　　明
3	(a)	(b)	结构（a）的孔与壁的距离太近，不便引进刀具，加工时与刀具的钻套发生干涉
4	(a)	(b)	箱体类零件的外表面比内表面容易加工，应以外表面连接表面代替内表面连接表面。
5	(a)	(b)	结构（b）的三个凸台表面，可在一次走刀中完成
6	(a)	(b)	结构（b）的底面的加工劳动量较小
7	(a)	(b)	结构（b）有退刀槽，提高了工件的可加工性，减少夹具（砂轮）的磨损
8	(a)	(b)	在结构（a）上的孔加工时，容易将钻头引偏，甚至使钻头折断

(续表)

	结构工艺性不好	结构工艺性好	说　　明
9	(a)	(b)	结构（b）避免了深孔加工，并节约了零件的材料

3. 毛坯的选择

毛坯是指根据零件（或产品）所要求的形状、工艺尺寸等而制成的供进一步加工用的生产对象。毛坯种类、形状、尺寸和精度对机械加工工艺过程、产品质量、材料消耗和生产成本有着直接影响。

毛坯的选择主要是确定毛坯的种类、制造方法及制造精度。在已知零件图及生产纲领之后，即需进行如下工作。

（1）确定毛坯种类。机械产品和零件常用毛坯种类有铸件、锻件、焊接件、冲压件以及粉末冶金件和工程塑料等。根据要求的零件材料，零件对材料组织和性能的要求，零件结构及外形尺寸、零件生产纲领及现有生产条件，可参考表 4-8 确定毛坯种类。

表 4-8　机械制造业常用毛坯种类及其特点

毛坯种类	毛坯制造方法	材　　料	形状复杂性	公差等级(IT)	特点及适应的生产类型
型材	热轧	钢、有色金属（棒、管、板、异形等）	简单	11～12	常用作轴、套类零件及焊接毛坯分件，冷轧坯尺寸精度高但价格贵，多用于自动切割机
	冷轧（拉）			9～10	
铸件	木模手工造型	铸铁、铸钢和有色金属	复杂	12～14	单件小批生产
	木模机器造型			～12	成批生产
	金属模机器造型			～12	大批大量生产
	离心铸造	有色金属、部分有色金属	回转体	12～14	成批或大批大量生产
	压铸	有色金属	可复杂	9～10	大批大量生产
	熔模铸造	铸钢、铸铁	复杂	10～11	成批或大批大量生产
	失腊铸造	铸铁、有色金属		9～10	大批大量生产

铸造毛坯可获得复杂形状，其中灰铸铁因其成本低廉，耐磨性和吸振性好而广泛用于机架，箱体类零件毛坯

（续表）

毛坯种类	毛坯制造方法	材　料	形状复杂性	公差等级（IT）	特点及适应的生产类型	
锻件	自由锻造	钢	简单	12～14	单件小批生产	金相组织纤维化且走向合理，零件机械强度高
	模锻		较复杂	11～12	大批大量生产	
	精密模锻			10～11		
冲压件	板料冲压	钢、有色金属	较复杂	8～9	适用大批大量生产	
粉末冶金件	粉末冶金	铁、铜、铝基材料	较复杂	7～8	机械加工余量极小或无机械加工量，适用于大批大量生产	
	粉末冶金热模锻			6～7		
焊接件	普通焊接	铁、铜、铝基材料	较复杂	12～13	用于单件或成批生产，因其生产周期短、不需要准备模具、刚性好及材料省而常用以代替铸件	
	精密焊接			10～11		
工程塑料	注射成型吹塑成型精密模压	工程塑料	复杂	9～10	适用于大批大量生产	

在决定毛坯制造方法时一般应考虑以下情况。

①生产规模—产品年产量和批量。生产规模越大则应采用精度高和生产率高的毛坯制造方法。例如，对于大批大量生产经常采用金属模进行毛坯的制造，而对于单件生产一般采用砂型铸造或消失模制造。

②工件结构形状和尺寸大小。它决定了某种毛坯制造方法的可行性和经济性。例如尺寸较大的轧辊，一般不采取模锻，而是采用铸造；结构复杂的零件一般采用铸造的形式等。

③工件的材料及力学性能要求。某些情况下，根据工件的材料就可以确定毛坯的制造方法。例如材料为铸铁、铸钢、铸造有色金属合金等，自然选择铸造毛坯。

毛坯的制造方法不同，将影响其机械性能。例如锻制轴的机械性能要高于热轧型材圆轴；金属型浇铸的毛坯，强度要高于砂型浇铸的，离心浇铸和压铸则强度更高。

（2）确定毛坯的形状。从减少机械加工工作量和节约金属材料出发，毛坯应尽可能接近零件形状。最终确定的毛坯形状除取决于零件形状、各加工表面总余量和毛坯种类外，还要考虑以下几个图案。

①是否需要制出工艺凸台以利于工件的装夹，如图 4-13（a）中所示 B 凸台。

②是一个零件制成一个毛坯还是多个零件合制成一个毛坯。如图 4-13（b）和图 4-13（c）所示，其中图 4-13（b）为将上下两半体分成两个单独的工件进行制作，而图 4-13（c）为将制成一个零件进行制作。

③哪些表面不要求制出（如孔、槽、凹坑等）。

④铸件分型面、拔模斜度及铸造圆角；锻件敷料、分模面、模锻斜度及圆角半径等。

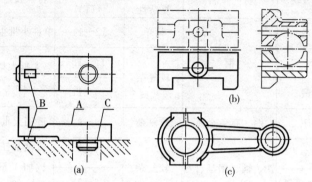

图 4-13　毛坯的形状

（3）绘制毛坯零件综合图。以反映确定的毛坯的结构特征及各项技术指标。

4. 工艺路线拟订

机械加工工艺路线的拟定是制订工艺过程的总体布局，其主要任务是选择各个表面的加工方法和加工方案，确定各个表面的加工顺序以及整个工艺过程中的工序数目和各工序内容，选择设备和工艺装备等。

拟定工艺路线之初，需找出所有要加工的零件表面并逐一确定各表面的加工获得过程，加工获得过程中的每一步骤相当于一个工步。然后将所有工步内容按一定原则排列成先后进行的序列，即确定加工的先后顺序。再确定该序列中哪些相邻工步可以合并为一个工序，即进行工序组合，形成以工序为单位的机械加工工序序列。最后再将需要的辅助工序、热处理工序等插入上述序列之中，就得到了要求的机械加工工艺路线。这一过程可用图 4-14 给予示意性说明。

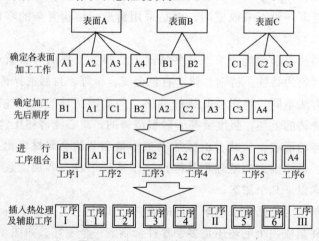

图 4-14　加工工艺路线拟定过程

在确定加工先后顺序和进行工序组合时，首先需要明确各次加工的定位基准和装夹方法。定位基准选择是拟定工艺路线的重要内容之一。

（1）表面加工方法及加工方案的确定。每一零件都是由一些简单的几何表面如外圆、孔、平面或成形表面等组成的。根据要求的加工精度和粗糙度以及零件的结构特点，把每一表面的加工方法和加工方案确定下来，也就确定了该零件的全部加工工作内容。

不同的加工方法（如车、磨、刨、铣、钻、镗等），其用途各不相同，所能达到的精度和表面粗糙度也不一样；对于同一种表面，也可选用不同的加工方法，但加工质量、加工时间和所花费的费用却不相同。即使是同一种加工方法，在不同的加工条件下所得到的精度和表面粗糙度也不一样，这是因为在加工过程中，将有各种因素对精度和粗糙度产生影响，如工人的技术水平高低、切削用量的选择、刀具的刃磨质量的差别、机床的调整质量的不同等等。

各种加工方法的加工精度和加工成本之间存在着必然联系。当零件加工精度要求很高时，零件成本将会很高；甚至成本再提高，其精度也不能再提高了，存在着一个极限的加工精度；相反，虽然精度要求很低，但成本也不能无限降低。因此，对于各种加工方法应根据其成本状况确定其所适合的加工精度，使加工方法与加工精度及加工成本相适应。

经济精度（粗糙度）是在正常加工条件下（采用符合质量标准的设备、工艺装备和标准技术等级的工人，不延长加工时间）所能保证的加工精度（粗糙度）。各种加工方法的加工经济精度和与之相应的经济粗糙度，是用来确定表面加工方法的依据。

某一表面加工方法的确定，主要由该表面要求的加工精度和粗糙度确定。一般是先由零件图上给定的某表面的加工要求，按加工经济精度确定应使用的最终加工方法。如该表面精度（粗糙度）要求较高，显然不可能直接由毛坯一次加工至要求，而是在进行该最终加工之前采用成本更低，效率更高的方法进行准备加工。这时要根据准备加工应具有的加工精度按加工经济精度确定倒数第二次加工的方法。以此类推，即可由最终加工各种机床上反推至第一次加工而形成一个获得该表面的加工方案。

外圆、孔、平面的加工方法如图 4-15 至图 4-17 所示。获得同一精度及表面粗糙度，其加工方法往往有多种。

加工方法选择的原则如下。

①加工方法要与加工表面的精度和表面粗糙度要求相适应。

②加工方法要能保证加工表面的几何形状精度和表面相互位置精度要求。

③加工方法要与零件的结构、加工表面的特点和材料等因素相适应。

④加工方法要与生产类型相适应。

⑤加工方法要与工厂现有生产条件相适应。

机床是机械加工的主要设备，对于保证加工质量具有重要意义。在加工方案确定后，还要合理选择机床，保证在机床上加工时形位精度的平均经济精度能够满足工件加工要求。机床的详细数据可查阅有关手册。

（2）基准及定位基准选择。拟订机械加工工艺规程时，正确选择定位基准对保证零件表面间的位置要求以及安排加工顺序都有很大影响。

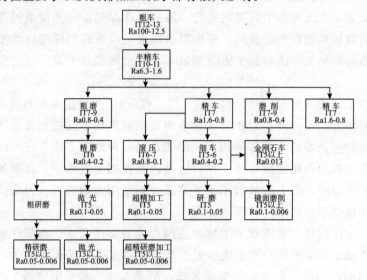

图 4-15　外圆加工常用方法

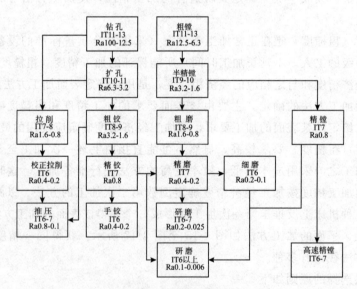

图 4-16　孔加工常用方法

① 基准及其分类

基准：是确定用在生产对象上的几何要素间的几何关系所依据的那些点、线、面。按其使用作用不同可分为设计基准和工艺基准两大类。

设计基准：是设计图样上所采用的基准。即各设计尺寸的标注起点。

工艺基准：即在工艺过程中用作定位的基准。它又可以进一步分为定位基准、工序基准、测量基准和装配基准。

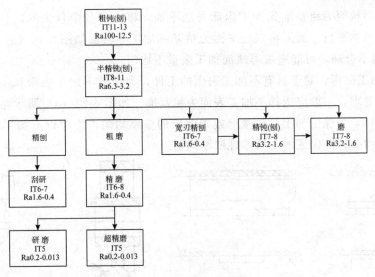

图 4-17　平面加工常用方法

有时作为基准点或线并不以实体形式具体存在，而是由某一具体表面来体现，这一具体表面称为基面。例如齿轮内孔中心线是以内孔表面具体体现的，该内孔表面即是基面。当以内孔中心线作装配基准或定位基准时，内孔表面就是装配基面或定位基面。

定位基准还有粗基准和精基准之分。以毛坯上未经加工表面作为定位基准或基面称为粗基准，而以经过机械加工的表面作为定位基准或基面的称为精基准。在拟定工艺过程时应遵循一定原则来选择这些基准。

②粗基准的选择。零件加工均由毛坯开始，粗基准是必须采用的，而且对以后各加工表面的加工余量分配、加工表面和不加工表面的相对位置有较大的影响，因此必须重视粗基准的选择。具体考虑选择哪一表面为粗基准时应考虑以下原则。

a）余量最小原则。对具有较多加工表面的零件，选择粗基准时应能够合理分配加工表面的加工余量，以保证各表面有足够的加工余量。例如，图 4-18 所示锻造毛坯，应选择加工余量较小的 $\Phi55$ 表面为粗基准。如以 $\Phi108$ 为粗基准，当毛坯外圆面存在 3 mm 偏心时，则在加工 $\Phi50$ mm 外圆面时，会在一边出现余量不足而使工件报废。

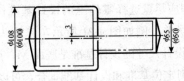

图 4-18　锻造毛坯粗基准选择

b）重要表面原则。对一些重要表面和内表面，应尽量使加工余量分布均匀；为了保证要求，应选择那些重要表面作粗基准。如车床床身加工就是一个典型例子。由于导轨面是床身主要工作表面，精度要求高且耐磨。为在加工导轨面时余量均匀且尽量

小，应选择导轨面为粗基准先加工出床身底平面，将大部分余量去除，并使加工面和毛坯导轨面基本平行。而后再以底平面为精基准加工导轨面如图 4-19（a）所示。而图 4-19（b）则不合理，可能造成导轨面加工余量不均匀。

c）不加工原则。对于具有不加工表面的工件，为保证不加工表面和加工表面之间的相对位置要求，一般应选择不加工表面为粗基准。如图 4-20（a）所示轮坯和图 4-20（b）所示罩体，为保证加工后轮缘壁或罩体壁的壁厚均匀，均应以不加工表面 A 为粗基准镗或车内孔，以保证加工后零件壁厚均匀。

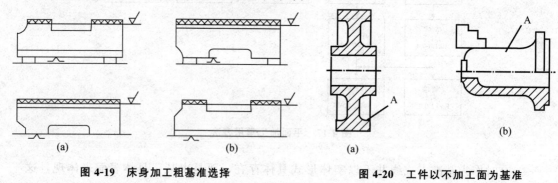

图 4-19　床身加工粗基准选择

（a）合理；（b）不合理

图 4-20　工件以不加工面为基准

（a）轮坯；（b）罩体

d）准确可靠原则。选择粗基准时，应考虑能使定位准确，夹紧可靠，以及夹具结构简单、操作方便。为此，应尽量选用平整、光洁和足够大的尺寸，以及没有浇冒口、飞边等缺陷的表面为粗基准。

e）一次性原则。一个工序尺寸方向上的粗基准只能使用一次，因为粗基准是毛坯表面，在两次以上的安装中重复使用同一基准，会引起两加工表面间出现较大的位置误差。

上述粗基准选择的原则，每一条只说明一个方面的问题，实际应用时常会相互矛盾。这就要求全面考虑，灵活运用，保证主要的要求。当运用上述原则对毛坯划线时，还可以通过"借料"的办法，兼顾上述原则。

③ 精基准的选择。精基准的选择主要考虑的问题是如何保证加工精度和安装准确、方便。因此选择精基准时应遵循以下原则。

a）基准重合的原则。即应尽量选择零件上的设计基准作为精基准，这样可以减少由于基准不重合而产生的定位误差。例如图 4-21 所示车床床头箱，箱体上主轴孔的中心高 $H_1 =（205 \pm 0.1）$ mm，这一设计尺寸的设计基准是底面 M。在选择精基准时，若镗主轴孔工序以底面 M 为定位基准，则定位基准和设计基准重合，可以直接保证尺寸 H_1。若以顶面 N 为定位基准，则定位基准与设计基准不重合。这时能直接保证尺寸 H，而设计尺寸 H_1 是间接保证的，即只有当 H 和 H2 两个尺寸加工好后才能确定 H1，所以 H1 的精度取决于 H 和 H2 的加工精度。尺寸 H2 的误差即为设计基准 M 与定位误差 N 不重合而产生的误差，它将影响设计尺寸 H1 达到精度要求。

b）基准统一的原则。即应尽可能使多个表面加工时都采用同一的定位基准为精基准。这样便于保证各加工表面间的相互位置精度，避免基准变换所产生的误差，并简化夹具设计和降低制造成本。例如图 4-22 所示活塞的加工，通常以止口作为统一的定位基准，精加工活塞外圆、顶面及横销孔等表面。夹具形式可以统一，而且改变产品时，只需更换夹具上的定位元件即可。轴类零件的顶尖孔，箱体零件上的定位孔等，都是经常使用的统一的定位基准。使用它们有利于保证轴的各外圆表面的同轴度和各端面对轴线的垂直度，以及箱体各加工表面间的位置精度。

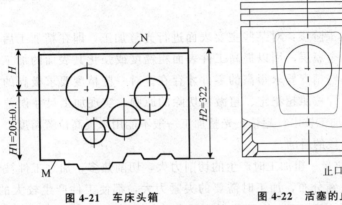

图 4-21 车床头箱　　　　　图 4-22 活塞的止口

c) 互为基准的原则。当两个加工表面加工精度及相互位置精度要求较高时，可以用 A 面为精基准加工 B 面，再以 B 面为精基准加工 A 面。这样反复加工，不断逐步提高定位基准的精度，进而达到高的加工要求。例如车床主轴的主轴颈与前端锥孔的同轴度以及它们自身的圆度等要求很高，常用主轴颈表面和锥孔表面互为基准反复加工来达到要求。再如高精度的齿轮为保证齿圈和内孔的同轴度要求，先以内孔为基准切齿，齿面淬火后以齿面定位磨削内孔，最后再以内孔为基准磨齿。

d) 自为基准的原则。有些精加工或光整加工工序的余量很小，而且要求加工时余量均匀。如以其他表面为精基准，因定位误差过大而难以保证要求，加工时则应尽量选择加工表面自身作为精基准。该表面与其他表面之间的位置精度由前工序保证。例如，在导轨磨床磨削床身导轨面时，就是以导轨面本身为精基准来找正定位。又如，采用浮动铰刀铰孔、用圆拉刀拉孔以及无心磨床磨削外圆表面等，都是以加工表面本身作为精基准的例子。

e) 准确可靠原则。选择精基准时也应考虑要便于工件安装加工，并能使夹具结构简单。

需要指出，前述轴类零件的中心孔、活塞上的定位止口、箱体上的定位孔等定位基面或表面，并不是零件上的工作表面。这种为满足工艺需要而在工件上专门设计的定位基准称为辅助基准。

（3）加工阶段的划分。

①零件加工阶段的划分。当零件比较复杂和加工质量要求较高时，常把工艺路线分成几个加工阶段。加工时由粗到精，按阶段顺序进行。一般可分成粗加工、半精加工、精加工三个阶段。如果零件加工精度要求特别高，还要安排超精加工或光整加工

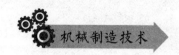

阶段。

粗加工阶段：其目的主要是高效率的去除各加工表面上的大部分余量，并为半精加工提供基准。所谓粗加工，是指从坯料上切除较多余量，所能达到的精度和粗糙度都比较低的加工过程。

半精加工阶段：其任务是完成次要表面的加工，并为主要表面的精加工作准备。

精加工阶段：其任务是完成主要表面的精加工，保证主要表面达到零件图规定的加工质量和技术要求。所谓精加工是从工件上切除较少余量，所得精度及光洁度都比较高的加工过程。

超精、光整加工阶段：对某些主要表面进行光整加工，即在精加工后，从工件上不切除或切除极薄金属层，用以提高工件表面粗糙度或强化其表面的加工过程。该加工阶段只适用于一些精度要求很高的零件才存在。对一些精度要求极高的零件，甚至进行超精密加工，即按照超稳定、超微量切除的原则，实现加工尺寸误差和形状误差在 $0.1~\mu m$ 以下的加工技术。超精、光整加工一般不能用来提高位置精度。

②划分加工阶段的目的。

a）保证加工质量。粗加工时产生的切削力大，切削热多，加之工件被切除较厚一层金属后内应力重新分布，加工时需要的夹紧力大，都使工件产生较大的加工变形。如在此之后直接进行精加工，则不能保证要求的加工精度。精加工放在最后进行还能减少主要表面上的磕碰和划伤。

b）合理使用设备。粗加工在功率大、精度低、生产率高的机床上进行，以充分发挥设备潜力、提高生产率；而精加工可以在精度较高的机床上进行、有利于长期保持设备精度，有利于加工精度的稳定和合理的配备工人技术等级。

c）便于及时发现和处理毛坯缺陷。通过粗加工可以及时发现毛坯缺陷，如气孔、砂眼、余量不足等，及时决定修补或报废，以免继续加工造成浪费。

d）便于安排热处理工序。在加工工艺过程的适当位置插入必要的热处理工序，自然而然的将机械加工工艺过程划分为几个加工阶段。例如粗加工后插入调质处理、淬火前安排粗加工和半精加工工序等。

在安排零件加工过程时，一般应遵循划分加工阶段这一原则，但这不能绝对化。例如对一些形状简单、毛坯质量高、加工余量小、加工质量要求低而刚性又较好的零件，可不必划分加工阶段。对于一些装夹吊运很费工时的重型零件往往也不划分加工阶段。

（4）加工顺序的安排。在初步划分加工阶段后，还要对每一阶段内的加工工作列出先后顺序，甚至对阶段间的加工工作进行若干调整。机械加工顺序的安排，主要考虑如下几个原则。

①基准先行：加工一开始总是先把精基准加工出来，然后以精基准基面定位加工其他表面。在进行精加工阶段前，一般还需要把精基准再修一下，以保证足够的定位精度。

②先粗后精：即先安排粗加工，中间安排半精加工，最后安排精加工和光整加工。加工阶段的划分即反映了这一原则。

③先主后次：即先安排主要表面的加工，后安排次要表面的加工。这里的主要表

面是指装配基面、工作表面等；次要表面是指键槽、紧固用光孔和螺纹孔以及连接螺纹等。由于主要表面加工步骤多，要求高，应放在前阶段进行；次要表面加工工作量小，又常和主要表面有位置精度要求，所以一般放在主要表面半精加工之后、精加工之前，也有放在最后进行加工。

④先面后孔：对于箱体、机架类零件，由于平面所占轮廓尺寸较大，用平面定位安装比较平稳，因此应先加工平面，然后以平面为基准加工各孔。对于在一平面上有孔要加工的情况，先加工平面后有利于孔的找正和试切。

（5）工序的组合及热处理工序和辅助工序的安排。

①工序的组合。在经过上述过程已经把零件各表面加工工步排列成一个先后顺序之后，尚需确定在这一序列中哪几个相邻工步可以合并为一个工序，哪些工步单独为一个工序，以把该序列变成为以工序为单位排列的工艺过程。

是否可把几个工步合为一个工序，主要取决于以下几点。

a）这几个相邻工步是否是在同种机床上进行的，对成批以上的生产来讲，几次加工能否在同一夹具上完成，否则不能安排在工序内完成。

b）这相邻工步加工的表面间是否有较高的位置精度要求。如有则应考虑安排在一个工序内，在一次安装中完成各相关表面的加工。这时避免了多次安装带来的位置误差，可以满足较高的技术要求。例如大型齿轮内孔、外圆及作定位基面的一个端面的加工一般要安排在一道工序内完成。

c）是采用工序集中还是采用工序分散的原则安排工艺过程。工序集中是零件加工集中在少数几个工序中完成，每一工序中的加工内容较多。而工序分散则相反，整个工艺过程工序数目多，而每道工序的加工内容比较少。

工序集中的特点是如下。

a）减少工件的安装次数，有利于保证加工表面之间的位置精度，又可减少装卸工件的辅助时间。

b）减少机床数量、操作工人人数和车间面积。

c）减少工序数目，缩短了工艺路线，简化了生产计划组织工作。同时，由于减少了工序间制品数量和缩短制造周期，有较好的经济效益。

工序分散的特点是如下。

a）机床及工艺装备比较简单、调整方便、可以使用技术等级较低的技术工人。

b）可以采用最合理的切削用量，机动时间短。

c）使用机床数量及操作工人数多，生产面积大，生产流动资金占用多。

工序集中和工序分散各有特点，必须根据生产类型、零件结构特点和技术要求、机床设备等条件进行综合分析决定。在单件小批生产和重型零件加工中，一般采用工序集中原则。在大批大量生产中，既可采用多刀、多轴高效率自动化机床将工序集中，也可将工序分散后组织流水线生产。由于工序集中的优点较多，以及近年加工中心机床等的技术发展，现代化生产的发展趋于工序集中。

②热处理工序的安排。热处理工序的安排主要是根据工件的材料和热处理目的进

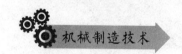

行，热处理工艺包括预备热处理和最终热处理。常用的热处理工序及其安排如下。

a) 预备热处理：以改善材料切削加工性能、消除内应力为目的，为最终热处理做好组织准备。包括退火、正火、时效和调质等，一般安排在粗加工前后进行。

b) 最终热处理：常用的有淬火、表面淬火，渗碳淬火和渗氮处理等，以提高零件的硬度和耐磨性为主要目的。一般要安排在半精加工之后、精加工之前进行。由于氮化层很薄，所以氮化处理则安排在精加工之后光整加工之前进行。

③辅助工序的安排。a) 检验工序是保证产品质量和防止产生废品的重要措施。在每个工序中，操作者都必须自行检验。在操作者自检的基础上，在下列场合还要安排独立检验工序：粗加工全部结束后，精加工之前；送往其他车间加工的前后（特别是热处理工序的前后）；重要工序的前后；最终加工之后等。

b) 其他工序的安排。在工序过程中，还可根据需要在一些工序的后面安排去毛刺、去磁和清洗等工序。

5. 工序内容拟订

工艺路线确定后，还要确定各工序的具体内容，包括确定加工余量及工序尺寸、设备与工艺装备，切削用量与时间定额等。

(1) 加工余量。加工余量是指加工时从加工表面上切除的金属层的总厚度，即毛坯尺寸与零件图的设计尺寸之差称为加工余量，也称为毛坯余量。在某一工序所切除的金属层厚度，即相邻两工序的工序尺寸之差称为工序余量。加工余量是各工序余量之和。

由于毛坯尺寸和各工序尺寸都存在一定的公差，所以加工余量和工序余量都在一定的尺寸范围内变化。这就有基本余量、最大余量和最小余量之分。通常所说的余量是指基本余量，是取相邻工序的基本尺寸计算而来的。

加工余量的大小，对零件的加工质量、生产率和经济性均有较大的影响。余量过大将增加材料、动力、刀具和劳动量的消耗，并使切削力增大而引起工件的较大变形；反之余量过小则不能保证零件的加工质量。确定加工余量的基本原则是在保证加工质量的前提下尽量减少加工余量。一般地，合理的加工余量的确定方法有以下几种。

①经验估计法。此法是根据工艺人员的经验就具体情况确定加工余量的方法。但这一方法要求工艺人员有多年的经验积累，且确定不够准确。为确保余量足够，一般估计值总是偏大。该方法多用于单件小批生产。

②查表修正法。该法是以工厂生产实践和工艺试验而积累的有关加工余量的资料数据为基础，并结合实际情况进行适当修正来确定加工余量的方法。这一方法应用较广泛。

③分析计算法。此法根据一定的试验资料，对影响加工余量的前述各项因素进行分析并确定其数值，经计算来确定加工余量的方法。这种方法确定加工余量最经济合理，但需要全面的试验资料，计算也比较复杂，实际应用较少。

加工总余量可在确定各加工余量后计算得出，也可先确定毛坯精度等级后查表确定总余量，而第一道粗加工余量由总余量和已确定的其他工序余量推算得出。

(2) 工序尺寸及其公差的确定。当工序尺寸本身是独立的、与其他尺寸无关联时，可以如图 4-23 所示零件要求的最终尺寸和已确定的各工序余量逐步向前推算得出。最终工序尺寸和公差即是零件图规定的尺寸及公差。而其余各工序尺寸及公差可根据加工经济精度选取，并按"入体原则"（对于外表面，最大极限尺寸就是基本尺寸；对于内表面，最小极限尺寸就是基本尺寸）标注。但毛坯尺寸公差及公差带位置需查表确定。

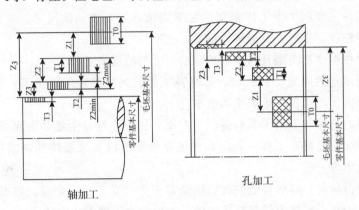

图 4-23　工序尺寸及公差的确定

例如某箱体孔要求加工至 $\Phi100^{+0.035}$，粗糙度为 $Ra = 0.8\ \mu m$，确定的加工方案为铸出毛坯孔→粗镗→半精镗→精镗→用浮动镗刀块铰孔。其各工序的工序尺寸及公差的确定可如表 4-9 所示。

当工序尺寸不是独立的，而是与其他尺寸有关联时，可以利用工艺尺寸链原理计算其大小及上下偏差。

表 4-9　各工序的工序尺寸及公差的确定

工　序	工序加工余量	基本工序尺寸	工序加工精度等级及工序尺寸公差	工序尺寸及公差
铰	0.1	100	H7（$^{+0.35}_{0}$）	$\Phi100$（$^{+0.35}_{0}$）
精镗	0.5	100−0.1=99.9	H8（$^{+0.054}_{0}$）	$\Phi99.9$（$^{+0.054}_{0}$）
半精镗	2.4	99.9−0.5=99.4	H10（$^{+0.14}_{0}$）	$\Phi99.4$（$^{+0.14}_{0}$）
粗镗	5	99.4−2.4=97	H13（$^{+0.54}_{0}$）	$\Phi97$（$^{+0.54}_{0}$）
毛坯	总余量8	97−5=92	$^{+2}_{-1}$	$\Phi92$ $^{+2}_{-1}$
数据确定方法	查表确定	第一项为图样规定尺寸，其余计算得到	第一项为图样规定尺寸，毛坯公差查表，其余按经济加工精度及入体原则定。	

（3）机床及工艺装备选择。一般情况下，单件或小批生产选用通用机床和通用工艺装备（刀具、量具、夹具、辅具）；成批生产时选用通用机床和专用工艺装备；大批大量生产时选用装用机床和专用工艺装备。

选择机床的基本原则如下。

① 机床的加工尺寸范围应与零件的外廓尺寸相适应。

② 机床的精度应与工序要求的精度相适应。

③ 机床的生产率应与零件的生产类型相适应。

④ 与现有的机床条件相适应。

刀具的选择主要取决于工序采用的加工方法，加工表面的尺寸、工件材料，所要求的精度及粗糙度，生产率及经济性等等。

量具主要根据生产类型及所要求检验的尺寸与精度来选择。

（4）切削用量的确定。在机床、刀具及工件、夹具确定的情况下，合理选择切削用量，直接影响加工质量、生产率和成本。

切削用量的选择与下列因素有关：生产率、加工质量（主要是表面粗糙度）、切削力所引起的机床—夹具—工件—刀具系统的弹性变形以及该系统的切削振动、刀具耐用度、机床功率等。

选取背吃刀量时，应尽量能一次切除全部工序（或工步）余量。如加工余量过大，一次切除确有困难，则再酌情分几次切除，各次切削深度应依次递减。

粗加工时应限制进给量的主要是机床—工件—刀具系统的变形和振动，这时应按切削深度，工件材料及该系统的刚度选取，精加工时限制进给量的主要是表面粗糙度，并应按此选择进给量大小。

切削速度选择应既能发挥刀具的效能，又能发挥机床的效能，并保证加工质量和降低加工成本。确定时可按公式进行计算，也可查表确定。

各加工阶段常用的切削用量选择方法如下。

①粗加工。粗加工时，以金属切除为主要目的，对加工质量要求不高，应充分发挥机床、刀具的性能，提高金属切除的效率。从切削用量三要素对切削温度的影响上看，切削速度对切削温度影响最大，其次是进给量。切削温度过高，会造成刀具磨损加快，使刀具可用于正常切削的时间缩短，影响加工效率。为保证金属切除效率，切削用量的选择应是：首先选择尽可能大的背吃刀量，再选择较大的进给量，最后选择合适的切削速度。

②精加工。精加工主要目的是保证加工质量，即获得工件要求的加工精度和表面质量。此时，应尽量避免某些物理现象对加工质量造成不利影响。切削用量的选择应是：较小的背吃刀量和进给量，较高的切削速度（适用硬质合金刀具）或较低的切削速度（适用高速钢刀具）。

（5）时间定额的确定。时间定额是在一定生产条件下，规定生产一件产品或完成一道工序所消耗的时间。时间定额是企业经济核算和计算产品成本的依据，也是新建扩建工厂（或车间）决定人员和设备数量的计算依据。合理确定时间定额能提供劳动生产率和企业管理水平，获得更大经济效益。时间定额不能定得过高或过低，应具有平均先进水平。一般企业平均定额完成率不得高于130%。

完成零件加工一个工序的时间定额称为单件时间定额。它由下列各部分组成。

① 作业时间。它是直接用于制造产品或零、部件所消耗的时间。它可分为基本时间和辅助时间两部分。

a）基本时间。它是直接改变生产对象的尺寸、形状、相对位置，表面状态或材料性质等工艺过程所消耗的时间，例如机械加工中切去金属层（包括刀具切入切出）所消耗的时间。

b）辅助时间。它是为实现工艺过程所必须进行的各种辅助动作所消耗的时间，其中包括装卸工件、改变切削用量、试切和测量零件尺寸等辅助动作所耗费的时间。

②布置工作地时间。它是为加工正常进行、工人照管工作地（如更换刀具、润滑机床、清理切屑、收拾工具等）所消耗的时间。

③休息与生理需要时间。它是工人在工作班内为恢复体力和满足生理上的需要所消耗的时间。

④准备与终结时间。它是工人为了生产一批产品或零件、部件，进行准备和结束工作所消耗的时间，包括熟悉工作和图样、领取工艺文件和工装、调整机床和物品的整理归还等。

时间定额的确定方法有经验估计法、统计分析法、类推比较法和技术定额法几种。技术定额法又分为分析研究法和时间计算法两种。时间计算法是目前成批和大量生产广泛应用的科学方法，它以手册上给出的计算方法确定各类加工方法的基本时间。辅助时间的确定，对大批大量生产，可将辅助动作分解，再分别查表计算予以综合；对成批生产可根据以往统计资料予以确定。

第三节　典型轴类零件加工工艺分析

一、轴类零件功用与结构特点

轴类零件是机器中的主要零件之一，通常被用于支承传动零件（齿轮、带轮等），承受载荷、传递转矩以及保证装在轴上零件的回转精度。轴是旋转体零件，其长度大于直径。加工表面通常有内外圆柱面、圆锥面、螺纹、花键、横孔、沟槽等。图 4-24 为几种结构形状的轴类零件。图 4-24（a）至图 4-24（e）为较常见的轴结构，图 4-24（f）至图 4-24（i）为具有特殊结构的轴。

轴类零件分类方式较多，若按承受载荷类型来分，可分为芯轴（只承受弯矩）、传动轴（只承受扭矩）和转轴（同时承受弯矩和扭矩）；按其结构形状的特点来分，可分为光轴、阶梯轴、空心轴和异形轴（包括曲轴、凸轮轴和偏心轴等）四类；若按轴的长度和直径的比例来分，又可分为刚性轴（$L/d \leqslant 12$）和挠性轴（$L/d > 12$）两类等等。

二、轴类零件主要技术要求

（一）尺寸精度

轴颈是轴类零件的主要表面，影响轴的回转精度及工作状态。轴颈的直径精度根据其使用要求通常为 IT6~IT9，精密轴颈可达 IT5。

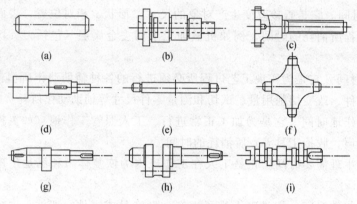

图 4-24　轴的种类

（a）光轴；（b）空心轴；（c）半轴；（d）阶梯轴；（e）花键轴；

（f）十字轴；（g）偏心轴；（h）曲轴；（i）凸轮轴

（二）几何形状精度

轴颈的几何形状精度（圆度、圆柱度），一般应限制在直径公差范围内。对几何形状精度要求较高时，可在零件图上另行规定其允许的公差。

（三）位置精度

位置精度主要是指装配传动件的配合轴颈相对于装配轴承的支承轴颈的同轴度，通常是用配合轴颈对支承轴颈的径向圆跳动来表示的。根据使用要求，规定高精度轴为 $0.001\sim0.005$ mm，一般精度轴为 $0.01\sim0.03$ mm。

此外，还有内外圆柱面的同轴度和轴向定位端面与轴心线的垂直度要求等。

（四）表面粗糙度

根据零件的表面工作部位的不同，可有不同的表面粗糙度值。

三、轴类零件的材料和毛坯

合理选用材料和规定热处理的技术要求，对提高轴类零件的强度和使用寿命有重要意义，同时对轴的加工过程有极大的影响。

（一）轴类零件的材料

一般轴类零件常用 45 钢，根据不同的工作条件采用不同的热处理规范（如正火、调质、淬火等），以获得一定的强度、韧性和耐磨性。

对中等精度而转速较高的轴类零件，可选用 40Cr 等合金钢。这类钢经调质和表面淬火处理后，具有较高的综合力学性能。精度较高的轴，有时还用轴承钢 GCrl5 和弹簧钢 65Mn 等材料，它们通过调质和表面淬火处理后，具有更高耐磨性和抗疲劳性能。

对于高转速、重载荷等条件下工作的轴,可选用 20CrMnTi、20Mn2B、20Cr 等低碳合金钢或 38CrMoAL 中碳合金渗氮钢。低碳合金钢经渗碳淬火处理后,具有很高的表面硬度、抗冲击韧性和心部强度,但缺点是热处理变形较大;对于渗氮钢,由于渗氮温度比淬火低,以调质和表面渗氮后,变形很小而硬度却较高,具有很好的耐磨性和耐疲劳强度。

(二)轴类零件的毛坯

轴类零件的毛坯最常用的是圆棒料和锻件,除光轴、直径相差不大的阶梯轴可使用热轧棒料或冷拉棒料外,一般比较重要的轴大都采用锻件。锻造毛坯有较好的力学性能,又能节约材料、减少机械加工量。

根据生产规模的大小不同,毛坯的锻造方式有自由锻和模锻两种。自由锻设备简单、容易投产,但所锻毛坯精度较差、加工余量大且不易锻造形状复杂的毛坯,因此多用于中小批生产;模锻的毛坯制造精度高、加工余量小、生产率高,可以锻造形状复杂的毛坯,但模锻需昂贵的设备和专用锻模,所以只适用于大批量生产。

四、轴类零件的热处理

轴的性能除与所选钢材的种类有关外,还与热处理有关。轴的锻造毛坯在机械加工之前,一般需进行正火(低碳钢和低合金钢)或退火处理(高碳钢和合金钢),使钢材的晶粒细化(或球化),以消除锻造后的残余应力,改善切削加工性能。

凡要求局部表面淬火以提高耐磨性的轴,须在淬火前安排调质处理。当毛坯余量较大时(如锻件),调质放在粗车之后、半精车之前,以便使粗车产生的内应力得以在调质时消除;当毛坯余量较小时(如棒料),调质可放在粗车之前进行。

淬火及表面淬火等热处理,能够提高材料硬度,使材料切削加工性变差,应安排在半精加工之后进行,其后安排磨削加工。

对于精度要求高或刚性差的轴类零件,在工艺过程中还需安排时效处理。

五、轴类零件加工工艺举例

下面以减速器传动轴为例,说明轴类零件的加工工艺。图 4-25 所示为某减速器传动轴,从结构上看是一个典型的阶梯轴,材料为 45 钢,调质处理 220～350 HBS,中小批生产。

(一)零件图分析

(1)轴 M 和 N 为轴承段,其尺寸为 $\varphi 35 \pm 0.008$,是其他表面的基准,为主要表面,各项精度要求均较高。

(2)配合轴颈 Q 和 P 是安装传动零件的轴段,与基准轴段的径向圆跳动公差为0.02,公差等级为 IT6。

(3)轴肩 H、G 和端面 I 为轴向定位面,其要求较高,与基准轴段的圆跳动公差为0.02,也是较重要的表面。

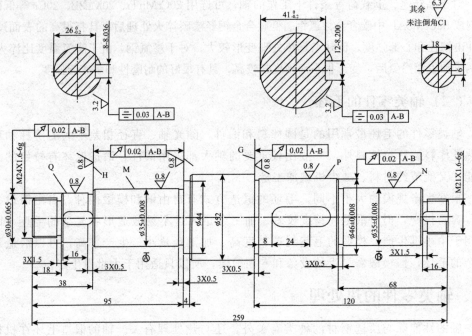

图 4-25　减速器传动轴

（二）毛坯选择

对于一般阶梯轴，常常选用 45 钢棒料或锻件，对于精度要求较高的可选用 40Cr、高速重载的可选 20Cr、20CrMnTi 或 38CrMoAlA 氮化钢等。该轴采用 45 钢热轧圆钢。

（三）拟定工艺路线

（1）确定加工方案。轴类零件在进行外圆加工时，先粗加工，再进行半精加工和精加工，主要表面的精加工放在最后进行。外圆加工主要采用车削和磨削的形式进行。由于该轴的 Q、M、P、N 等轴段精度较高，应采取磨削加工。

（2）加工阶段划分。粗加工：粗车各外圆、钻中心孔；半精加工：半精车外圆、台肩和中心孔等；精加工：磨 Q、M、P、N 等。

（3）选择定位基准。设计基准为 M、N 两轴段的中心连线，加工时以左右端面钻中心孔定位。

工件定位方式：粗加工时为一夹一顶，精加工时用双顶尖。

（4）热处理。该轴需进行调质处理，应放在粗加工后，半精加工前进行。

（5）加工工序安排。先粗后精、先主后次。

通过以上分析，得出该减速器传动轴的加工工艺路线为：下料→粗车外圆、端面及螺纹→调质→精车外圆、端面及螺纹→铣键槽→磨外圆。

（四）确定工序尺寸

毛坯：$\varphi 65 \times 265$。

粗车：按图纸尺寸留 2 mm 余量。

半精车：螺纹大径及 $\varphi 52$ 台阶车到图纸规定尺寸，其余台阶留 0.5 mm 余量。

铣加工：止动垫圈槽加工到图纸规定尺寸，其余键槽留 0.25 mm 余量。

精加工：各部加工到图纸要求。

（五）工装设备选择

车床：CA6140。

铣床：X52。

磨床：M1432A。

（六）加工工艺

减速器传动加工工艺如表 4-10 所示。

表 4-10　减速器传动轴加工工艺

工序号	工序	工序内容	设备
1	下料	热轧圆钢 $\varphi 65 \times 265$	锯床
2	车	三爪卡盘夹工件，车端面，钻中心孔，并粗车 P、N 及螺纹段台阶，留 2 mm 余量 调头装夹，粗车另一端面，总长 259，钻中心孔，粗车另四个台阶，留 2 mm 余量	CA6140
3	热处理	调质处理，220～350HBS	
4	钳工	修研两中心孔	
5	车	双顶尖装夹，半精车三个台阶，螺纹段加工至 $21_{-0.2}^{-0.1}$，P、N 两台阶留 0.5 mm 余量，车槽及倒角 调头，半精车余下的五个台阶，$\varphi 44$ 及 $\varphi 52$ 台阶加工至图纸规定尺寸，螺纹轴段加工至 $24_{-0.2}^{-0.1}$，其余留 0.5 mm 余量，车槽及倒角	CA6140
6	车	双顶尖装夹，车两端螺纹	CA6140
7	钳工	划线	
8	铣	铣键槽及止动垫圈槽，留 0.25 mm 余量	X52
9	钳工	修研两中心孔	
10	磨	磨外圆 Q、M 及端面 H、I 调头磨外圆 N、P 及台肩 G	M1432
11	检验		

思考练习

1. 什么是生产过程？什么是工艺过程？

2. 何为工序？何为工步？二者有何关系？

3. 生产类型有哪几种？各有何特点？

4. 机械加工工艺规程有何作用？

5. 常见工艺规程文件有哪些？

6. 工件在夹具中定位、夹紧的任务是什么？

7. 任意分布的六个点都可以限制工件六个自由度，即完全定位，这种说法对吗？为什么？

8. 什么是欠定位？为什么不能采用欠定位？

9. 什么是加工余量？为什么要有加工余量？

10. 简述安排机械加工工序顺序的主要原则。

11. 如何划分生产类型？各生产类型的工艺特征是什么？

12. 基准按其作用可以分为哪两大类？工艺基准可以进一步分为哪几种？

13. 简述粗基准的选择原则？简述精基准的选择原则？

14. 何为工序集中？何为工序分散？决定工序集中和工序分散的主要因素是什么？

15. 试根据图 4-26 的花键轴详细图，制定出该工件的加工工艺规程。

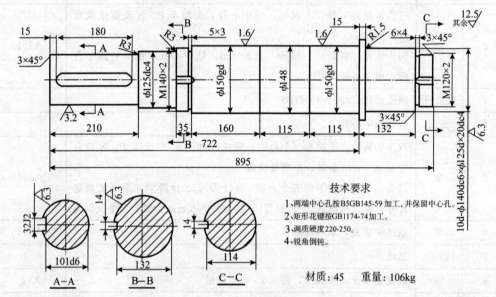

图 4-26 花键轴

第五章　先进制造技术

第一节　先进制造技术概述

一、先进制造技术产生的背景

机械制造工业为人类的生存、生产、生活提供各种设备，是国民经济中极其重要的基础产业。所谓四个现代化，从某种意义上说，就是用现代化设备去装备工业、农业、国防和科学技术事业，使之达到先进的水平。制造业为人类创造着辉煌的物质文明。制造业是一个国家的立国之本。制造技术支持着制造业的健康发展，先进的制造技术使一个国家的制造业乃至国民经济处于有竞争力的地位。忽视制造技术的发展，就会导致经济发展走入岐途。

先进制造技术（AMT）（Advanced Manufacturing Technology，简称AMT）首先由美国于 20 世纪 80 年代末提出。在此以前，美国政府只对基础研究、卫生健康、国防技术等给予经费支持，而对产业技术不予支持，主张产业技术通过市场竞争，由企业自主发展。20 世纪 70 年代，一批美国学者不断鼓吹美国已进入"后工业化社会"，认为制造业是"夕阳工业"，主张经济重心由制造业转向高科技产业和第三产业。其结果导致美国在经济上竞争力下降，贸易逆差巨增，日本家电、汽车大量涌入并占领了美国市场。

20 世纪 80 年代，美国政府开始认识到问题的严重性。美国白宫一份报告称"美国经济衰退已威胁到国家安全"。美国麻省理工学院（MIT）的一份报告写到"经济竞争归根结底是制造技术和制造能力的竞争"，表明美国知识界与政府之间取得了共识。

1988 年，美国政府投资进行大规模"21 世纪制造企业战略"研究，并于其后不久，提出了"先进制造技术"发展目标，制定并实施了"先进制造技术计划"和"制造技术中心计划"。1991 年，白宫科学技术政策办公室发表"美国国家关键技术"报告，重新确立了制造业的地位。1993 年，克林顿在硅谷发表题为"促进美国经济增长的技术增强经济实力的新方向"的演说，对制造业给予了实质性的强有力的支持。

美国在实施上述两项计划以后，取得显著效果。至 1994 年，美国汽车产量重新超过日本，重新占领欧、美市场。20 世纪 90 年代，美国国民经济持续增长，失业率降低

到历史最低水平，在很大程度上也得益于先进制造技术的发展。

二、现代机械制造技术的产生和特点

（一）现代机械制造技术的产生

现代机械制造技术的产生主要受以下三个方面因素的推动。

1. 机械产品更新换代加快

近年来，机械产品更新换代的速度不断加快，而且朝着大型、成套、复杂、精密、高效、高运行参数等方向发展，从而对机械制造技术提出了更高更新的要求。

2. 市场竞争加剧

面对越来越激烈的市场竞争，制造业的经营战略不断发生变化，市场响应速度（T）、产品质量（Q）、生产成本（C）、售后服务（S）成为企业赢得市场的基本要素。为此，机械制造技术必须适应这种变化，大力发展和采用优质、高效、低耗、洁净、灵活的现代机械制造技术。

3. 新技术革命的推动

近20年来，科学技术特别是信息技术的迅速发展引发了新技术革命，这场新技术革命对现代机械制造技术的产生和发展起到了巨大的推动作用。一方面，科学技术的迅速发展要求机械制造业为其提供更优良的装备，从而为机械制造业开拓了广阔的市场；另一方面，科学技术的发展也为机械制造业提供了其发展所需的各种先进工具和手段。

现代机械制造技术是从传统的机械制造技术发展起来，不断吸收高新技术成果，或与高新技术实现了局部或系统集成而产生的。其具体产生方式主要有两种。

（1）常规制造过程优化。常规制造过程优化是形成现代机械制造技术的重要方式。它是在保持原有制造原理不变的前提下，通过变更制造工艺条件，优化制造工艺参数；或是通过以制造方法为中心，实现制造设备、辅助工艺和材料、检测控制系统技术的集成和改进，从而实现优质、高效、低耗、洁净、灵活等目标。

（2）与高新技术相结合。高新技术的发展对新型制造技术的出现有重大影响。新能源、新材料、微电子、计算机等高新技术在机械制造领域的不断引入、渗透和融合，为新型制造技术的出现奠定了基础。如：引入激光、电子束、离子束等新能源而形成的多种高密度能量加工；引人计算机技术和信息技术而形成的数控加工、工艺模拟技术、CAD/CAE/CAM集成技术等。

（二）现代机械制造技术的特点

现代机械制造技术的特点可用先进性、实用性和前沿性来概括。

1. 先进性

现代机械制造技术的先进性主要表现在优质、高效、低耗、洁净、灵活（柔性）五个方面。

优质：利用现代制造技术，使加工制造出的零部件或整机质量高，性能好；零部件尺寸精确，表面光洁，内部组织致密，无缺陷及杂质，使用性能好；整机的结构合理、色彩美观宜人，可靠性高。

高效：使用现代制造技术，不仅表现在生产过程中，生产效率得到了很大的提高，大大降低了操作者的劳动强度。而且还表现在产品的开发过程中，提高了产品的开发效率和质量，缩短了生产准备时间。

低耗：采用现代制造技术，可以降低整个生产过程中的原材料及能源消耗。

洁净：生产过程不污染环境，使有害废弃物零排放或少排放。

灵活：能快速对市场变化及产品设计的更改作出反应，适应多品种柔性生产。

2. 实用性

现代制造技术是面向工业生产的实用技术，具有量大面广和讲究实效的特点。因为现代制造技术内涵极其丰富，同时又是动态发展的，具有多种不同的模式和层次，所以可以应用于各种类型的机械工厂。

3. 前沿性

先进制造技术的前沿性主要表现在：先进制造技术是信息技术和其他高新技术与传统制造技术相结合的产物，是制造技术研究最为活跃的前沿领域。某些先进制造工艺和装备可能目前应用还不广泛，但是它们代表着一定的发展方向，可望得到越来越广泛的应用。

三、现代制造技术的内容和发展方向

质量、成本和效率是推动现代机械制造技术发展的三个永恒主题，同时环保和服务业渐渐成为人们关注的目标。为实现这些目标，现代机械制造技术的总趋势是向自动化、最优化、柔性化、集成化、精密化、高速化、清洁化和智能化方向发展。

（一）制造系统向高柔性化和自动化方向发展

机械制造过程是一种离散的生产过程，与连续的生产过程相比，实现其自动化更为困难。随着国际市场竞争越来越激烈，机电产品的更新周期越来越短，多品种的中小批生产将成为今后生产一种主要类型。如何解决中小批生产的自动化问题是摆在我们面前的一个突出问题。因此，以解决中小批生产自动化为主要目标的柔性制造技术越来越受到重视，如 CNC（计算机数控）、CAD/CAM（Computer-Aided Design、

Computer-Aided Manufacturing，计算机辅助设计/计算机辅助制造）、FMS（Flexible Manufacturing System，柔性制造系统）的应用越来越广泛。一些发达国家，进而正在大力发展CIMS（Computer Integrated Manufacturing System，计算机集成制造系统），使整个生产过程在计算机控制下，不仅实现自动化，而且实现柔性化、智能化、集成化，使产品质量和生产效率大大提高，生产周期缩短，产生了很好的经济效益。

（二）精密工程

精密工程包括精密加工、超精密加工和纳米加工三个档次。当前，以纳米技术为代表的超精密加工技术和以微细加工为手段的微型机械技术有着重要意义，它们代表了这一时期精密工程的方向。

在现代高科技领域中，产品的精度要求越来越高，有的尖端产品其加工精度达到$0.001\mu m$，表面粗糙度小于Ra0.005 μm，即纳米（nm）级，促使加工精度由微米级（形状尺寸精度0.1~1 μm，表面粗糙度为Ra0.03~0.3 μm）向亚微米级和纳米级发展。掌握超精密加工技术，在未来的科技竞争中具有重要意义，也是一个国家制造水平的重要标志。要实现精密和超精密加工，必须具有与之相适应的加工设备、工具、仪器以及加工环境与检测技术。

（三）非传统加工方法

非传统加工方法又称特种加工方法（Nontraditional Machining Method，NMM），是指不用常规的机械加工和常规压力加工的方法，利用光、电、化学、生物等原理去除或添加材料以达到零件设计要求的加工方法的总称。如电火花加工、电解加工、超声波加工、激光加工、电子束加工、离子束加工等。由于这些加工方法的加工机理以溶解、熔化、气化、剥离为主，且多数为非接触加工，所以对于高硬度、高韧性材料和复杂形面、低刚度零件是无法替代的加工方法，也是对传统机械加工方法的有力补充和延伸，并已成为机械制造领域中不可缺少的技术内容。

（四）快速成形（零件）制造

零件是一个三维空间实体，可由在某个坐标方向上的若干个"面"叠加而成。利用离散/堆积成形概念，可将一个三维实体分解为若干个二维实体制造出来，再经堆积而构成三维实体，这就是快速成形（零件）制造的基本原理，其具体制造方法很多，较成熟的商品化方法有分层实体制造（Lamisted Object Manufacturing，LOM）和立体光刻（Stereo Lithgraphy Apparatuo，SLA）等。

（五）传统加工工艺的改造和革新

这一方面的技术潜力很大，如高速切削、超高速切削（切削速度＞1 km/min）、高速磨削（磨削速度达到120 m/s）、强力磨削（大吃刀量缓进给磨削）、砂带磨削、涂层刀具、超硬材料刀具（金刚石、立方氮化硼、陶瓷等）、超硬材料磨具（金刚石、立方氮化硼等）的出现都对加工理论的发展、加工质量和效率的提高产生重要的影响。

第二节 机械制造自动化技术

生产过程自动化是工业现代化的标志之一，也是人类在长期活动中不断追求的重要目标。发展自动化制造技术对保证制造质量、提高生产效率、降低产品成本、提高企业的市场竞争能力均具有重要意义。自动化技术是机械制造技术的重要发展方向之一。

机械制造自动化可分为大批大量生产的自动化和多品种、中小批量生产的自动化两大类，由于产品品种和生产批量的不同，它们各自采取的自动化手段和措施也不同。

一、大批大量生产自动化

在大批大量生产中，常采用专用机床和单功能组合机床为主体的刚性自动化生产线。

二、多品种、中小批量生产自动化

（一）柔性制造单元

柔性制造单元FMC（Flexible Manufacturing Cell）是由计算机直接控制的自动化可变加工单元，它由单台具有自动交换刀具和工件功能的数控机床和工件自动输送装置所组成。柔性制造单元有两类典型结构。

（1）由单台立式或卧式加工中心和环形（圆形或椭圆形）托盘输送装置（托盘库）构成，主要用于加工箱体、支座等非回转零件。

（2）由单台车削加工中心和机器人构成，主要用于加工轴、盘等回转体类零件。

如图 5-1 所示是由一台加工中心和一台 6 工位环形自动交换托盘库组成的柔性制造单元。更换工件由加工中心上的托盘装置和环形托盘库协调配合完成。6 个托盘可同时沿托盘库的椭圆形轨道运行，实现托盘的输送和定位。

柔性制造单元的主要优点如下。

（1）与刚性自动化生产线相比，它具有一定的生产柔性，在同一零件组（族）内更换生产对象时，只需变换加工程序即可实现，无需对加工设备作重大调整。

（2）与刚性制造系统相比，它占地面积少。

（3）系统结构不很复杂、投资不大，可靠性较高，使用及维护均较简便。柔性制造单元常用于中批量生产规模和产品品种变化不大的场合。

柔性制造单元既可以是一个独立的制造单元，也可以是柔性制造系统的一个组成部分。

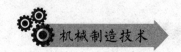

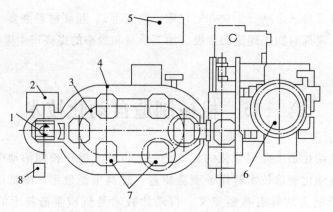

图 5-1　带托盘库的柔性制造单元

1-装卸工位；2-切削箱；3-托盘库；4-安全隔离栏；

5-油箱；6-加工中心；7-托盘；8-托盘控制台

（二）柔性制造系统

在我国有关标准中，柔性制造系统 FMS（Flexible Manufacturing System）被定义为由数控加工设备、物流储运装置和计算机控制系统等组成的自动化制造系统。它包括多个柔性制造单元，能根据制造任务或生产环境变化迅速进行调整，适用于多品种，中、小批量生产。

国外有关专家对 FMS 进行了更为直观的定义：柔性制造系统是至少由两台机床、一套物料运储系统（从装载到卸载具有高度自动化）和一套计算机控制系统所组成的制造系统，它通过简单地改变软件的方法便能制造出多种零件中的任何一种零件。

FMS 的构成如图 5-2 所示，其构成主要包括以下几个。

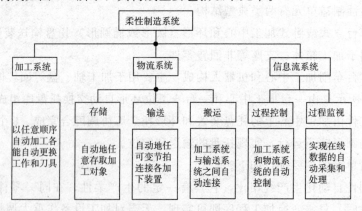

图 5-2　FMS 的构成框图

1. 加工系统

加工系统的功能是以任意顺序自动加工各种工件，并能自动地更换工件和刀具。

加工系统通常包括由两台以上的数控机床、加工中心或柔性制造单元（FMC）以及其他的加工设备所组成，例如测量机、清洗机、动平衡机和各种特种加工设备等。

2. 物流系统

在 FMS 中，工件、工具流统称为物流。物流系统即物料储运系统，是柔性制造系统中的一个重要组成部分。物流系统由输送系统、储存系统和操作系统组成，通常包含有传送带、有轨运输车、无轨运输车、搬运机器人、上下料托盘、交换工作台等机构，能对刀具、工件和原材料等物料进行自动装卸和运储。

3. 信息系统

信息系统包括过程控制和过程监视两个系统，能够实现对 FMS 的运行控制、刀具监控和管理、质量控制，以及 FMS 的数据管理和网络通信。

图 5-3 所示是一个典型的柔性制造系统示意图。该系统由 4 台卧式加工中心、3 台立式加工中心、2 台平面磨床、2 台自动导向运输车、2 台检验机器人组成，此外还包括自动仓库、托盘站和装卸站等。在装卸站由人工将工件毛坯安装在托盘夹具上；然后由物料传送系统把毛坯连同托盘夹具输送到第一道工序的加工机床旁边，排队等候加工。

柔性制造系统的主要优点如下。

（1）制造系统柔性较大，可混流加工不同组别的零件，适于在多品种、中小批量生产中使用。

（2）系统局部调整或维修时可不中断整个系统的运行。

柔性制造系统主要缺点如下。

（1）投资额大，投资回收期长。

（2）系统复杂，可靠性较差。

柔性制造系统适于在产品品种变化不大的中批量生产中应用。

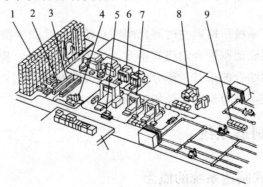

图 5-3　典型的柔性制造系统

1—自动仓库；2—装卸站；3—托盘站；4—检验机器人；5—自动运输车；
6—卧式加工中心；7—立式加工中心；8—磨床；9—组装交付站；10—计算机控制室

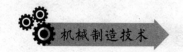

（三）柔性制造线

FML 与 FMS 之间的界限并不十分清楚、分明，两者之间的主要区别在于柔性制造线 FML（Flexible Manufacturing Line）像刚性自动生产线那样，具有一定的生产节拍，被加工工件沿着一定的方向顺序传送；柔性制造系统没有固定的生产节拍，工件的传输方向也是随机的。柔性制造线所用机床主要是循环式可换主轴箱加工中心或是转塔式换箱加工中心。变换加工工件时，可更换主轴箱，同时调入相应的数控程序，生产节拍随之作相应的调整。

如图 5-4 所示为一柔性制造线加工设备平面布置图。它由 2 台数控铣床、4 台转塔式换箱加工中心和 1 台循环式可换主轴箱加工中心组成，采用辊道传送带输送工件。这条柔性制造线看起来与传统的刚性自动化生产线差不多，区别在于柔性制造线所用设备是可调的或是部分可换的，具有一定的柔性。

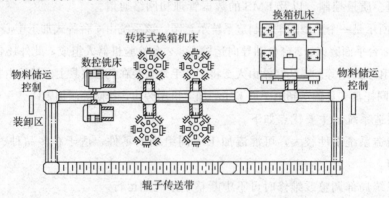

图 5-4　柔性制造线

柔性制造线的主要特点如下。

（1）它具有刚性自动化生产线的优点，当生产批量不很大时，生产成本比刚性自动化生产线低。

（2）变换产品时，系统所需调整时间比刚性自动化生产线少得多。

（3）建线的总费用要比刚性自动线高得多。为了节省投资，提高系统的运行效益，柔性制造线可采用刚柔结合的形式，部分设备采用专用机床（主要是组合机床），部分设备采用可换主轴箱或可换刀架式柔性加工机床。

三、计算机集成制造系统

（一）计算机集成制造系统的概念

哈林顿当时是根据计算机技术在工业生产中的应用，预见其今后发展的必然趋势而提出 CIM 概念的，但当时并未引起人们广泛的注意。直到 20 世纪 80 年代，这一概念才被广泛接受。随着制造业的发展，CIM 的内涵也不断得以丰富和发展。目前取得的基本共识是，CIM 模式将成为工业企业新一代生产组织方式，并成为 21 世纪的主要生产方式。

计算机集成制造系统（Computer Integrated Manufacturing System，简称 CIMS）是基于 CIM 哲理而组成的现代制造系统，是 CIM 思想的物理体现。1986 年我国制定高技术研究发展计划（即"863 计划"）时已将计算机集成制造系统确定为自动化领域研究主题之一。我国"863 计划"CIMS 专家组将它定义为："CIMS 是通过计算机硬件和软件，并综合运用现代管理技术、制造技术、信息技术、自动化技术、系统工程技术，将企业生产全部过程中有关人、技术、经营管理三要素及其信息流与物流有机地集成并优化运行的复杂的大系统。"

CIMS 是一个复杂的大系统，根据企业的实际情况，在设计与开发实施 CIMS 工程时，各企业中实现的 CIMS 的规模、组成、实现途径及运行模式等方面将各有差异。换而言之，CIMS 没有一个固定的运行模式和一成不变的组成。对于各个企业，都可以引进和采用 CIM 的思想，即不可能购买到现成的适合本企业的 CIMS。由于市场竞争、产品更新以及科学技术的进步，CIMS 总是处于不断的发展之中。因此，国外有人认为，CIM 只是一个目标，永远没有终点。

（二）CIMS 的基本组成

CIMS 一般可以划分为四个功能系统和两个支撑系统：管理信息系统、工程设计自动化系统、制造自动化系统、质量保证系统以及计算机网络支撑系统和数据库支撑系统。

1. 管理信息系统

管理信息系统包括预测、经营决策、各级生产计划、生产技术准备、销售、供应、财务、成本、设备、人力资源的管理信息功能。

2. 工程设计自动化系统

工程设计自动化系统是通过计算机来辅助产品设计、制造准备以及产品测试，即 CAD/CAPP/CAM 阶段。

3. 制造自动化系统

制造自动化系统是 CIMS 信息流和物流的结合点，是 CIMS 最终产生经济效益的聚集地，由数控机床、加工中心、清洗机、测量机、运输小车、立体仓库、多级分布式控制计算机等设备及相应的支持软件组成，根据产品工程技术信息、车间层加工指令，完成对零件毛坯的作业调度及制造。

4. 质量保证系统

质量保证系统包括质量决策、质量检测、产品数据的采集、质量评价、生产加工

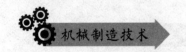
过程中的质量控制与跟踪功能。该系统保证从产品设计、产品制造、产品检测到售后服务全过程的质量。

5. 计算机网络支撑系统

计算机网络支撑系统，即企业外部的广域网、内部的局域网和支持 CIMS 各子系统的开放型网络通信系统，采用标准协议可以实现异机互联、异构局域网和多种网络的互联。该系统满足不同子系统对网络服务提出的不同需求，支持资源共享、分布处理、分布数据库和适时控制。

6. 数据库支撑系统

数据库支撑系统支持 CIMS 各子系统的数据共享和信息集成，覆盖了企业全部数据信息，在逻辑上是统一的，在物理上是分布式的数据库管理系统。

（三）CIMS 的体系结构

在对传统的制造管理系统功能需求进行深入分析的基础上，美国国家标准技术研究院（AMRF）提出了共分五层的 CIMS 控制体系结构，如图 5-5 所示，即工厂层、车间层、单元层、工作站层和设备层。每一层又可进一步分解为模块或子层，并都由数据驱动。

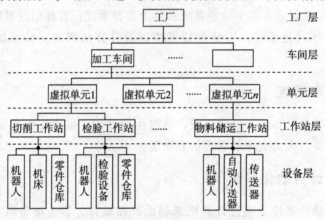

图 5-5　AMRF/CIMS 分级控制体系结构

1. 工厂层控制系统

工厂层控制系统是 CIMS 的最高一级控制，进行生产管理，履行"工厂"或"总公司"的职能。它的规划时间范围（指任何控制层完成任务的时间长度）可以从几个月到几年。该层按主要功能又可分为三个模块：生产管理模块、信息管理模块和制造工程模块。

2. 车间层控制系统

车间层控制系统负责协调车间的生产和辅助性工作，以及完成上述工作的资源配置。其规划时间范围从几周到几个月。它一般有任务管理模块和资源分配模块两个主要模块。

3. 单元层控制系统

单元层控制系统负责相似零件分批通过工作站的顺序和管理（诸如物料储运、检验）及其他有关辅助工作。它的规划时间范围可从几个小时到几周。具体的工作内容是完成任务分解、资源需求分析、向车间层控制系统报告作业进展和系统状态，决定分批零件的动态加工路线，安排工作站的工序，给工作站分配任务以及监控任务的进展情况。

4. 工作站层控制系统

工作站层控制系统负责和协调车间中一个设备小组的活动。它的规划时间范围可从几分钟到几小时。一个典型的加工工作站由一台机器人、一台机床、一个物料储存器和一台控制计算机组成。

5. 设备层控制系统

设备层控制系统是机器人、各种加工机床、测量仪器、小车、传送装置等各种设备的控制器。采用这种控制是为了加工过程中的改善修正、质量检测等方面的自动计量和自动在线检测、监控。该层控制系统向上与工作站控制系统接口连接，向下与厂家供应的各单元设备控制器连接。设备控制器的功能是把工作站控制器命令转换成可操作的、有次序的简单任务，并通过各种传感器监控这些任务的执行。

如图 5-6 所示是建立在清华大学内国家计算机集成制造系统工程研究中心（CIMS－ERC）的计算机集成制造系统实验工程。该系统由车间、单元、工作站、设备四级组成，在网络和分布式数据库管理的支撑环境下，进行计算机辅助设计/计算机辅助制造、仿真、递阶控制等工作。网络通信采用传输控制协议/内部协议（TCP/IP）、技术和办公室协议/制造自动化协议（TOP/MAP）。网络为以太网（Ethernet）。车间层由 2 台计算机控制，其中一台为主机，一台专管制造资源计划。单元层由 2 台计算机控制各工作站及设备。单元层是一个制造系统，加工制造非回转体零件（如箱体）和回转体零件（如轴类、盘套类），因此有一台卧式加工中心，一台立式加工中心和一台车削加工中心来完成加工任务，加工后进行清洗，清洗完毕后在三坐标测量机（测量工作台）上检测。夹具在装夹工作站上进行计算机辅助组合夹具设计和人工拼装。卧式加工中心和立式加工中心都是铣镗灶机床，其所用刀具由中央刀库提供，并由刀具预调仪测量尺寸，所测尺寸输入刀具数据库内。单元层内有立式仓库，由自动导引输送车输送工件、夹具和手托盘等物件。对于卧式和立式加工中心，用托盘装置进行上下料；对于车削加工中心，用机器人进行上下料。图 5-7 为系统单元层平面布局图。

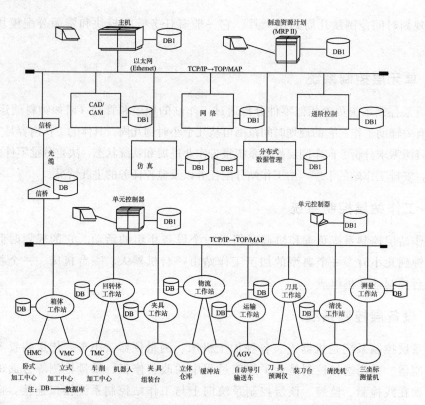

图 5-6　国家计算机集成制造系统工程研究中心的计算机集成制造系统结构

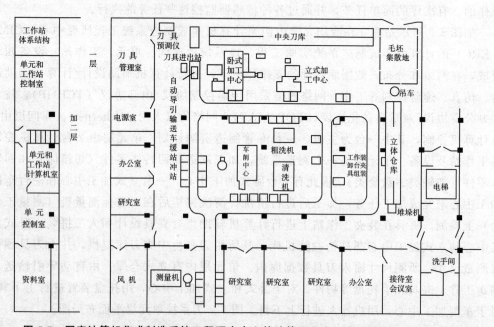

图 5-7　国家计算机集成制造系统工程研究中心的计算机集成制造系统单元层平面布局图

（四）计算机辅助设计/计算机辅助工艺过程设计/计算机辅助制造之间的集成

1. 计算机辅助设计、工艺过程设计和制造三者之间的集成关系

在计算机集成制造系统中，计算机辅助设计是计算机辅助工艺过程设计的输入，其工作主要是在机械零件的设计上，因此涉及机械零件的绘图及几何造型。它的输出主要是零件的几何信息（图形、尺寸、公差）和加工工艺信息（材料、热处理、批量等）。计算机辅助工艺过程设计就是利用计算机来制订零件的加工工艺过程，把毛坯加工成工程图样上所要求的零件。它的输入是零件信息，有两种情况：一种是由计算机辅助设计直接输入；另一种是根据零件图样通过人机交互输入。

工艺过程设计是设计与制造之间的桥梁，设计信息只能通过工艺过程设计才能形成制造信息，因此在集成制造系统中，自动化的工艺过程设计是一个关键，占有很重要的地位。图 5-8 表示了计算机辅助设计、工艺过程设计和制造三者之间的集成关系，是采用了集成的计算机辅助制造定义方法绘制的功能模块图，根据需求分析表达了各模块之间的功能关系。

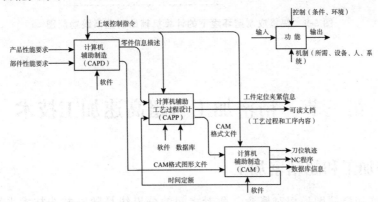

图 5-8　计算机辅助设计、工艺过程设计和制造之间的集成关系

2. 集成制造环境下的计算机辅助制造

图 5-9 是用集成的计算机辅助制造定义（IDEFO）方法绘制的功能模块图。工艺分析和加工参数设置模块是对工艺过程中各工序设定切削用量、刀具补偿、刀具起点等。几何分析模块是分析零件的图形文件，得到图形的一些特征参数，并将这些参数传递给需要它的加工子程序，用以协助加工的自动完成。刀位轨迹生成模块是设计刀位轨迹，产生历史文件（用数控语言描述，如 APT 语言）和刀位文件（二进制或 ASCII 格式）。加工仿真模块的作用是检验刀位轨迹，避免刀具和工件、夹具的干涉，优化刀具行程路径等。后置处理模块产生具体数控机床所用的数控加工程序。

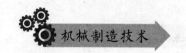

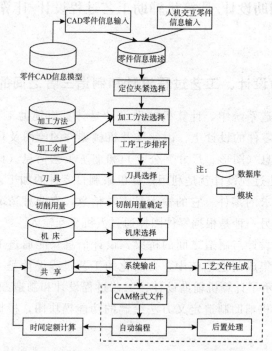

图 5-9　在集成制造环境下的计算机辅助制造系统功能图

第三节　精密加工与超高速加工技术

一、精密加工和超精密加工

普通精度和高精度是相对概念，两者之间的分界线是随着制造技术水平的发展而变化的。精密加工是指制造公差为 3.0～0.3 μm，表面粗糙度 Ra 为 0.30～0.05 μm 的加工；超精密加工当前是指被加工零件的尺寸精度高于 0.1 μm，表面粗糙度 Ra 小于 0.025 μm，以及所用机床定位精度的分辨率和重复性高于 0.01 μm 的加工技术，也称之为亚微米级加工技术，且正在向纳米级加工技术发展。

精密和超精密加工技术的发展，直接影响到一个国家尖端技术和国防工业的发展，因此世界各国对此都极为重视，投入很大力量进行研究开发，同时实行技术保密，控制关键加工技术及设备出口。随着航空航天、高精密仪器仪表、惯导平台、光学和激光等技术的迅速发展和多领域的广泛应用，对各种高精度复杂零件、光学零件、高精度平面、曲面和复杂形状的加工需求日益迫切。目前国外已开发了多种精密和超精密车削、磨削、抛光等机床设备，发展了新的精密加工和精密测量技术。

我国目前已是一个"制造大国"，制造业规模名列世界第四位，仅次于美国、日本和德国，近年来在精密加工技术和精密机床设备制造方面也取得了不小进展。但我国还不是一个"制造强国"，与发达国外相比仍有较大差距。我国每年虽有大量机电产品出口，但多数是技术含量较低、价格亦较便宜的中低档产品；而从国外进口的则大多是技术含量高、价格昂贵的高档产品。

精密机床是精密加工的基础。当今精密机床技术的发展方向是：在继续提高精度的基础上，采用高速切削以提高加工效率，同时采用先进数控技术提高其自动化水平。瑞士 DIXI 公司以生产卧式坐标镗床闻名于世，该公司生产的 DHP40 高精度卧式高速镗床已增加了多轴数控系统，成为一台加工中心；同时为实现高速切削，已将机床主轴的最高转速提高到 24 000 r/min。瑞士 MIKROM 公司的高速精密五轴加工中心的主轴最高转速为 42 000 r/min，定位精度达 5 μm，已达到过去坐标镗床的精度。

二、超高速加工

超高速加工技术是指采用超硬材料的刃具，通过极大地提高切削速度和进给速度来提高材料切除率、加工精度和加工质量的现代加工技术。

超高速加工的切削速度范围因不同的工件材料、不同的切削方式而异。目前，一般认为，超高速切削各种材料的切速范围为：铝合金已超过 1 600 m/min，铸铁为 1 500 m/min，超耐热镍合金达 300 m/min，钛合金达 150~1000 m/min，纤维增强塑料为 2000~9 000 m/min。各种切削工艺的切速范围为：车削 700~7 000 m/min，铣削 300~6 000 m/min，钻削 200~1 100 m/min，磨削 250 m/s 以上等等。

工业发达国家对超高速加工的研究起步早，水平高。在此项技术中，处于领先地位的国家主要有德国、日本、美国、意大利等。

在超高速加工技术中，超硬材料工具是实现超高速加工的前提和先决条件，超高速切削磨削技术是现代超高速加工的工艺方法，而高速数控机床和加工中心则是实现超高速加工的关键设备。目前，刀具材料已从碳素钢和合金工具钢，经高速钢、硬质合金钢、陶瓷材料，发展到人造金刚石及聚晶金刚石（PCD）、立方氮化硼及聚晶立方氮化硼（CBN）。切削速度亦随着刀具材料创新而从以前的 12 m/min 提高到 1 200 m/min 以上。

三、超精密加工与纳米加工技术

（一）超精密加工基本原理

一种加工方法所能达到的加工精度等级取决于这种加工方法能够切除的最小极限深度 a min。要能达到 0.1 μm 级的加工精度，刀具必须能从加工表面上切除深度小于 0.1 μm 材料的能力。例如检测结果发现工件尺寸大了 0.1 μm 须切除，如果刀具根本就没有能力切除这多余的 0.1 μm 材料，那么切削的加工精度就根本达不到 0.1 μm 级。依此类推，纳米级加工方法的最小极限背吃刀量必须小于 1nm。切除的最小极限深度值 a_{min} 越小，这种加工方法的加工精度就越高。

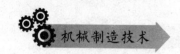

影响微量切除能力的主要因素有以下几个。

（1）切削工具的刃口锋利程度。切削工具的刃口锋利程度一般都用切削工具的刃口钝圆半径 ρ 进行评定，钝圆半径 ρ 值愈小，刃口就越锋利。

（2）机床加工系统的刚度。主要是机床主轴系统和刀架进给系统的刚度。

（3）机床进给系统的分辨力。为实现微量切除，数控系统的脉冲当量值要小，数控系统的脉冲当量值一般应为最小极限背吃刀量 a_{min} 值的 1/5～1/10。

（二）金刚石超精密切削

金刚石刀具超精密切削技术是超精密加工技术的一个重要组成部份，不少国防尖端产品零件（如陀螺仪、各种平面及曲面反射镜和透镜、精密仪器仪表和大功率激光系统中的多种零件等）都需要利用金刚石超精密切削来加工。

天然单晶金刚石质地坚硬，其硬度高达 6 000～10 000 HV，是已知材料中硬度最高的。金刚石刀具有很高的耐磨性，它的耐用度是硬质合金的 50～100 倍。金刚石刀具的弹性模量大，切削刃钝圆半径可以磨得很小，不易断裂，能长期保持刀刃的锋利程度；金刚石刀具的热膨胀系数小，热变形小；但金刚石不是碳的稳定状态，遇热易氧化和石墨化，开始氧化的温度为 900 K，开始石墨化的温度为 1 000 K，因此用金刚石刀具进行切削时须对切削区进行强制风冷或进行酒精喷雾冷却，务必使刀尖温度降至 650 ℃以下。此外，由于金刚石是由碳原子组成的，它与铁族元素的亲和力大，故不能用金刚石刀具切削黑色金属。

使用单晶金刚石刀具在超精密机床上进行超精密切削，可以加工出光洁度极高的镜面。超精密切削的切削厚度可极小，最小切削厚度可至 1 nm。超精密切削使用的单晶金刚石刀具要求刃口极为锋锐，刃口半径在 0.5～0.01 μm。因刃口半径甚小，过去对刃口的测量极为困难，现在已可用原子力显微镜（AFM）方便地进行测量。

用金刚石刀具进行超精密切削，刀具的刃磨质量是关键，刀刃必须磨得极其锋利、切削刃钝圆半径 ρ 值要小，国际上目前能达到的最小 ρ 值约为 0.01 μm。

为实现超精密切削。除了有高质量的金刚石刀具外，还应有金刚石超精密机床作支撑。我国目前已能生产主轴的回转精度为 0.05 μm，定位精度为 0.1 μm/100 mm、数控系统最小输入量为 5 nm、主轴最大回转直径为 800 mm 的超精密车床。

用天然金刚石刀具进行超精密切削有许多优点，主要是有以下几个。

（1）加工精度高，加工表面质量好，加工表面形状误差可控制在 0.1～0.01 μm 范围内，表面粗糙度 Ra 为 0.01～0.001 μm。

（2）生产效率高，Cu、Al 材料的光学镜面可以通过金刚石超精密车削直接制取。

（3）加工过程易于实现计算机自动控制。

（4）它不仅可以加工平面、球面，而且可以很方便地通过数控编程加工非球面和非对称表面。

（三）超精密磨削

1. 使用超硬磨料

精密磨削的磨削深度极小，磨屑极薄，磨削行为通常在被磨削材料的晶粒内进行（普通磨削的磨削行为通常在晶粒间进行，主要是利用晶粒周界处缺陷和材料内部其他缺陷来实现材料切除的，磨削抗力相对较小），只有在磨削力超过了被磨削材料原子（或分子）间键合力的条件下才能从加工表面磨削去一薄层材料，磨削所承受的切应力极大，温度也很高，要求磨粒材料必须具有很高的高温强度和高温硬度。超精密磨削一般多用人造金刚石、立方氮化硼等超硬磨料。使用金属结合剂金刚石砂轮可以磨削玻璃、单晶硅等，使用金属结合剂 CBN 砂轮可以磨削钢铁等黑色金属。

2. 所用机床精度高

超精密磨床是实现超精密磨削的基本条件。为实现精密切除，数控系统最小输入增量要小（例如 $0.1 \sim 0.01~\mu m$）；机床加工系统的几何精度要高，还需有很高的静刚度、动刚度和热刚度；为实现微量切除，在横进给（背吃刀量）方向应配置微量进给装置；为降低由于砂轮不平衡质量引起的振动，超精密磨床应配置精密动平衡装置和防振、隔振装置；为获得光洁表面，超精密磨床须配置砂轮精密修整装置。

目前超精密磨削所能达到的水平为：尺寸精度 $\pm 0.25 \sim 5~\mu m$；圆度 $0.25 \sim 0.1~\mu m$；圆柱度 25 000：0.25～50 000：1；表面粗糙度 $Ra0.006 \sim 0.01~\mu m$。

超精密磨削常用于玻璃、陶瓷、硬质合金、硅、锗等硬脆材料零件的超精密加工。

（四）纳米级加工技术

随着生物、环境控制、医学、航空、航天、精确制导弹药、灵巧武器、先进情报传感器以及数据通讯等的不断发展，在结构装置微小型化方面不断提出更新、更高的要求。目前，纳米技术发展十分迅猛，它使人类在改造自然方面进入一个新的层次。它将开发物质潜在的信息和结构能力，使单位体积物质存储和处理信息的能力实现质的飞跃，从而给国民经济和军事能力带来深远的影响。

纳米技术是指纳米级（＜10 纳米）的材料、设计、制造、测量和控制技术。随着纳米技术的发展，开创了纳米电子学、纳米材料学、纳米生物学、纳米机械学、纳米制造学、纳米显微学及纳米测量等等新的高技术群。纳米技术是面向 21 世纪的一项重要技术，有着广阔的军民两用前景。美国、日本和西欧等国家均投入了大量的人力、物力进行开发，并已在航空、航天、医疗及民用产品等方面得到了一定应用。

纳米加工技术是指零件加工的尺寸精度、形状精度以及表面粗糙度均为纳米级（＜10 纳米）。通过以下加工技术可以实现纳米级加工。

1. 超精密机械加工技术

超精密机械加工方法有单点金刚石和 CBN 超精密切削、金刚石和 CBN 超精密磨削等多点磨料加工，以及研磨、抛光、弹性发射加工等自由磨料加工或机械化学复合加工等。

目前利用单点金刚石超精密切削加工已在实验室得到了 3 纳米的切屑，利用可延性磨削技术也实现了纳米级磨削，而通过弹性发射加工等工艺则可以实现亚纳米级的去除，得到埃级的表面粗糙度。

2. 能量束加工技术

能量束加工可以对被加工对象进行除、添加和表面处理等工艺，主要包括离子束加工、电子束加工和光束加工等，此外电解射流加工、电火花加工、电化学加工、分子束外延、物理和化学气相淀积等也属于能量束加工。

离子束加工溅射去除、沉淀和表面处理，离子束辅助蚀刻亦是用于纳米级加工的研究开发方向。与固体工具切削加工相比，离子束加工的位置和加工速率难以确定，为取得纳米级的加工精度，需要亚纳米级检测系统与加工位置的闭环调节系统。电子束加工是以热能的形式去除穿透层表面的原子，可以进行刻蚀、光刻曝光、焊接、微米和纳米级钻削和铣削加工等。

3. LIGA 技术

LIGA（Lithographie Galvanoformung Abformung）工艺是由深层同步辐射 X 射线光刻、电铸成型、塑铸成型等技术组合而成的综合性技术，其最基本和最核心的工艺是深度同步辐射光刻，而电铸和塑铸工艺是 LIGA 产品实用化的关按。与传统的半导体工艺相比，LIGA 技术具有许多独特的优点，主要有以下几个。

（1）用材广泛，可以是金属及其合金、陶瓷、聚合物、玻璃等。

（2）可以制作高度达数百微米至一千微米，高度比大于 200 的三维立体微结构。

（3）横向尺寸可以小到 $0.5~\mu m$，加工精度可达 $0.1~\mu m$

（4）可实现大批量复制、生产，成本低。

用 LIGA 技术可以制作各种微器件、微装置，已研制成功或正在研制的 LIGA 产品有微传感器、微电机、微机械零件、集成光学和微光学元件、微波元件、真空电子元件、微型医疗器械、纳米技术元件及系统等。LIGA 产品的应用涉及面广泛，如加工技术、测量技术、自动化技术、汽车及交通技术、电力及能源技术、航空及航天技术、纺织技术、精密工程及光学、微电子学、生物医学、环境科学和化学工程等。

4. 扫描隧道显微镜（STM）技术

扫描隧道显微镜技术不但使人们可以以单个原子的分辨率观测物体的表面结构，

而且也为以单个原子为单位的纳米级加工提供了理想途径。应用扫描隧道显微镜技术可以进行原于级操作、装配和改型。STM 将非常尖锐的金属针接近试件表面至 1 nm 左右，施加电压时隧道电流产生，隧道电流每隔 0.1 nm 变化一个数量级。保持电流一定扫描试件表面，即可分辨出表面结构。一般隧道电流通过探针尖端的一个原子，因而其横向分辨率为原于级。

扫描隧道显微加工技术不仅可以进行单个原于的去除、添加和移动，而且可以进行 STM 光刻、探针尖电子束感应的沉淀和腐蚀等新的 STM 加工技术。

思考练习

1. 试论述当代机械制造技术的发展方向。

2. 试论述大批大量生产自动化和多品种、中小批量生产自动化的异同。

3. 试论述柔性制造系统的组成及其物料运储系统的组成。

4. 试分析 FMC 与 FMS、FMS 与 FML 的异同，各适于在何种场合应用？

5. CIMS 系统的核心是什么？它由哪几部分内容构成？

6. 试论述 CAD/CAPP/CAM 各自的功能及集成的必要性。

7. 试分析归纳超精密加工与纳米级加工的基本原理。

8. 试分析超精密切削、超精密磨削的工艺特征及其应用范围。

9. 为什么切削工具所能切除的最小极限背吃刀量与切削刃钝圆半径 ρ 有关？为什么它还与机床加工系统的刚度有关？

10. 为什么说发展自动化制造技术对保持加工质量、提高生产效率、降低产品制造成本、提高企业的市场竞争能力均具有重要意义？试举例说明。

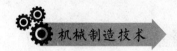

参 考 文 献

［1］吴永锦， 小清．机械制造技术［M］．北京：清华大学出版社，2010.

［2］柴增田．金属工艺学［M］．北京：北京大学出版社，2009.

［3］顾晔，楼章华．数控加工编程与操作［M］．北京：人民邮电出版社，2009.

［4］刘战术，窦凯，吴新佳．数控机床及其维护［M］.2 版．北京：人民邮电出版社，2010.

［5］胡运林．机械制造工艺与实施［M］．北京：冶金工业出版社，2011.

［6］张杰．机械制造与应用［M］．哈尔滨：哈尔滨工业大学出版社，2011.

［7］赵明久．普通铣床操作与加工实训［M］．北京：电子工业出版社，2009.

［8］贺庆文．佟海侠．看图学铣床加工［M］．北京：化学工业出版社，2011.

［9］朱丽军．车工实训与技能考核训练教程［M］．北京：机械工业出版社，2010.

［10］张应龙．车工（中级）［M］．北京：化学工业出版社，2011.